高等学校新工科人才培养计算机类系列教材

单片机原理及应用

（第二版）

主　编　柴　钰

副主编　张晶园　杨良煜

参　编　黄向东　雷金莉

张　奇　刘晓荣

西安电子科技大学出版社

内 容 简 介

本书以 AT89S51 单片机为例,介绍了单片机的基本结构、基本原理以及小型系统的设计和应用。全书共 7 章,内容涉及单片机的发展及特点、单片机的结构及原理、单片机指令系统及程序设计、单片机的基本功能、单片机的扩展技术、高性能微处理器,以及单片机系统的设计实例。特别是第 6 章与第 7 章的内容更便于学生了解新技术、新器件,提高学生知识应用与系统设计能力。部分章节配有习题,以帮助读者巩固所学知识。附录中还列出了常用的与单片机技术有关的网站名录,为读者提供了一个信息平台,方便初学者查找资料、拓宽知识。

本书通俗易懂,理论与实践结合紧密,既适合作为高等院校信息工程、计算机应用、自动化、电气工程和机电等专业的教材,又可作为相关工程技术人员的培训教材或自学参考书。

★本书配有电子课件,需要者可与出版社联系,免费提供。

图书在版编目(CIP)数据

单片机原理及应用 / 柴钰主编. —2 版. —西安:
西安电子科技大学出版社,2018.10(2024.3 重印)
ISBN 978-7-5606-5058-6

Ⅰ. ① 单… Ⅱ. ① 柴… Ⅲ. ① 单片微型计算机 Ⅳ. ① TP368.1

中国版本图书馆 CIP 数据核字(2018)第 240819 号

策　　划　李惠萍　臧延新
责任编辑　李惠萍
出版发行　西安电子科技大学出版社(西安市太白南路 2 号)
电　　话　(029)88202421　88201467　　邮　编　710071
网　　址　www.xduph.com　　　　　电子邮箱　xdupfxb001@163.com
经　　销　新华书店
印刷单位　陕西日报印务有限公司
版　　次　2018 年 10 月第 2 版　　2024 年 3 月第 8 次印刷
开　　本　787 毫米×1092 毫米　1/16　印　张　18.25
字　　数　430 千字
定　　价　45.00 元
ISBN 978-7-5606-5058-6/TP
XDUP 5360002-8
如有印装问题可调换

前　言

目前，随着单片机技术的日益成熟，其依然是电子技术领域中的一个热点，也依然是电子类工作者必须掌握的基本专业技术之一。

为了便于读者学习，本书在教学内容安排上分为三个阶段，即起步阶段、提高阶段和综合阶段，分别对应于单片机基础知识、单片机系统知识和单片机系统的设计与应用。由于单片机技术是一门实践性很强的、综合的、技术更新很快的实用技术，因此要真正掌握单片机技术，除了掌握书中的内容外，在学习中还必须重视实践环节，重视与单片机技术有关的知识的融合，重视新技术的发展，重视自身科研能力的培养。

本书分为7章，以AT89S51为例，介绍了51系列单片机基础知识、结构、指令系统，汇编语言程序设计，系统扩展和接口技术，高性能微处理器及单片机应用系统设计的基础知识。

本书第一版于2009年2月出版，经过近十年的教学实践与总结，在第一版的基础上我们进行了修订、完善，完成了这一版（即第二版）的编写工作。其中我们主要更正、修改了有关内容，重点对第6章和第7章的内容做了较大的更新，便于学生了解新技术、新器件。第6章减少了C8051F040的篇幅，增加了MSP430F149的内容；完全重新编写了第7章的内容，给出了有代表性的六个设计实例：简易智能小车设计、两轮自平衡机器人系统设计、太阳能最大功率跟踪控制器设计、微电网模拟系统设计、电伴热带智能检测仪及扫频外差式频谱分析仪，这是本书特色所在。

本书可作为高等院校信息工程、计算机应用、自动化、电气工程和机电类等专业的教材，也可作为有关工程技术人员的培训教材或自学参考书。

本书第1、3章由西安科技大学柴钰编写，第2章由宝鸡文理学院雷金莉编写，第4章、第6章的6.2节、附录Ⅰ由西安科技大学张晶园编写，第5章由西安科技大学杨良煜编写，第6章的6.1节由西安科技大学黄向东编写，第7章由西安科技大学张奇编写，附录Ⅱ与附录Ⅲ由西安科技大学刘晓荣编写。全书由柴钰和张晶园统稿、定稿。

在本书编写过程中，得到了西安科技大学电气与控制工程学院、通信学院、计算机学院和教务处的领导及老师们的大力支持，并得到了西安电子科技大学出版社李惠萍老师的热情帮助，在此表示衷心的感谢。本书能够顺利完成还得益于许多优秀的教材和资料，从中我们得到了很多宝贵的经验和启示(特别是从网络上得到的资料，有些作者无法核实)，在此也对各位作者表示衷心的感谢。同时也要对李艳春、曹海虹、张代露、姜翔、崔童、武少辉等学生在收集资料和书稿整理过程中所做的工作表示衷心的感谢。

限于作者水平和经验，书中不足之处在所难免，希望使用本书的广大读者批评指正。

柴　钰

2018 年 8 月

于西安科技大学

目 录

第1章 单片机系统概述

本章主要介绍了有关单片机的基础知识，包括单片机的概念以及单片机的发展、单片机的应用领域和发展趋势、单片机应用系统的开发及过程，并对如何学习单片机提出了一些有益的建议。本章的学习目标是掌握单片机的基础知识，培养学习单片机技术的兴趣，为后面的学习打好基础。

1.1 概 述

单片机具有结构简单、控制功能强、可靠性高、性能价格比高、易于推广应用等显著优点。这些优点使其广泛应用于各行各业，通信和计算机、消费电子、汽车电子、物联网、智能机器人等是其主要应用领域。然而单片机的应用意义远不限于它的应用范畴或由此带来的经济效益，更重要的是它已从根本上改变了传统的控制方法和设计思想。可以说单片机技术是控制技术的一次革命，是一座重要的里程碑。

1.1.1 单片机及其发展

单片机全称为单片微型计算机(Single Chip Microcomputer，SCM)，又称微控制器(Microcontroller Unit，MCU)或嵌入式控制器(Embedded Controller)。在单片机诞生时，SCM是一个准确的称谓。单片机是相对于单板机而言的，是指将 CPU、并行 I/O 接口、定时/计数器、RAM、ROM 等功能部件集成在一块芯片上的计算机。随着 SCM 在技术上、体系结构上不断扩展，所集成的部件越来越多，能完成的控制功能越来越丰富，单片机的意义只是在于单片集成电路，而不在于其功能了。后来，国际上逐渐采用"MCU"来代替单片机这一称谓，形成了业界公认的、最终统一的名词。

单片机技术的发展是与微电子技术和半导体技术的发展分不开的，大体分为五个阶段。

第一阶段(1971—1976 年)：初级阶段。这一阶段，4 位逻辑控制器件发展到 8 位，它们只含有微处理器，并配有 RAM、ROM 等，虽然还不能称之为单片机，但是已形成了单片机的雏形；使用 NMOS 工艺(速度低、功耗大、集成度低)；集成度为每芯片晶体管数约千个。其代表产品有 Intel 4004、Intel 8008 等。

第二阶段(1976—1980 年)：低性能阶段。这一阶段，在一块芯片上完成了 8 位 CPU、并行 I/O 接口、定时/计数器、RAM、ROM 等的集成，成为了名副其实的单片机；采用 CMOS 工艺，并逐渐被高速低功耗的 HMOS 工艺代替；集成度为每芯片晶体管数约数千个。代表产品有 Intel 8048、MC6800 等。

第三阶段(1980—1983 年)：高性能阶段。这一阶段，在原来单片机的基础上，增加了多级中断系统、串口、A/D 转换接口等功能模块，并提高了存储器的容量，其执行速度有所提高；集成度为每芯片晶体管数约数万个。其代表产品有 Intel 8051、MC146805 等。

第四阶段(1983—1990 年)：16 位机阶段。这一阶段，CPU 为 16 位，运算能力更强；片内 RAM、ROM 容量进一步增大；中断系统更为复杂；带有多路 A/D 转换和高速输入/输出部件等功能接口；集成度为每芯片晶体管数约数十万个。其代表产品有 Intel 8098 等。

第五阶段(1990 年至今)：新一代单片机阶段。这一阶段，单片机在结构、集成度、速度、功能、可靠性等性能指标上有了很大的变化；向多样化、高速度、高集成度、低功耗、低噪声与高可靠性等方向发展，出现了多 CPU 结构或内部流水线结构等技术，使单片机在实时数据处理、机器人、数字信号处理和复杂的工业控制等方面得到了更广泛的应用；集成度为每芯片晶体管数约数百万个。其代表产品有 Silicon Labs 公司生产的 C8051F 系列单片机、TI 公司生产的 MSP430 系列单片机等。

1.1.2 单片机的发展趋势

可以说，目前是单片机产品百花齐放、百家争鸣的时期。世界上各大芯片制造公司都推出了自己的单片机，有上百个系列、千余种之多，从 8 位、16 位到 32 位，数不胜数，应有尽有。有的与主流 C51 系列兼容，也有的与之不兼容，但它们各具特色，相互补充，为单片机的应用提供了广阔的天地。随着微电子技术和半导体技术的发展，单片机技术的发展大致有以下趋势。

1. 低功耗

MCS-51 系列的 8031 推出时的功耗达 630 mW，而目前的单片机随着制造工艺、工作频率、工作电压等方面的改变，其功耗越来越低。NMOS 工艺单片机逐渐被 CMOS 工艺单片机所代替，功耗得以大幅度下降。随着超大规模集成电路技术的发展，由 3 μm 工艺发展到 1.5 μm、1.2 μm、0.8 μm、0.5 μm、0.35 μm，进而实现了 17 nm 工艺，还使得功耗不断下降。允许使用的电源电压范围也越来越宽，一般单片机都能在 3～6 V 范围内工作，对电池供电的单片机不再需要对电源采取稳压措施。低电压供电的单片机电源下限已由 2.7 V 降至 2.2 V、1.8 V。0.6 V 供电的单片机已经问世。同样的工作速度条件下，需要的时钟频率大大降低，从而也大大降低了单片机的功耗。几乎所有的单片机都有暂停、睡眠、空闲、节电等省电运行方式。Philips 公司的单片机 P87LPC762 是一个很典型的例子，在空闲时，其电流为 1.5 mA；而在节电方式中，其电流只有 0.5 mA。TI 公司在单片机功耗上更有杰作，其 MSP430 是一个 16 位机，有超低功耗工作方式，它的低功耗方式有 LPM1、LPM3、LPM4 三种。当电源为 3 V 时，如果工作于 LMP1 方式，则即使外围电路仍处于活动状态，由于 CPU 不活动，因此振荡器仍处于 1～4 MHz，这时电流只有 50 μA；在 LPM3 时，振荡器处于 32 kHz，这时电流只有 1.3 μA；在 LPM4 时，CPU、外围及振荡器(32 kHz)都不活动，电流只有 0.1 μA。

2. 多功能、微型化

目前的单片机功能强大，而且体积小、重量轻。常规的单片机普遍都是将中央处理器(CPU)、随机存取数据存储器(RAM)、只读程序存储器(ROM)、并行和串行通信接口、中断系统、定时电路、时钟电路集成在一块单一的芯片上；增强型的单片机集成了如 A/D 转换器、PMW(脉宽调制电路)、WDT(看门狗)等功能模块。有些单片机还将 LCD(液晶)驱动电路集成在单一的芯片上，这样，单片机包含的单元电路就更多，功能就更加强大。甚至单片机厂商还可以根据用户的要求量身定做，制造出具有自身特色的单片机芯片，如 Infineon(英飞凌)公司的 C505C、C515C、C167CR(C167CS-32FM 内部含有局部网络控制模块 CAN)。现在的许多单片机都具有多种封装形式，其中，SMD(表面贴装)越来越受欢迎，使得由单片机构成的系统正朝微型化方向发展。

3. 高速度

微处理器(Micro Processor Unit，MPU)发展中表现出来的速度越来越快是以时钟频率越来越高为标志的，而单片机则有所不同。为提高单片机抗干扰能力，降低噪声、降低时钟频率而不牺牲运算速度是单片机技术发展之追求。一些 8051 单片机兼容厂商改善了单片机的内部时序，在不提高时钟频率的条件下，使运算速度提高了许多。Motorola 单片机则使用了锁相环技术和内部倍频技术，使内部总线速度大大高于时钟频率。68HC08 单片机使用 4.9 MHz 外部振荡器，内部时钟达 32 MHz；M68K 系列 32 位单片机使用 32 kHz 的外部振荡频率，内部时钟可达 16 MHz 以上。

4. 多品种

现在，虽然单片机的品种繁多，各具特色，但仍以 8051 为核心的单片机占主流，兼容其结构和指令系统的有 Philips 公司的产品、Atmel 公司的产品和中国台湾的 Winbond 系列单片机。所以，8051 为核心的单片机占据了半壁江山。Microchip 公司的 PIC 精简指令集(RISC)也有着强劲的发展势头，中国台湾的 HOLTEK 公司近年的单片机产量与日俱增，以其低价质优的优势，占据了一定的市场份额。此外，占据市场份额的还有 Motorola 公司、TI 公司的产品，以及日本几大公司的专用单片机等。

在一定的时期内，这种情形将得以延续，将不存在某个单片机一统天下的垄断局面，走的仍是依存互补、相辅相成、共同发展的道路。

5. 长寿命

这里所说的长寿命，一方面指用单片机开发的产品可以稳定可靠地工作 10 到 20 年，另一方面指与微处理器相比，其寿命长。随着半导体技术的飞速发展，MPU 更新换代的速度越来越快，以 386、486、586 为代表的 MPU 在很短的时间内就被淘汰出局，而传统的单片机，如 68HC05、8051 等面世已超过 30 年。这一方面是由于其对相应应用领域的适应性，另一方面是由于以该类 CPU 为核心，集成以更多 I/O 功能模块的新单片机系列层出不穷。可以预见，一些成功上市的相对"年轻"的 CPU 核心也会随着 I/O 功能模块的不断丰富，有着相当长的生存周期。新的 CPU 类型的加盟，使单片机队伍不断壮大，给用户带来了更多的选择余地。

6. 低噪声与高可靠性技术

为提高单片机系统的抗电磁干扰能力，使产品能适应恶劣的工作环境，满足电磁兼容性方面更高标准的要求，各单片机商家在单片机内部电路中采取了一些新的技术措施。如美国国家半导体公司(NS)的 COP8 单片机内部增加了抗 EMI 电路，增强了"看门狗"的性能；Motorola 也推出了低噪声的 LN 系列单片机。

7. OTP 与掩膜

OTP(One Time Programmable)是一次性写入的单片机。过去认为一个单片机产品的成熟是以投产掩膜型单片机为标志的。由于掩膜需要一定的生产周期，而 OTP 型单片机价格不断下降，使得直接使用 OTP 完成最终产品制造更为流行。它较之掩膜具有生产周期短、风险小的特点。近年来，OTP 型单片机的需求量大幅度上扬，为适应这种需求，许多单片机都采用了在系统编程技术(In System Programming，ISP)。未编程的 OTP 芯片可采用裸片 Bonding 技术或表面贴装技术，先将其焊在印刷板上，然后通过单片机上的编程线、串行数据、时钟线等对单片机编程，解决了批量写 OTP 芯片时容易出现的芯片与写入器接触不好的问题，使 OTP 的裸片得以广泛应用，降低了产品的成本。编程线与 I/O 线共用，不会增加单片机的额外引脚，因而一些生产厂商推出的单片机不再有掩膜型，全部为有 ISP 功能的 OTP。

8. MTP 向 OTP 挑战

MTP 是可多次编程的意思。一些单片机厂商以 MTP 的性能、OTP 的价位推出他们的单片机，如 Atmel 的 AVR 单片机，片内采用 Flash 存储器，可多次编程；华邦(Winbond)公司生产的 8051 兼容的单片机也采用了 MTP 性能、OTP 的价位。这些单片机都使用了 ISP 技术，可先安装到印刷板、线路板上以后再下载程序。

智能硬件、物联网等新兴的市场也带动了 MCU 市场的发展，出现了 ARM 公司的 WPAN 的 Cordio 无线 IP 解决方案，Silicon Labs 支持的 2.4 GHz 和 1 GHz 以下的多种无线通信协议的 MCU 产品。这些供应商和其产品为 MCU 市场带来了竞争，同时也为 MCU 注入了新动力。

1.1.3 单片机的应用

单片机有着一般微处理器(MPU)芯片所不具备的功能，它可单独地完成现代工业控制所要求的智能化控制功能；能够取代以前利用复杂电子线路或数字电路构成的控制系统。现在，单片机控制范畴无所不在，例如通信产品、家用电器、智能仪器仪表、过程控制和专用控制装置等，单片机的应用领域越来越广泛。

1. 在智能仪表中的应用

智能仪表是单片机应用最多最活跃的领域之一。在各类仪器仪表中引入单片机，可使仪器仪表智能化，提高测试的自动化程度和精度，简化仪器仪表的硬件结构，提高其性能价格比。

2. 在人工智能方面的应用

人工智能是模拟人的感觉与思维的一门学科，单片机技术可以模拟人的视觉、听觉、触觉和联想、启发、推理及思维过程，例如特殊行业的机器人、医疗领域的专家诊断系统等，都是人工智能的应用范例。

3. 在实时控制系统中的应用

单片机广泛用于各种实时过程控制的系统中，例如工业过程控制、过程监测、航空航天、尖端武器、机器人系统等各种实时控制系统。用单片机进行实时系统数据处理和控制，能保证系统工作在最佳状态,有利于提高系统的工作效率和产品的质量。

4. 在人们生活中的应用

目前,国内外各种家电已经普遍用单片机代替传统的控制电路,例如洗衣机、电冰箱、空调机、微波炉、电饭煲、收音机、音响、电风扇及许多高级电子玩具都配上了单片机。

5. 在其他方面的应用

单片机还广泛应用于办公自动化、商业营销、安全防卫、汽车、通信系统、计算机外部设备、模糊控制等领域。

1.2　单片机应用系统及设计简介

单片机应用系统及其设计包括单片机应用系统的硬件设计和软件设计、单片机应用系统的开发平台设计、系统的可靠性设计等内容。简单地了解单片机系统的组成和系统设计的过程,有助于我们对于单片机及其应用的学习。要真正掌握单片机应用系统的设计、研发,还需要通过大量的实践,不断总结经验。对于初学者来讲,就是要在掌握了单片机的基本知识后,多实践,由浅入深、由易到难,不断提高自己对于单片机技术的了解和应用。

1.2.1　单片机应用系统及组成

单片机应用系统是以单片机为核心,配以输入、输出、显示、控制等外围电路和软件,能实现一种或多种功能的实用系统。单片机应用系统由硬件和软件组成。硬件是应用系统的基础;软件在硬件的基础上对其资源进行合理调配和使用,从而完成应用系统所要求的任务。二者相互依赖,缺一不可。单片机应用系统的组成如图1.1所示。

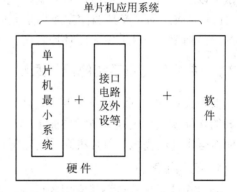

图 1.1　单片机应用系统的组成

图 1.1 中,硬件包括单片机最小系统、接口电路及外设(人机交互通道、输入通道、输出通道、通信及其他电路)等;软件包括在硬件基础上实现各种功能的应用程序。单片机最小系统由单片机、复位电路、时钟电路以及扩展的程序、数据存储器等组成。

人机交互通道一般是指键盘、显示器、打印机等。

输入通道指各种输入信号进入单片机所经过的路径。在通道中可对信号进行各种处理,如调理、放大、滤波、整形和隔离等。

输出通道指由单片机对外部设备发出的各种输出信号所经过的途径。在通道中可对信号进行各种处理,如隔离、放大(驱动)、转换、滤波等。

1.2.2　单片机应用系统的开发

一个单片机应用系统从提出任务到正式投入运行的过程,称为单片机应用系统的开发。一般开发可按以下步骤进行:需求分析,可行性分析,系统总体方案设计,单元硬件/软件设计及调试，系统调试及修改，完成产品。

(1) 需求分析。首先根据市场或用户需求，了解对新系统的要求；尽可能多地了解、掌握国内外现有产品的情况、同类产品的最新发展情况、对新技术的应用情况以及效益等信息；经过调查，整理出需求报告，作为可行性分析的主要依据。

(2) 可行性分析。根据需求调查报告和有关情况进行分析，对新产品开发研制的必要性及可实现性给出明确的结论：该产品的开发可以或者不可以。

可行性分析一般从市场需求、技术支持与开发环境、经济效益与社会效益、产品的竞争力及生命力等几个方面进行论证。

(3) 系统总体方案设计。系统总体方案设计是系统实现的基础，一般是根据需求、关键技术、开发人员的设计水平以及资金等情况进行的。

系统总体方案设计的主要内容包括系统结构设计、系统功能设计、系统的可靠性设计以及时间进度等。

(4) 单元硬件/软件设计及调试。根据总体设计进行具体的电路软硬件设计，并对每个单元电路进行不断的调试，直至达到要求为止，为下一步的系统调试打好坚实的基础。

(5) 系统调试及修改。系统调试用于检验设计系统的正确性和可靠性。通过对系统的调试发现小的、局部的设计错误并及时修改，使系统运行成功，达到设计要求。进行系统调试可以避免出现重大事故，否则就可能导致系统的重新设计，甚至设计失败。

(6) 完成产品。产品调试完成只是完成了系统设计的大部分工作，还需向用户提供完整的产品档案：设计方案、硬件原理图、软件清单、系统说明书和操作说明书等文档。

1.2.3 单片机应用系统的设计原则

要使设计的系统达到设计要求，通过市场获得理想的经济效益和社会效益，那么，一个好的设计就不仅仅只在技术层面上尽可能地达到尽善尽美，还要在实用、成本、时效等方面符合市场的需求。单片机系统的设计可按以下原则进行。

1. 可靠性高

高可靠性是单片机系统应用的前提，在系统设计的每一个环节，都应该将可靠性作为首要的设计准则。提高系统的可靠性通常从以下几个方面考虑：

(1) 使用可靠性高的元器件、典型的电路和成熟的技术；

(2) 采用冗余技术；

(3) 设计电路板时布线和接地要合理，严格按要求安装硬件设备及电路；

(4) 对供电电源采用抗干扰措施；

(5) 输入/输出通道采用抗干扰措施；

(6) 进行软、硬件滤波；

(7) 使系统具有自诊断功能。

2. 操作维护方便

在进行系统的软/硬件设计时，应从使用者的角度考虑，尽可能地方便用户操作和维护，尽量减少对操作人员专业知识的要求，以利于系统的推广。因此，在设计时，要尽可能减少人机交互接口，多采用操作内置或简化的方法。同时，系统应配有现场故障诊断程序，一旦发生故障，就能保证有效地对故障进行定位，以便进行维修。

3．性价比高

单片机除体积小、功耗低等特点外，最大的优势在于高性能价格比。一个单片机应用系统能否被广泛使用，性价比是其中一个关键因素。因此，在设计时，除了保持高性能外，还应尽可能降低成本，如简化外围硬件电路，在系统性能和速度允许的情况下尽可能用软件功能取代硬件功能等。

4．设计周期短

只有缩短设计周期，才能有效地降低设计费用，充分发挥新系统的技术优势和时效性，及早占领市场并具备一定的竞争力。

1.3　单片机的学习方法

每个人都有适合于自己的学习方法，在这里仅针对单片机技术的特点，给读者提出一些学习建议，以便更好地掌握单片机技术。

单片机是一门实践性很强的实用技术，实际应用时会涉及许多有关的知识(数电、模电、传感器、控制、通信等知识)，所以要求在学习过程中不但要掌握书中的内容，还要通过各种实践对单片机的内容及有关其他课程的知识进一步加强、巩固和融合，为今后单片机应用系统的分析和开发打好坚实的基础。为此，在学习的各个阶段应注意以下几点：

(1) 起步阶段，主要是学习单片机的初期(第1章和第2章)。学习的内容及要求主要是：了解单片机的情况，特别是目前和今后的发展情况；掌握单片机的结构、基本性能及其工作原理；熟悉单片机的内部资源的构成、功能和工作原理。

认真对待每一次基础实验；利用各种资源搜集单片机的有关信息，建立自己的信息库，如了解有关公司、厂家、代理商的信息，注册有关单片机BBS论坛和QQ讨论群，若有可能可成立一个单片机兴趣小组。本书在附录Ⅲ中给出了部分网站信息，供大家(特别是初学者)查找有关单片机资料。

(2) 了解阶段，主要是通过学习对单片机有一个较完整的了解(第3、4、5章)。学习的内容及要求主要是：掌握单片机各个功能块的组成、性能和作用；掌握单片机指令系统、指令的功能和编程方法，熟悉常用的基本指令；掌握常用系统扩展的基本方法和技术，熟悉常用扩展芯片的结构、工作原理和功能。

在学习书本知识的同时，应广泛了解、对比不同厂家单片机的特点(软件和硬件)，掌握一种开发工具(如单片机硬件环境：仿真器、编程器、ISP下载等；软件环境：Keil μVision、Proteus等)，可以尝试着编一些小的功能程序，并在开发系统上调试、验证。复习有些学过的与单片机学习有关的课程内容(特别是对于有些不清楚的内容)，并将这些知识应用于实验当中。建议准备一套简易的单片机开发板和一套常用的工具。

(3) 入门阶段，主要是通过对单片机的深入学习，对单片机应用系统建立一个初步的了解，具备初步的设计能力(第6、7章)。学习的内容及要求主要是：掌握单片机应用系统的构成；熟悉软、硬件设计的一般原则和方法。

根据自己的实际情况，运用所掌握的知识和掌握的各种工具，设计一些简单的应用系统或做一些综合性的实验，完成一次完整的设计、制作过程来验证自己对于单片机技术实际掌握的程度，加深对书本知识的理解，为今后的学习和工作打好基础。

习　题　1

　　1．什么是微型计算机及系统？它是由哪几部分组成的？

　　2．什么是单片机？它由哪几部分组成？什么是单片机应用系统？单片机和单片机应用系统之间是什么关系？

　　3．说明微型计算机及系统与单片机及应用系统各自的特点，并说明二者的区别。

　　4．除了附录Ⅲ的网站，你能否再找到与单片机有关的其他网站？

　　5．到目前为止，你见过哪几个公司的哪些型号的单片机？请罗列其中几种，并说明其特点。

　　6．除了书中罗列的单片机应用领域外，请你再举几个应用单片机的例子。

　　7．请你举出在你身边都有哪些家电、设备中使用了单片机。

　　8．请列举到目前为止你知道的具有中国自主知识产权的单片机，其特点是什么？

　　9．第一款单片机是哪个国家的哪个公司制造的？型号是什么？

　　10．请浏览本书的目录，回答该课程的主要内容是什么。你认为单片机的学习和哪些已经学习过的课程或者知识有关？

　　11．你现在已有的单片机编程软件是什么？

　　12．你知道什么是电路板吗？你会手工制作电路板吗？如果不知道请查阅资料，找到有关这方面的资料，了解这方面的情况，掌握制作的过程和方法。

　　13．你去过电子市场吗？买过电子器件(电阻、电容、晶振、发光二极管等)吗？如果没有，请选择两个以上的电子市场，购买一些与单片机有关的电子元器件。请举例说出你已去过的电子市场及买过的有关元器件(写下名称、型号、功能及性能等)。

　　14．你过去使用过示波器、信号发生器、直流电源等设备吗？使用过万用表、烙铁等工具吗？如果使用过，你对它们的功能、性能、结构等了解程度如何？请举几个实例说明你基本掌握了它们的功能、性能、结构等知识，并能熟练地使用。

　　15．单片机技术发展很快，查阅有关资料，说明目前单片机都有哪些更新的功能和更高的性能指标。

　　16．为了学习单片机原理，你目前有几本参考书？其中有无原版的单片机手册(厂家提供的)？

　　17．单片机和其他计算机一样，其工作时内部进行着大量的二进制数据的处理。二进制是最简单的数据形式，但是通过单片机处理过后，其结果变化无穷，你能说明这是为什么吗？

　　18．如果同样的产品既可以用单片机设计、制作，同时也可以用传统的电子器件设计、制作，你想用什么来设计呢？说出自己的看法。

第 2 章　单片机基础知识

本章以 AT89S51 为例介绍 MCS-51 系列单片机的基本结构以及基本工作原理，是全书的基础。单片机的内部结构、引脚功能、内部各功能模块、时钟电路和 CPU 时序等是本章的重点知识。

2.1　MCS-51 系列单片机的基本结构

2.1.1　MCS-51 单片机系列

MCS-51 系列单片机分为 51 子系列和 52 子系列。51 子系列为基本型，主要有 8031、8051、8751 三种类型；52 子系列为增强型，主要有 8032、8052、8752 三种类型。这两大系列单片机的主要硬件配置如表 2.1 所示。

表 2.1　MCS-51 系列单片机常用产品特性指标

系列	型号	片内 RAM 容量/B	片内 ROM 形式及容量 /KB		定时/计数器	中断源	并行口	串行口	工作频率/MHz
			ROM	EPROM					
51 子系列	8031	128	0	0	2×16	5	4×8	UART	2～12
	8051	128	4	0	2×16	5	4×8	UART	2～12
	8751	128	0	4	2×16	5	4×8	UART	2～12
52 子系列	8032	256	0	0	3×16	6	4×8	UART	2～12
	8052	256	8	0	3×16	6	4×8	UART	2～12
	8752	256	0	8	3×16	6	4×8	UART	2～12

从表 2.1 可以看出，51 子系列和 52 子系列的区别在于 RAM 大小、定时/计数器个数及中断源个数不同。MCS-51 系列单片机除 51 子系列和 52 子系列之外，还包括采用 CMOS 工艺的 8XC51、8XC52 等系列，其基本结构与功能和 51 子系列相同，在此不再赘述。

20 世纪 90 年代，美国 Atmel 公司率先把 MCS-51 内核与 Flash 存储技术相结合，推出了轰动业界的 8 位高性能 AT89 系列单片机。AT89 系列单片机与 MCS-51 单片机的指令和引脚完全兼容，但在功能上比 MCS-51 有所增强。AT89 系列单片机内含可编程 Flash 存储器，用户可以很方便地进行程序的擦写操作；采用静态时钟模式，可以节省电能。因此，Atmel 公司单片机在 MCS-51 兼容机市场占据了很大的份额，受到众多用户的喜爱。

AT89 系列单片机分为低档型、标准型和高档型三种。各种不同型号的单片机，其主要差别在于片内的 Flash 程序存储器的容量大小、片内数据存储器的容量大小、并行 I/O 端口线以及中断源个数不同。其常用产品特性如表 2.2 所示。AT89 系列单片机的低档型是功能最弱的型号，只能应用于要求不高的场合；高档型只有一种型号，是该系列中功能最强的型号，可应用于较复杂的控制场合；标准型是功能较强的型号，其应用最为广泛。本书将以 AT89S51 为主介绍 MCS-51 系列单片机的原理及应用。

表 2.2　AT89 系列单片机常用产品特性指标

| 系列 | 型　号 | 片内 RAM 容量/B | 片内 ROM 形式及容量/KB | | 定时/计数器 | 中断源 | 并行口 | 串行口 | 工作频率/MHz |
			Flash ROM	EPROM					
低档	AT89C1051	64	1	0	1×16	3	15	0	0~24
	AT89C2051	128	2	0	2×16	5	15	UART	0~24
标准	AT89C51	128	4	0	2×16	5	4×8	UART	0~24
	AT89C52	256	8	0	3×16	6	4×8	UART	0~24
	AT89S51	128	4	0	2×16+WDT	6	4×8	UART	0~33
	AT89S52	256	8	0	3×16+WDT	6	4×8	UART	0~33
高档	AT89S8252	256	8	2	3×16+WDT	9	4×8	UART	0~24

Atmel 单片机的型号编码通常表示为 AT89CXXXX-XXXX，包含前缀、型号和后缀三个部分。

其中，"AT"是前缀，"89CXXXX"是型号，型号之后的"XXXX"是后缀。各部分含义如下所示。

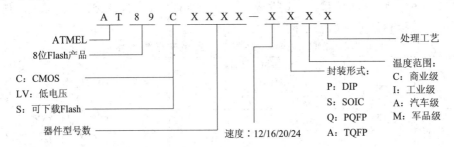

(1) 前缀："AT"表示该器件是 Atmel 公司的产品。

(2) 型号：可能是"89C2051"、"89LV51"、"89S52"等。其中，89 表示 8 位 Flash 单片机产品(9 表示内部含 Flash 存储器)；C 表示为 CMOS 产品，LV 表示低电压产品，S 表示含有串行下载 Flash 存储器；型号中的四个"XXXX"表示器件型号数，如 2051、51 等。

(3) 后缀：由"XXXX"四个参数组成，每个参数所表示的意义不同。在型号与后缀部分用"-"号隔开。

● 第一个参数 X 表示速度：X=12 时，表示速度为 12 MHz；X=16 时，表示速度为 16 MHz；X=20 时，表示速度为 20 MHz；X=24 时，表示速度为 24 MHz。

● 第二个参数 X 表示封装形式：X=D 时，表示陶瓷封装；X=J 时，表示 PLCC 封装；X=P 时，表示 DIP 封装；X=S 时，表示 SOIC 封装；X=Q 时，表示 PQFP 封装；X=A 时，表示 TQFP 封装；X=W 时，表示裸芯片。

● 第三个参数 X 表示温度范围：C 表示商业用产品，温度范围为 0℃~+70℃；I 表示工业用产品，温度范围为-40℃~+85℃；A 表示汽车用产品，温度范围为-40℃~+125℃；M 表示军用产品，温度范围为-55℃~+125℃。

● 第四个参数 X 用于说明产品的处理情况：当 X 为空时，表示处理工艺为标准工艺；当 X 为/883 时，表示处理工艺符合 MIL-STD-83 标准。

2.1.2　MCS-51 系列单片机内部结构及功能部件

1. MCS-51 系列单片机内部结构

MCS-51 系列单片机内部由中央处理器(CPU)、存储器、输入/输出端口、定时/计数器、中断系统以及系统总线等构成，通过系统总线把各个部分连接起来。AT89 系列单片机和 MCS-51 系列单片机的内部结构类似，AT89S51 的内部结构框图如图 2.1 所示。

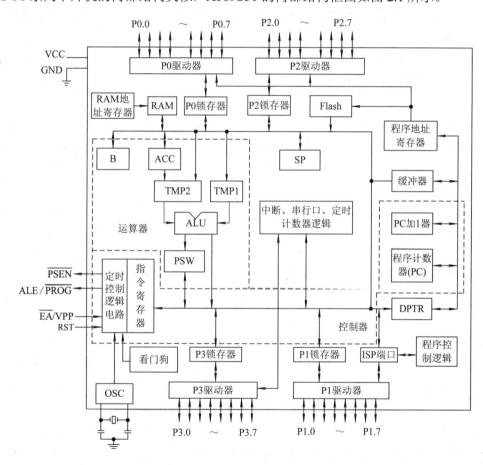

图 2.1　AT89S51 内部结构框图

2. MCS-51 系列单片机功能部件

MCS-51 系列单片机内部主要包含有 9 个功能部件，即中央处理单元(运算器、控制器和专用寄存器组)、程序存储器(ROM 和 Flash 存储器)、数据存储器(RAM)、定时/计数器、并行输入/输出(I/O)接口(P0～P3 接口)、全双工串行接口、中断系统、时钟电路和内部总线。

1) 中央处理器(CPU)

CPU 是单片机的核心部件，是一个 8 位二进制数的中央处理单元，主要负责控制、指挥和调度整个单片机系统协调工作，完成运算功能并控制输入/输出等操作。

2) 程序存储器(ROM)

程序存储器主要用于存放用户程序、原始数据或表格等。MCS-51 系列单片机的程序存储器包括片内程序存储器和片外程序存储器。AT89S51 单片机片内有 4 KB Flash ROM 作程序存储器，片外程序存储器可扩展至 64 KB。

3) 数据存储器(RAM)

数据存储器主要用于存放运算的中间结果，进行数据暂存及数据缓冲等。MCS-51 系列单片机的数据存储器包括片内数据存储器和片外数据存储器。片内数据存储器包括 128 字节的用户存储单元和 128 字节的专用寄存器单元。专用寄存器单元只能用于存放控制指令的数据，用户可以访问但不能存放用户数据。片外数据存储器的寻址空间为 64 KB。

4) 定时/计数器

MCS-51 系列单片机有两个 16 位可编程定时/计数器，通过编程可作为定时器或计数器使用，并有四种不同的工作模式。

5) 并行输入/输出(I/O)接口

单片机对外部电路进行控制或交换信息是通过输入/输出(I/O)接口完成的，MCS-51 系列单片机有四组 8 位的并行输入/输出(I/O)接口，分别为 P0 口、P1 口、P2 口和 P3 口，它们都是 8 位准双向口，每次可以并行输入或输出 8 位二进制信息，也可以按位进行输入或输出信息操作。

6) 全双工串行接口

MCS-51 系列单片机有一个全双工串行通信接口，用于与外部设备进行串行信息传送。该串行口可编程，有四种不同的工作模式，既可以作为异步通信收发器以与其他外部设备完成信息交换，也可以作为同步移位寄存器来扩展 I/O 接口电路。

7) 中断系统

中断是指 CPU 暂停正在执行的程序转而处理中断服务程序，在执行完中断服务程序之后再回到原来正在执行的程序继续执行。MCS-51 系列单片机共有五个中断源，其中有两个外部中断、两个内部定时/计数器中断和一个串行口中断，可以满足各种不同的控制要求。MCS-51 系列单片机的中断系统具有两级优先级别可供选择，可以实现两级中断嵌套。

8) 时钟电路

单片机各部件之间有条不紊地协调工作，其控制信号是在一种基本节拍的指挥下按一定的时间顺序发出的，这些控制信号在时间上的相互关系就是 CPU 时序。而产生这种时序的电路就是振荡器和时钟电路。根据硬件电路的不同，MCS-51 系列单片机有内部时钟方式和外部时钟方式。

9) 内部总线

总线是用于传送信息的公共途径。根据总线上传送的信息的不同，MCS-51 系列单片机的内部总线可分为数据总线、地址总线和控制总线。单片机内的 CPU、RAM、ROM、I/O 接口等单元部件都是通过这些总线连接到一起的。

AT89S51 除了具有上述的 9 大功能部件之外，其内部还增加了双数据指针寄存器和看门狗定时器(WDT)。

双数据指针寄存器：为了更好地访问内部和外部数据，AT89S51 内部提供了两个 16 位的数据指针寄存器，即 DPTR0 和 DPTR1。DPTR0 的地址为特殊功能寄存器区的 82H、83H；DPTR1 的地址为特殊功能寄存器区的 84H、85H。

看门狗定时器(WDT)：为了解决 CPU 程序运行时可能进入混乱或死循环而设置的，它由一个 14 位计数器和看门狗复位寄存器(WDTRST)构成。外部复位时，WDT 默认为关闭状态，要打开 WDT，用户必须按顺序将 1EH 和 0E1H 写到 WDTRST 寄存器中；当启动 WDT 后，它会随晶体振荡器在每个机器周期计数，除硬件复位或 WDT 溢出复位外没有其他方法关闭 WDT；当 WDT 溢出时，将使 RST 引脚输出高电平的复位脉冲。

2.1.3　单片机外部引脚说明

使用 HMOS 制造工艺的 MCS-51 系列单片机大部分采用 40 引脚双列直插式封装(DIP)。CHMOS 制造工艺的单片机有两种封装形式：双列直插式和方形 PLCC 封装，MCS-51 系列单片机引脚图如图 2.2 所示。方形封装为 44 个引脚，但有 4 个引脚不用。这 40 个引脚可分为电源线、外接晶体线、控制线、I/O 端口线四部分。

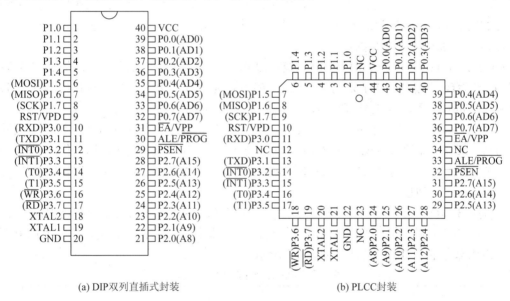

(a) DIP双列直插式封装　　　　　　　　　　　(b) PLCC封装

图 2.2　MCS-51 系列单片机引脚图

PLCC(Plastic Leaded Chip Carrier)即带引线的塑料芯片载体，是表面贴装型封装的一种，外形呈正方形，引脚从封装的四个侧面引出，在芯片底部向内弯曲，呈 J 字形，在芯片的俯视图中是看不见芯片引脚的。引脚中心距为 1.27 mm，引脚数从 18 到 84。外壳由塑料材料制成，外形尺寸比 DIP 封装小得多。PLCC 封装适合用 SMT 表面安装技术在 PCB 上安装布线，具有外形尺寸小、引脚不易变形、可靠性高等优点。但这种芯片的焊接采用回流焊工艺，需要专用的焊接设备，焊接后的外观检查较为困难，并且在调试时要取下芯片也很麻烦。下面以 DIP 封装的 AT89S51 为例分别叙述各个引脚的功能。

1. 主电源线

VCC(40 引脚)：接+5 V 电源正端，正常操作和对 EPROM 编程及验证时均接+5 V 电源。

GND(20 引脚)：接电源地端。

2. 外接晶体线

XTAL1(19 引脚)：接外部晶体振荡器的一端。在单片机内部，它是一个反相放大器的输入端，这个放大器构成了片内振荡器。当采用外部时钟时，对于 HMOS 单片机，该引脚接地；对于 CHMOS 单片机，该引脚作为外部振荡信号的输入端。

XTAL2(18 引脚)：接外部晶体振荡器的另一端。在单片机内部，它是片内振荡器的输出端。当采用外部时钟时，对于 HMOS 单片机，该引脚接收振荡器的信号，即把该引脚接到内部时钟发生器的输入端；对于 CHMOS 单片机，该引脚悬空。

3. I/O 端口线

MCS-51 系列单片机共有四组并行 I/O 端口 P0～P3，每个端口都有 8 条端口线，共有 32 条 I/O 端口线，每个接口的功能和用途有一定的差别。

(1) P0 口(32～39 引脚)：P0.0～P0.7 统称为 P0 口，是一个 8 位漏极开路型双向 I/O 端口，其中 P0.7 为最高位。P0 口可应用于两种不同的情况下：在不接片外存储器与不扩展 I/O 接口时，可作为准双向 I/O 端口，用于传输用户的输入/输出数据；在接片外存储器或扩展 I/O 接口时，P0 口为地址/数据分时复用，即先传输片外存储器低 8 位地址，然后传送 CPU 对外存储器的读/写数据。

(2) P1 口(1～8 引脚)：P1.0～P1.7 统称为 P1 口，是一个带内部上拉电阻的 8 位准双向口，P1.7 为最高位。在 52 子系列单片机中，P1.0 作为定时/计数器 2 的计数脉冲输入端 T2，P1.1 作为定时/计数器 2 的外部控制端 T2EX。

(3) P2 口(21～28 引脚)：P2.0～P2.7 统称为 P2 口，也是一个带内部上拉电阻的 8 位准双向口，P2.7 为最高位。P2 口具有两种功能，一种是可作为准双向 I/O 端口使用，另一种是与 P0 口配合，在外接片外存储器或扩展 I/O 端口且寻址范围超过 256 B 时，用于传输片外存储器高 8 位地址。

(4) P3 口(10～17 引脚)：P3.0～P3.7 统称为 P3 口，也是一个带内部上拉电阻的 8 位准双向口，P3.7 为最高位。P3 口也具有两种功能，一是作为准双向口使用，此外 P3 口的每一条口线都有专门的第二功能，如表 2.3 所示。

表 2.3　P3 口各位的第二功能

口　线	第　二　功　能
P3.0	RXD(串行口输入端)
P3.1	TXD(串行口输出端)
P3.2	$\overline{INT0}$(外部中断 0 请求输入端，低电平有效)
P3.3	$\overline{INT1}$(外部中断 1 请求输入端，低电平有效)
P3.4	T0(定时/计数器 0 计数脉冲输入端)
P3.5	T1(定时/计数器 1 计数脉冲输入端)
P3.6	$\overline{WR}$ (片外数据存储器写选通信号输出端，低电平有效)
P3.7	$\overline{RD}$ (片外数据存储器读选通信号输出端，低电平有效)

4. 控制线

RST/VPD(9 引脚)：单片机复位/备用电源引脚。该引脚为单片机的上电复位或掉电保护端，该引脚上出现持续两个机器周期的高电平就可实现复位操作，使单片机恢复到初始状态。上电时，考虑到振荡器有一定的起振时间，该引脚上高电平必须持续 10 ms 以上才能保证有效复位。当 VCC 发生故障，降低到低电平规定值或掉电时，该引脚可接上备用电源(即 VPD 接+5 V 电源)为内部 RAM 供电，以保证 RAM 中的数据信息不丢失，使复电后能继续正常运行。

$\overline{\text{PSEN}}$ (29 引脚)：片外程序存储器读选通信号，低电平有效。当从外部程序存储器读取指令或数据时，每个机器周期该信号两次有效，以通过数据总线 P0 口读回指令或常数。在访问片外数据存储器时，该信号处于无效状态。

ALE/$\overline{\text{PROG}}$ (30 引脚)：地址锁存允许信号。ALE 在每个机器周期内输出 2 个脉冲，在访问片外程序存储器期间，下降沿用于控制锁存 P0 口输出的低 8 位地址；在不访问片外程序存储器期间，可作为对外输出的时钟脉冲信号或用于定时，此频率为振荡频率的 1/6。但要注意，在访问外部数据存储器期间，ALE 会跳过一个脉冲，此时就不能作为时钟输出了(详见 2.5.2 节 CPU 时序)。对于 Flash 存储器，在编程期间，该引脚用于输入编程脉冲。

$\overline{\text{EA}}$ / VPP (31 引脚)：$\overline{\text{EA}}$ 为片外程序存储器选用端。该引脚低电平有效时，只选用片外程序存储器，对于无片内程序存储器的 8031，该引脚必须接地。当 $\overline{\text{EA}}$ 端保持高电平时，选用片内程序存储器，PC 值超过片内程序存储器的地址范围，将自动转向外部程序存储器。在 Flash 编程期间，该引脚用于接编程电源。

综上所述，MCS-51 系列单片机功能多但引脚少。许多引脚具有双重功能。这种双重功能的设置为单片机系统扩展奠定了基础。MCS-51 系列单片机对外呈现三总线的形式，由 P0 口分时复用为 8 位数据总线，P0、P2 构成 16 位地址总线，由 ALE、RST、$\overline{\text{PSEN}}$ 、$\overline{\text{EA}}$ 、$\overline{\text{WR}}$ (P3.6)、$\overline{\text{RD}}$ (P3.7)等信号组成控制总线，MCS-51 系列单片机总线结构框图如图 2.3 所示。

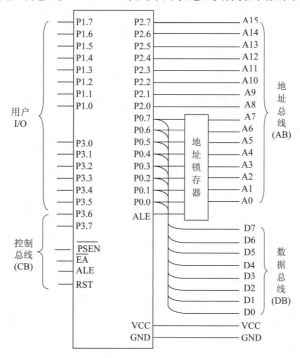

图 2.3　MCS-51 系列单片机总线结构框图

2.2　中央处理器(CPU)

中央处理器(CPU)是单片机内部的核心部件，决定了单片机的主要功能特性。MCS-51单片机的 CPU 是一个 8 位二进制数的中央处理单元，主要由运算器、控制器和专用寄存器组三大功能部件构成。

2.2.1　运算器

运算器以算术逻辑单元(ALU)为核心，包括布尔处理器、累加器(ACC)、寄存器 B、暂存器(TMP1、TMP2)、程序状态字寄存器(PSW)等部件(见图 2.1)，用来完成数据的算术逻辑运算、位变量处理和数据传输操作。

1．算术逻辑单元

ALU 是由加法器和其他逻辑电路等组成的，是运算器的核心部件，可对数据进行算术四则运算和逻辑运算、移位操作、位操作等。ALU 有两个操作数，一个由累加器通过暂存器 TMP2 输入，另一个由暂存器 TMP1 输入，运算结果的状态储存在状态字 PSW 中。

2．累加器

ACC 是一个 8 位寄存器，简称 A，用来存放参与算术运算和逻辑运算的一个操作数或运算结果，是 CPU 执行指令时使用最频繁的寄存器。

3．寄存器 B

寄存器 B 是一个 8 位寄存器，是为 ALU 进行乘、除法运算而设置的。进行乘法运算时，用于存放乘数和乘积的高 8 位；进行除法运算时，用于存放除数和余数。若不做乘、除运算，则可作为通用寄存器使用。

4．暂存器

TMP1、TMP2 用于为 ALU 暂存两个 8 位的二进制操作数，对用户不开放。

5．程序状态字寄存器

PSW 是一个 8 位标志寄存器，用来存放程序运行中的各种状态信息，以供程序查询和判断。PSW 中各位的状态通常是在操作过程中自动形成的，也可以由用户根据需要按位进行操作。其各位的定义如下(PSW 字节地址为 D0H)：

位编号	PSW.7	PSW.6	PSW.5	PSW.4	PSW.3	PSW.2	PSW.1	PSW.0
位地址	D7H	D6H	D5H	D4H	D3H	D2H	D1H	D0H
位定义	Cy	AC	F0	RS1	RS0	OV	—	P

• 进位标志位 Cy：表示在加、减运算过程中最高位是否有进位或借位，若最高位有进位或借位，Cy 由硬件置 1，否则清 0。在进行位操作时，Cy 可以作为位累加器使用，其作用相当于累加器 A。

• 辅助进位标志位 AC：表示两个 8 位数运算时其低 4 位有无进位或借位，当低 4 位有进位或借位时，将由硬件把该位置 1，否则清 0。在 BCD 码调整时，AC 可用作判断位。

● 用户标志位 F0：由用户根据自己的需要用软件对其进行置位或清零，作为用户自行定义的一个状态标记。

● 工作寄存器组选择位 RS1、RS0：用于选定当前使用的工作寄存器组，可由用户根据需要采用软件进行置位或清零。RS1、RS0 状态与工作寄存器组的对应关系如表 2.4 所示。单片机上电或复位后，RS1、RS0 的状态为 00，即此时选择第 0 组工作寄存器，物理地址为 00H～07H。

表 2.4　RS1、RS0 状态与工作寄存器组选择关系表

RS1　RS0	工作寄存器组号	工作寄存器组物理地址
0　　0	0	00H～07H
0　　1	1	08H～0FH
1　　0	2	10H～17H
1　　1	3	18H～1FH

● 溢出标志位 OV：表示当进行算术运算时，运算结果是否溢出。若产生溢出，则由硬件将该位置 1，否则清 0。

● 奇偶标志位 P：在执行指令后，单片机根据累加器 A 中含 1 的个数自动给该位置位或清零。若 A 中 1 的个数为奇数，则 P=1，否则 P=0。该标志位对串行通信过程的错误校验有重要意义。

6．布尔处理器(位处理器)

布尔处理器是 MCS-51 单片机 ALU 具有的　种功能。单片机指令系统中的 17 条位处理指令、存储器中的位地址空间以及借用程序状态寄存器中的进位标志位 Cy 作为位操作累加器，构成了单片机的布尔处理器。它可对直接寻址的位变量进行位处理，如置位、清零、取反以及逻辑与、或等操作，并可以方便地设置标志等。

2.2.2　控制器

控制器是对来自存储器中的指令进行译码，通过定时控制电路，在规定的时刻发出各种操作所需的全部内部和外部的控制信号，使各部分协调工作，完成指令所规定的功能的器件。控制器主要由程序计数器(PC)、指令寄存器(IR)、指令译码器(ID)和定时控制逻辑电路等组成。

1．程序计数器

PC 是一个 16 位的、具有自动加 1 功能的寄存器，用来存放下一条将要执行指令的 ROM 地址值。当 CPU 取指令时，PC 的内容送到地址总线上，从存储器中取出指令后，PC 内容自动加 1，指向下一条要执行的指令，以保证程序按顺序执行。

2．指令寄存器

IR 是一个 8 位的寄存器，用于存放 CPU 根据 PC 地址从 ROM 中读出的指令操作码，等待译码。

3．指令译码器

ID 用于对指令寄存器中的指令进行译码，将指令转变为执行此指令所需要的电信号。

4．定时控制逻辑电路

定时部件用于产生脉冲序列和多种节拍脉冲；控制逻辑根据指令译码器产生的操作信号，按一定时间顺序发出一系列节拍脉冲控制信号来完成指令所规定的全部操作。

2.2.3 专用寄存器组

专用寄存器也称为特殊功能寄存器(SFR)，主要用来指示当前要执行指令的内存地址，存放特定的操作数，指示指令的运行状态等。MCS-51 系列单片机共有 21 个特殊功能寄存器，离散地分布在片内 RAM 的高 128 B 地址中。前面介绍的 A、B、PSW 等都是特殊功能寄存器，但程序计数器不是特殊功能寄存器，不可访问。其他的寄存器将在后面的相关章节中介绍。

2.3 存储器及存储空间

MCS-51 单片机与一般微型计算机的存储器配置方法不大相同。一般微型计算机通常只有一个逻辑空间，可以作为程序存储器，也可作为数据存储器，并采用同类指令对程序和数据存储器进行访问。而 MCS-51 单片机的存储器分为程序存储器和数据存储器，同时还有片内和片外的不同，当对不同的存储空间进行访问时，采用不同形式的指令。

2.3.1 存储器空间

MCS-51 单片机的存储器结构框图如图 2.4 所示。单片机的型号不同，其片内存储器的大小可能不同，但存储空间的结构是相同的。以 AT89S51 单片机为例，其存储器结构如图 2.4 所示。外部存储器空间可以根据需要扩展不同的大小。MCS-51 单片机的片内、外程序存储器是统一编址的，以 16 位程序计数器作为地址指针，最大的寻址空间可以达到 64 KB。MCS-51 单片机的片内数据存储器除了片内 RAM 外，还包含一些特殊功能寄存器；片外数据存储器最大可扩展至 64 KB。

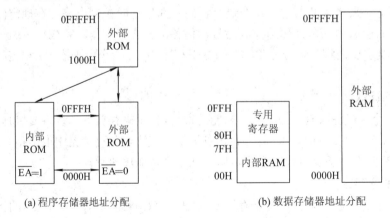

(a) 程序存储器地址分配　　　　　　(b) 数据存储器地址分配

图 2.4　MCS-51 单片机存储器结构框图

在物理结构上，MCS-51 系列单片机有四个存储空间，分别为
(1) 片内程序存储器。

(2) 片外程序存储器。

(3) 片内数据存储器。

(4) 片外数据存储器(包括 I/O 地址空间)。

从用户使用角度，即从逻辑上看，MCS-51 系列单片机有三个存储空间，分别为

(1) 片内、外统一编址的 64 KB 程序存储器(0000H～0FFFFH)。

(2) 片内数据存储器(包含 128 B 的 SFR 空间 80H～0FFH)。

(3) 64 KB 的片外数据存储器(包括 I/O 地址空间)。

在访问这三个不同的逻辑空间时，采用的指令也不相同，片内、外程序存储器空间使用 MOVC 指令；片内数据存储器空间和 SFR 使用 MOV 指令；片外数据存储器空间(包括 I/O 地址空间)使用 MOVX 指令。

2.3.2　程序存储器

程序存储器一般用于存放程序、表格和常数。MCS-51 单片机的程序存储器空间最大为 64 KB(0000H～0FFFFH)，其地址指针为 16 位的程序计数器 PC，程序存储器的地址是连续、统一的。

1．程序存储器空间的访问控制

MCS-51 单片机上电或复位后，程序计数器的值为 0000H，即程序从地址 0000H 开始执行。CPU 访问片内还是片外程序存储器由引脚 $\overline{\text{EA}}$ 的输入电平来确定。

(1) 若 $\overline{\text{EA}}$=1，则系统上电复位后，程序从片内程序存储器 0000H 单元开始取指令，当 PC 的值超出片内程序存储器的容量时，会自动转向片外程序存储器空间取指令。例如，AT89S51 片内有 4 KB Flash ROM，片内存储空间地址为 0000H～0FFFH，当 PC 值在 0000H～0FFFH 之间时，CPU 从内部程序存储器取指令，当 PC 值大于 0FFFH 时，则从外部程序存储器取指令。

(2) 若 $\overline{\text{EA}}$=0，则系统上电复位后，不管片内是否有程序存储器，都从片外程序存储器的 0000H 开始取指令。对于 8031 等片内无 ROM 的单片机，$\overline{\text{EA}}$ 只能接低电平，强制从片外程序存储器开始取指令。

2．程序存储器中的特殊单元

MCS-51 单片机的程序存储器中有一些特殊的存储单元，这些存储单元具有固定的用途，在使用中应加以注意。这些存储单元分别为

- 0000H：单片机上电或复位后 PC 的值，即程序必须从该地址开始执行。
- 0003H：外部中断 0 入口地址。
- 000BH：定时/计数器 0 溢出中断入口地址。
- 0013H：外部中断 1 入口地址。
- 001BH：定时/计数器 1 溢出中断入口地址。
- 0023H：串行口中断入口地址。
- 002BH：定时/计数器 2 溢出或 T2EX(P1.1)端负跳变时的入口地址(仅 52 子系列有)。

0000H～0003H 之间只有三个字节空间，一般不能存放一段完整的用户程序，所以通

常从 0000H 地址开始存放一条转移指令，使 CPU 转到用户程序的存储单元首地址。各个中断入口地址之间间隔只有 8 个单元，通常情况下，也无法存放完整的中断服务程序，使用时一般在入口地址处放置一条跳转指令，使程序跳转到用户安排的中断服务程序存储单元首地址。

2.3.3　内部数据存储器

数据存储器用于存放运算中间结果、数据暂存和缓冲、标志位等。MCS-51 单片机片内数据存储器在物理上可分为两个不同的区，即为片内 RAM 区和特殊功能寄存器区(SFR)。51 子系列片内 RAM 区为 128 B，其编址为 00H～7FH；SFR 区也为 128 B，其编址为 80H～0FFH，两者连续不重叠。52 子系列片内 RAM 区为 256 B，其编址为 00H～0FFH；SFR 区也为 128 B，其编址为 80H～0FFH，SFR 区和片内 RAM 区的高 128 B 的编址是重叠的，为了访问时不致引起混乱，对片内 RAM 区的高 128 B 采用间接寻址方式来访问。

1. 片内 RAM

片内 RAM 区从功能用途上又可分为三个不同的区域：工作寄存器区、位寻址区、通用 RAM 区，如表 2.5 所示。

表 2.5　MCS-51 片内 RAM 空间分配表

片内 RAM 地址	功　能　区
30H～7FH	普通 RAM 区
20H～2FH	位寻址区
00H～1FH	工作寄存器区

1) 工作寄存器区

片内 RAM 的 00H～1FH 区域设置为工作寄存器区，该区域共有 32 个存储单元，均匀地划分为 4 组，每组由 8 个工作寄存器 R0～R7 构成。工作寄存器组和 RAM 地址的对应关系如表 2.6 所示。程序当前正在使用的工作寄存器组可由程序状态字 PSW 的 RS0 和 RS1 位的状态确定，在程序中可以通过改变 RS0 和 RS1 位的组合值来改变所使用的工作寄存器组，这个特点可以用在中断程序中，以保护现场和恢复现场数据。当单片机上电或复位后，RS0 和 RS1 的值均为 0，默认的工作寄存器组为 0 组。若其他组没有使用，则可以作为一般的数据存储器使用。

表 2.6　工作寄存器和 RAM 地址的对照表

RS1　RS0	组号	寄存器名与对应字节地址							
0　　0	0	R0	R1	R2	R3	R4	R5	R6	R7
		00H	01H	02H	03H	04H	05H	06H	07H
0　　1	1	R0	R1	R2	R3	R4	R5	R6	R7
		08H	09H	0AH	0BH	0CH	0DH	0EH	0FH
1　　0	2	R0	R1	R2	R3	R4	R5	R6	R7
		10H	11H	12H	13H	14H	15H	16H	17H
1　　1	3	R0	R1	R2	R3	R4	R5	R6	R7
		18H	19H	1AH	1BH	1CH	1DH	1EH	1FH

2) 位寻址区

片内 RAM 的 20H～2FH 的 16 个字节为位寻址区。这 16 个地址单元共有 128 位，每一位都有一个位地址，即为 00H～7FH，每一位可以视为一个软件触发器，由程序直接进行位处理，通常用于存放各种程序的运行标志、位变量的状态等。字节地址与位地址之间的关系如表 2.7 所示。

表 2.7　RAM 位寻址区地址映像

字节地址	位　地　址							
	D7	D6	D5	D4	D3	D2	D1	D0
2FH	7FH	7EH	7DH	7CH	7BH	7AH	79H	78H
2EH	77H	76H	75H	74H	73H	72H	71H	70H
2DH	6FH	6EH	6DH	6CH	6BH	6AH	69H	68H
2CH	67H	66H	65H	64H	63H	62H	61H	60H
2BH	5FH	5EH	5DH	5CH	5BH	5AH	59H	58H
2AH	57H	56H	55H	54H	53H	52H	51H	50H
29H	4FH	4EH	4DH	4CH	4BH	4AH	49H	48H
28H	47H	46H	45H	44H	43H	42H	41H	40H
27H	3FH	3EH	3DH	3CH	3BH	3AH	39H	38H
26H	37H	36H	35H	34H	33H	32H	31H	30H
25H	2FH	2EH	2DH	2CH	2BH	2AH	29H	28H
24H	27H	26H	25H	24H	23H	22H	21H	20H
23H	1FH	1EH	1DH	1CH	1BH	1AH	19H	18H
22H	17H	16H	15II	14H	13H	12H	11H	10H
21H	0FH	0EH	0DH	0CH	0BH	0AH	09H	08H
20II	07H	06H	05H	04H	03H	02H	01H	00H

位寻址区具有双重寻址功能，既可以进行位寻址操作，也可以同普通 RAM 单元一样按字节进行寻址操作。

3) 通用 RAM 区

片内 RAM 的 30H～7FH 为通用 RAM 区，用做堆栈或数据缓冲，只能按字节存取。在单片机的实际应用中，往往需要有一个连续的先进后出的 RAM 缓冲区，用于保护临时数据，这种以先进后出原则存取数据的 RAM 缓冲区称为堆栈。MCS-51 单片机通过在程序中设置堆栈指针寄存器(SP)的初始值来确定栈底位置，从而确定堆栈所在的区域，原则上堆栈可以设置在片内 RAM 的任意区域。当系统上电或复位后，SP 的值为 07H，即初始的堆栈设在 08H 开始的 RAM 区，而 08H～2FH 是工作寄存器区和位寻址区，所以在程序初始化时应对 SP 另设初值。另外，如果还要保留一些用于其他功能的缓冲区，如显示缓冲区、串口数据接收缓冲区等，那么堆栈应该设置在 50H 以后的通用 RAM 区。如可设 SP 的内容为 4FH，则堆栈在 50H 开始的区域。

向堆栈中存放(压入)数据称为入栈，从堆栈中取出(弹出)数据称为出栈，堆栈只有这两种操作。不论数据是入栈还是出栈，都是对栈顶的单元进行操作，堆栈是向上生成的。入栈时 SP 的值先加 1，然后数据入栈；出栈时，数据先出栈，然后 SP 值减 1，SP 始终指向栈顶位置。堆栈操作只能依次进行，不能跳跃，而且必须遵守"先进后出"的原则。堆栈主要是为子程序调用和中断操作设立的，常用来保护断点和保护现场。另外，堆栈也具有传递参数等功能。

片内 RAM 中除了作为工作寄存器、位标志和堆栈区以外的单元外，都可以作为数据缓冲区使用，存放需要处理的数据或运算结果。

2. 特殊功能寄存器(SFR)

所谓特殊功能寄存器，是区别于通用寄存器的寄存器。特殊功能寄存器的功能和用途有专门的规定，主要包括用于对片内各功能模块进行管理、控制、监视的控制寄存器和状态寄存器。片内 80H~0FFH 区间集合了这些特殊功能寄存器，它们离散地分布在这一地址范围内。在 80H~0FFH 地址范围内，有一些地址单元未被定义，用户不能对这些无定义的字节地址单元进行访问，否则将得到一个不确定的随机数，因此软件设计时不要使用这些单元。

MCS-51 子系列单片机共有 21 个 SFR，其名称和字节地址如表 2.8 所示。

表 2.8 特殊功能寄存器一览表

SFR 功能名称	SFR 符号	字节 地址	复位值 (二进制)	位地址和位名称							
				D7	D6	D5	D4	D3	D2	D1	D0
累加器*	A	E0H	00000000	E7	E6	E5	E4	E3	E2	E1	E0
B 寄存器*	B	F0H	00000000	F7	F6	F5	F4	F3	F2	F1	F0
程序状态字*	PSW	D0H	000000x0	Cy	AC	F0	RS1	RS0	OV		P
P0 口*	P0	80H	11111111	87	86	85	84	83	82	81	80
P1 口*	P1	90H	11111111	97	96	95	94	93	92	91	90
P2 口*	P2	A0H	11111111	A7	A6	A5	A4	A3	A2	A1	A0
P3 口*	P3	B0H	11111111	B7	B6	B5	B4	B3	B2	B1	B0
堆栈指针寄存器	SP	81H	00000111								
数据指针寄存器 低字节#	DPL	82H	00000000								
数据指针寄存器 高字节#	DPH	83H	00000000								
定时/计数器 控制寄存器*	TCON	88H	00000000	8F	8E	8D	8C	8B	8A	89	88
				TF1	TR1	TF0	TR0	IE1	IT1	IE0	IT0
定时/计数器方式 控制寄存器	TMOD	89H	00000000	GATE	$\overline{C}/T$	M1	M0	GATE	$\overline{C}/T$	M1	M0
定时/计数器 0 低字节	TL0	8AH	00000000								
定时/计数器 0 高字节	TH0	8CH	00000000								
定时/计数器 1 低字节	TL1	8BH	00000000								
定时/计数器 1 高字节	TH1	8DH	00000000								

续表

SFR 功能名称	SFR 符号	字节 地址	复位值 (二进制)	位地址和位名称							
				D7	D6	D5	D4	D3	D2	D1	D0
电源控制寄存器	PCON	97H	0xxx0000	SMOD				GF1	GF0	PD	IDL
串行控制寄存器*	SCON	98H	00000000	9F	9E	9D	9C	9B	9A	99	98
				SM0	SM1	SM2	REN	TB8	RB8	TI	RI
串行数据缓冲器	SBUF	99H	xxxxxxxx								
中断允许控制 寄存器*	IE	A8H	0x000000	AF	AD	AC	AB	AA	A9	A8
				EA	ET2	ES	ET1	EX1	ET0	EX0
中断优先控制 寄存器*	IP	B8H	xx000000		BD	BC	BB	BA	B9	B8
					PT2	PS	PT1	PX1	PT0	PX0

注：#寄存器 DPL、DPH 在 AT89S51 中记为 DP0L、DP0H，组成 16 位数据指针寄存器 DPTR0。

*寄存器是具有位寻址功能的寄存器。由表中可以看出，凡是字节地址能被 8 整除的 SFR 都是可位寻址的。

52 子系列中除了具有 51 子系列所有的 21 个 SFR 之外，还增加了 5 个，如表 2.9 所示。

表 2.9　52 子系列附加 SFR 一览表

SFR 功能名称	SFR 符号	字节 地址	复位值 (二进制)	位地址和位名称							
				D7	D6	D5	D4	D3	D2	D1	D0
定时/计数器 2 控制寄存器*	T2CON	C8H	00000000	CF	CE	CD	CC	CB	CA	C9	C8
				TF2	EXF2	RCLK	TCLK	EXEN2	TR2	C/T2	CP/RL2
定时/计数器 2 自动重装低字节	RLDL	CAH	00000000								
定时/计数器 2 自动重装高字节	RLDH	CBH	00000000								
定时/计数器 2 低字节	TL2	CCH	00000000								
定时/计数器 2 高字节	TH2	CDH	00000000								

AT89S51 单片机除了具有 51 子系列的 21 个特殊功能寄存器以外，还增加了 5 个特殊功能寄存器，分别为 AUXR、WDTRST、AUXR1、DP1L 和 DP1H。

(1) AUXR 辅助寄存器字节地址为 8EH，其各位的定义如下：

位编号	D7	D6	D5	D4	D3	D2	D1	D0
位定义	—	—	—	WDIDLE	DISRTO	—	—	DISALE

● WDIDLE：禁止/使能空闲(IDLE)模式下的看门狗定时器(WDT)。当该位为 1 时，在空闲模式中，WDT 将停止计数；当该位为 0 时，在空闲模式下，WDT 继续计数。

● DISRTO：禁止/使能复位信号输出。当该位为 1 时，复位引脚仅为输入，即只能输入复位信号；当该位为 0 时，复位引脚在 WDT 溢出时输出高电平信号。

● DISALE：禁止/使能 ALE 引脚功能。当该位为 1 时，ALE 引脚仅在执行 MOVX 或

MOVC 指令期间输出脉冲信号；当该位为 0 时，ALE 引脚输出 1/6 振荡频率的脉冲信号。

(2) AUXR1 辅助寄存器用来选择双数据指针寄存器，其字节地址为 A2H，各位定义如下：

位编号	D7	D6	D5	D4	D3	D2	D1	D0
位定义	—	—	—	—	—	—	—	DPS

DPS 为数据指针选择位，当该位为 0 时，数据指针寄存器选择 DPTR0(DP0L、DP0H)；该位为 1 时，数据指针寄存器选择 DPTR1(DP1L、DP1H)。所以用户在使用数据指针寄存器前，应先初始化 DPS 位。

(3) 看门狗复位寄存器 WDTRST 的字节地址为 A6H，该寄存器为只写寄存器。当要打开 WDT 时，用户必须按顺序给该寄存器写入 1EH 和 0E1H。

(4) DP1L 和 DP1H 为 16 位数据指针寄存器 DPTR1 的低字节和高字节。

特殊功能寄存器可以用寄存器寻址和直接地址寻址方式进行字节访问，其中还有部分寄存器可以进行位寻址，如表 2.8 和表 2.9 中带有*标志的特殊功能寄存器。这些 SFR 中的位有自己的名称和位地址，可以采用位直接地址寻址方式访问，还可以采用名称符号来访问。PCON、TMOD 中各位虽然有名称，但不能按位寻址。

2.3.4 外部数据存储器

MCS-51 单片机可通过外部扩展电路将 RAM 芯片和 CPU 相接，片外最大可以扩展 64 KB 的数据存储器。对片外 RAM 进行读、写时，由 P0、P2 口提供地址信号，只能采用寄存器间接寻址方式。间接寻址寄存器可使用的寄存器有通用寄存器 R0、R1 以及数据指针寄存器 DPTR，当 R0 或 R1 作为间接寻址寄存器时，P0 将 R0 或 R1 的内容(8 位)作为地址输出，因此最大寻址空间为 256 B，地址范围为 00H～0FFH，与片内 RAM 地址重叠，但由于访问片内和片外数据存储器采用的寻址方式和指令不同，因此不会引起混乱。当 16 位数据指针寄存器 DPTR 作为间接寻址寄存器时，由 P2 口输出地址的高 8 位，P0 口输出地址的低 8 位，因此最大寻址空间为 64 KB，地址范围为 0000H～0FFFFH，它和程序存储器的地址空间重叠，但程序存储器和片外数据存储器的访问指令和控制线不同，访问程序存储器的指令为 MOVC，控制线为 $\overline{PSEN}$，而片外 RAM 的访问指令为 MOVX，控制线为 $\overline{WR}$ 和 $\overline{RD}$，所以不会造成混乱。

MCS-51 单片机对片外 RAM 和扩展的 I/O 端口进行统一编址，即外部扩展的任何 I/O 接口和外围设备地址均占用片外 RAM 的地址，因此使用时要合理安排地址范围。CPU 对片外 RAM 和 I/O 端口操作使用相同的访问指令和控制线。有关外部数据存储器和 I/O 端口的扩展请参阅本书第 5 章。

2.4　并行 I/O 口及其结构

MCS-51 系列单片机具有四个双向的 8 位 I/O 端口，称为 P0、P1、P2 和 P3，共 32 根 I/O 口线。每个端口既可以作为 8 位并行口使用，又可以独立地作为 1 位双向 I/O 口线使用。

各个口的每一位都由一个锁存器(8 位锁存器即构成了特殊功能寄存器 P0~P3)、一个输出驱动器和输入缓冲器组成。作输出时，数据可以锁存；作输入时，数据可以缓冲。

在 MCS-51 单片机无片外扩展存储器或 I/O 接口系统时，这四个口的每一位均可作为准双向的 I/O 端口使用；在具有片外扩展存储器或 I/O 接口时，P0 口为双向总线，分时传送低 8 位地址和数据，P2 口传送高 8 位地址。

P0~P3 口的功能不完全相同，其内部结构也略有不同。下面分别对各个端口的结构和功能加以讨论。

2.4.1　P0 口的结构与功能

1. P0 口的结构

P0 口是一个三态双向口，在系统扩展时，作为低 8 位地址线和数据总线的分时复用口；在其他状态下可作为通用 I/O 接口。P0 口一位的结构框图如图 2.5 所示，它由一个输出锁存器、两个三态输入缓冲器、一个输出驱动电路和一个输出控制电路组成。输出驱动电路由一对 FET(场效应管)VT1 和 VT2 组成，其工作状态受输出控制电路的控制；输出控制电路由一个与门电路、一个反相器和一个多路开关 MUX 组成。

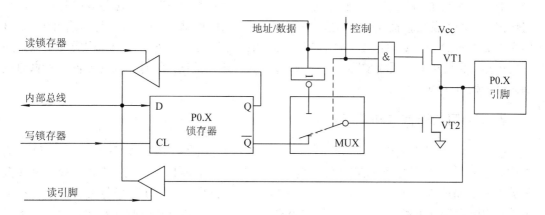

图 2.5　P0 口一位的结构框图

2. P0 口的功能

1) P0 口作为一般 I/O 口使用时

图 2.5 中的多路开关 MUX 的位置由 CPU 发出的控制信号决定。当 MCS-51 片外无扩展存储器系统时，P0 口作为通用 I/O 口使用，此时 CPU 内部发出控制电平"0"封锁与门，使输出上拉场效应管 VT1 截止，同时多路开关把输出锁存器 $\overline{Q}$ 端与输出场效应管 VT2 的栅极接通。此时 P0 即作为一般的 I/O 口使用。

(1) P0 口作输出时：内部数据总线上的信息由写脉冲锁存至锁存器，输入 D=0 时，Q=0 而 $\overline{Q}$=1，VT2 导通，P0 引脚输出"0"。由此可见，内部数据总线与 P0 端口是同相位的。输出驱动级是漏极开路电路，若要驱动 NMOS 或者其他拉电流负载时，需外接上拉电阻。P0 口的每一位可以驱动 8 个 LSTTL 负载。

(2) P0 口作输入时：端口中有两个三态输入缓冲器，用于读操作。其中，图 2.5 下面的一个输入缓冲器的输入与端口引脚相连，故当执行一条读端口输入指令时，产生读引脚信号将三态缓冲器打开，端口引脚上的数据经缓冲器读入内部数据总线。

图 2.5 中上面的一个输入缓冲器并不能直接读取端口引脚上的数据，而是读取输出锁存器 Q 端的数据。Q 端与引脚处的数据是不一致的。结构上这样的安排是为了适应"读—修改—写"一类指令的需要。这类指令的特点是：先读端口，再对读入的数据进行修改，然后再写到端口。例如"ANL　P0，A"指令，该指令先把 P0 口的数据读入 CPU，与累加器 A 的内容进行逻辑与操作，然后再把与的结果送回 P0 口，一条指令完成了读、修改和写三个操作过程。另外，从图 2.5 可以看出，在读入端口数据时，由于输出驱动管 VT2 并接在端口引脚上，如果 VT2 导通，输出为低电平，即将输入的高电平拉成低电平，造成误读，所以在端口进行输入操作前，应先向端口输出锁存器写入"1"，使 $\overline{Q}$=0，则输出级的两个 FET 管子均截止，引脚处于悬空状态，变为高阻抗输入，这就是所谓的准双向 I/O 口。MCS-51 的 P0～P3 都是准双向 I/O 口。

2) P0 口作为地址/数据总线使用时

当 MCS-51 片外扩展有 RAM、I/O 接口、ROM 时，P0 端口作为地址/数据总线使用，此时可分为两种情况。一种是以 P0 口引脚输出地址/数据信息，这时 CPU 内部发出高电平的控制信号，打开与门，同时使多路开关 MUX 把 CPU 内部地址/数据总线反相后与输出驱动场效应管 VT2 的栅极接通。地址或数据通过 VT2 输出到引脚，当地址/数据为 0 时，与门输出 0，VT1 截止，而 VT2 导通，引脚输出 0；当地址/数据为 1 时，与门输出 1，VT1 导通，VT2 截止，引脚输出 1。由于 VT1 和 VT2 两个 FET 管处于反相，构成了推拉式的输出电路，其负载能力大大增强。另一种是以 P0 口输入数据，此时输入的数据从引脚通过输入缓冲器进入内部总线。

2.4.2　P1 口的结构与功能

P1 口是一个准双向口，用作通用 I/O 口，P1 口一位的结构框图如图 2.6 所示。P1 口通常作为通用 I/O 口使用，所以在电路结构上与 P0 有一些不同。首先它不再需要多路转换开关 MUX 和控制电路部分；其次是输出驱动电路部分只有一个 FET，同时内部有上拉电阻，此电阻直接与电源相连。当 P1 口作为输出口使用时，能向外部提供拉电流负载，无需再外接上拉电阻。

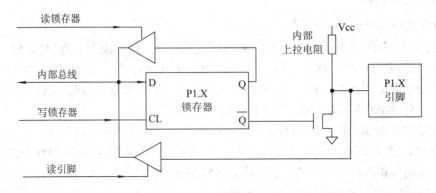

图 2.6　P1 口一位的结构框图

从功能上看，P1 口只有一种功能，即通用 I/O 接口，具有输入、输出和端口操作三种工作方式，每一位口线能独立地用作输入或输出线。当作为输出线时，若将 1 写入口锁存器，$\overline{Q}$ 端将使 FET 截止，输出线由内部上拉电阻拉成高电平，输出为 1；若将 0 写入口锁存器，$\overline{Q}$ 端使 FET 导通，输出 0。当作为输入线使用时，和 P0 口一样，必须先向其锁存器写入 "1"，使输出驱动电路的 FET 截止，该口线由内部上拉电阻拉成高电平，作高阻输入。P1 口的端口操作和 P0 口相同。

　　由此可见，P1 口是一个标准的准双向口，组成系统时它往往作通用 I/O 接口使用，每一位都具有驱动四个 LSTTL 负载的能力。

　　另外，对于 52 子系列单片机 P1 口的 P1.0 与 P1.1，除作为通用 I/O 接口外，还具有第二功能，即 P1.0 可作为定时器/计数器 2 的外部计数脉冲输入端 T2，P1.1 可作为定时器/计数器 2 的外部控制输入端 T2EX。

2.4.3　P2 口的结构与功能

　　P2 口也是一个准双向 I/O 口，P2 口一位的结构框图如图 2.7 所示。P2 口的电路结构与P1 口类似，驱动部分与 P1 口相同，但 P2 口具有通用 I/O 接口或高 8 位地址总线输出两种功能，因此其输出驱动结构相比 P1 口多了一个输出转换开关 MUX 和反相器。

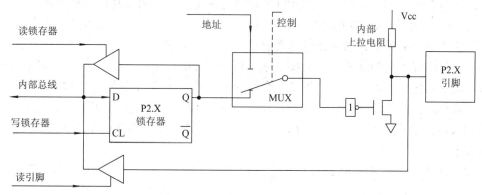

图 2.7　P2 口一位的结构框图

　　当控制信号使转换开关 MUX 接到锁存器 Q 端，再经反相器接 FET，构成了一个准双向 I/O 端口时，P2 口作为通用 I/O 口使用，其工作原理和负载能力均与 P1 口相同，也具有输入、输出及端口操作三种工作方式。

　　当系统扩展片外存储器系统时，P2 口作为高 8 位地址线使用，此时转换开关 MUX 在CPU 的控制下，转向内部地址线的一端。由程序计数器来的高 8 位地址信号，或由数据指针 DPTR 来的高 8 位地址信号经反相器和 FET 原样呈现在 P2 口的引脚上，输出高 8 位地址 A8～A15。在上述情况下，P2 口锁存器的内容不受影响，所以，取指或访问外部存储器结束后，由于转换开关又接至 Q 端，使输出驱动器与锁存器 Q 端相连，引脚上将恢复原来的数据。因为访问片外存储器的操作是连续不断的，P2 口要不断输出高 8 位地址，故此时P2 口不可能再作通用的 I/O 端口使用。

2.4.4　P3 口的结构与功能

　　P3 口也是一个准双向 I/O 口，P3 口一位的结构框图如图 2.8 所示。由图可知，P3 口每一位的输出驱动由与非门、场效应管组成，比 P0、P1、P2 多了一个缓冲器。除了作为通用的 I/O 端口外，P3 口的每一位均具有第二功能。

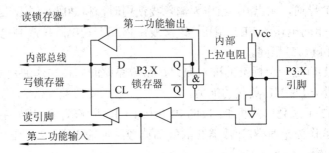

图 2.8　P3 口一位的结构框图

当 P3 口作为通用 I/O 接口时，要求第二功能输出线保持高电平，使与非门的输出取决于口锁存器的状态。此时 P3 口的工作原理、负载能力与 P1 口、P2 口相同。此外，P3 口各位均有第二功能，详见 2.1.3 节表 2.3。

P3 口的特点在于为适应引脚信号第二功能的需要，增加了第二功能控制逻辑。由于第二功能信号有输入和输出两类，因此分两种情况说明：对于第二功能为输出的信号引脚，当作为 I/O 使用时，第二功能输出线应保持高电平，与非门打开，以维持从锁存器到输出端数据输出通路的畅通。当输出第二功能信号时，该位的锁存器应置"1"，使与非门对第二功能信号的输出是畅通的，从而实现第二功能信号的输出。对于第二功能为输入的信号引脚，在端口线的输入通路上增加了一个缓冲器，输入的第二功能信号就从这个缓冲器的输出端取得。而作为 I/O 口使用的数据输入，其数据仍取自三态缓冲器的输出端。不管是作为输入口使用还是第二功能信号输入，输出电路中的锁存器输出和第二功能输出线都应保持高电平。

P3 口的每一位可独立地定义为通用 I/O 功能的输入/输出或第二功能的输入/输出。

2.4.5　I/O 口的应用特性

1. 使用原则

MCS-51 单片机中的四个 I/O 接口在实际使用中一般遵循以下用法：P0 口一般作为系统扩展地址低 8 位/数据口分时复用；P1 口一般作为 I/O 口使用；P2 口作为系统扩展地址高 8 位和 I/O 接口扩展用的地址译码器的输入；P3 口作为中断输入、串行口、定时/计数以及读/写控制信号使用。

2. 端口负载能力和接口要求

P0 口的输出级与 P1～P3 口的输出级在结构上不相同，因此它们的带负载能力和接口要求也各不相同。

(1) P0 口的每一位可驱动 8 个 LSTTL 输入，当作通用 I/O 口使用时，输出级是漏极开路电路，故需外接上拉电阻才能有高电平输出；当作地址/数据总线用时，不需要外接上拉电阻，此时不能作通用的 I/O 口使用。

(2) P1～P3 口的输出级都接有内部上拉电阻，它们的每一位可以驱动 4 个 LSTTL

负载。

(3) P0～P3 口都是准双向口，作输入时，必须先向相应的端口锁存器写入 1。当系统复位时，P0～P3 口锁存器全为 1。

2.5 时钟电路与 CPU 时序

单片机内各种操作都是按着节拍有序地进行的，控制各部件协调工作的控制信号也是在一种基本节拍的指挥下按一定的顺序发出的。产生这种基本节拍的电路就是振荡器和时钟电路。控制信号在时间上的相互关系称为 CPU 时序。

2.5.1 时钟电路

AT89S51 单片机内部有一个高增益反相放大器，引脚 XTAL1、XTAL2 分别为该反相放大器的输入和输出端。该反相放大器外接定时反馈元件组成振荡器或通过外接时钟源的方法，产生时钟送至单片机内部的各部件。时钟频率越高，单片机控制器的控制节拍越快，运算速度就越快。根据硬件电路的不同，单片机的时钟电路可分为内部时钟和外部时钟两种方式。

1. 内部时钟方式

AT89S51 单片机内部振荡电路如图 2.9 所示，但要形成时钟还必须外接晶体或陶瓷谐振器(简称晶振)，外接电路如图 2.10 所示。外接晶振以及电容 C1、C2 构成并联谐振电路，加电以后延迟约 10 ms，振荡器起振产生时钟信号，不受软件控制。振荡器的振荡频率 fosc 取决于晶振的频率，不同型号的产品可选择的频率范围不同，一般晶振频率可在 1.2～12 MHz 之间任选，常用的晶振有 6 MHz、12 MHz 和 11.0592 MHz 等。电容 C1、C2 主要是帮助谐振电路起振的，称为谐振电容，电容值通常在 20～100 pF 之间选择，当时钟频率为 12 MHz 时电容的典型值为 30 pF。电容的大小对频率有微调作用，并且只能使用无极性的电容。

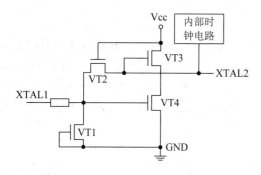

图 2.9 AT89S51 单片机内部振荡电路

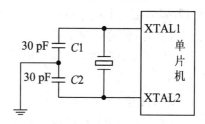

图 2.10 内部时钟方式的外接电路

在设计印刷电路板时，晶体和电容应尽可能安装在单片机芯片的附近，以减少寄生电容，更好地保证振荡器稳定和可靠地工作。

2. 外部时钟方式

MCS-51 单片机的内部工作时钟也可以由外部振荡器产生，对于 HMOS 型和 CHMOS

型 MCS-51 单片机，它们的时钟电路接法稍有不同，其电路连接方式如图 2.11 所示。HMOS 型单片机外部振荡器信号接至内部反相放大器输出端 XTAL2，内部反相放大器输入端 XTAL1 接地，如图 2.11(a)所示。CHMOS 型单片机外部振荡器信号接至内部反相放大器输入端 XTAL1，而内部反相放大器输出端 XTAL2 不用(悬空)，外部时钟连接方式如图 2.11(b)所示。

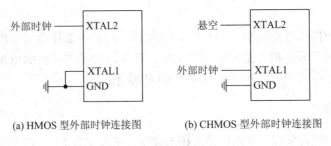

(a) HMOS 型外部时钟连接图　　　　　(b) CHMOS 型外部时钟连接图

图 2.11　外部时钟连接方式

2.5.2　CPU 时序

单片机中一条指令的执行可以分解为若干个基本的微操作，这些微操作是在单片机提供的时钟脉冲信号作用下，严格按时间的先后次序执行的，这些次序就是 CPU 的时序。

1. 振荡周期

振荡周期是由单片机片内或片外振荡器所产生的，为单片机提供时钟源信号的周期，其值为 $1/f_{osc}$。

2. 时钟周期

时钟周期又称为状态周期 S，由内部时钟电路产生，两个振荡周期为一个时钟周期。每个时钟周期分为 P_1 和 P_2 两个节拍。在状态周期的前半周期 P_1 节拍信号有效时，通常完成算术逻辑操作；在后半周期 P_2 节拍信号有效时，一般进行内部寄存器之间的数据传输。

3. 机器周期

机器周期是完成一个规定操作所需的时间，是单片机执行一种基本操作的时间单位。一个机器周期由六个状态周期($S_1 \sim S_6$)组成，一个状态周期又包含两个节拍，则一个机器周期由 12 个节拍(振荡周期)组成，依次可表示为 S_1P_1、S_1P_2、S_2P_1、S_2P_2……S_6P_1、S_6P_2。在每一个节拍和每个周期中，单片机完成某些规定的操作，一条指令的操作可在几个机器周期内完成。

4. 指令周期

执行一条指令所占用的时间称为指令周期，一个指令周期通常由 1～4 个机器周期组成，依据指令的不同而不同。指令的执行速度和它所占用的机器周期数直接相关，占用的机器周期数少则执行速度快。

四种时序单位中，振荡周期和机器周期是单片机内计算其他时间值的基本时序单位。下面以单片机外接晶振频率为 12 MHz 为例，说明各种时序单位之间的关系。

$$振荡周期 = \frac{1}{f_{osc}} = \frac{1}{12\,MHz} = \frac{1}{12}\,\mu s$$

$$状态周期 = \frac{2}{f_{osc}} = \frac{2}{12\,MHz} = \frac{1}{6}\,\mu s$$

$$机器周期 = \frac{12}{f_{osc}} = \frac{12}{12\,MHz} = 1\,\mu s$$

$$指令周期=(1\sim4)机器周期=1\sim4\,\mu s$$

5. CPU 取指令、执行指令时序

每一条指令的执行都包括取指令和执行指令两个阶段。在取指令阶段，CPU 从程序存储器中取出指令操作码和操作数，在指令执行阶段执行这条指令。MCS-51 单片机指令系统中，指令字节长度为 1～3 个字节，按指令字节数和执行所需时间不同，可将指令分为单字节单周期指令、单字节双周期指令、单字节四周期指令、双字节单周期指令、双字节双周期指令和三字节双周期指令。这些指令在执行过程中的时序是不相同的。单周期和双周期 CPU 取指/执行时序如图 2.12 所示。

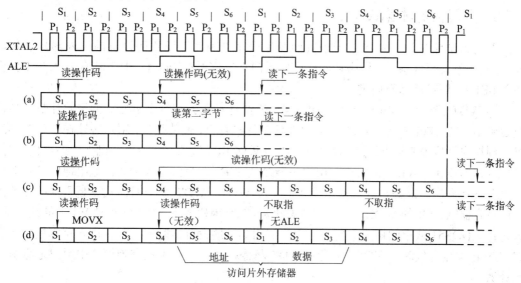

图 2.12　CPU 取指/执行时序

图中的 ALE 信号是单片机扩展的外部存储器低 8 位地址锁存信号,每出现一次该信号,单片机即进行一次读指令操作。从时序图中可看出,该信号由时钟频率 6 分频后得到。在访问外部程序存储器的机器周期内,ALE 信号两次有效,第一次在 S_1P_2 和 S_2P_1 期间,第二次在 S_4P_2 和 S_5P_1 期间。在访问外部数据存储器的机器周期内,ALE 信号一次有效,只在 S_1P_2 至 S_2P_1 期间产生。

图 2.12(a)给出的是单字节单周期指令取指和执行的时序。CPU 从 ALE 第一次有效(高电平)开始取指令操作,并将指令操作码锁存到指令寄存器内,然后进行译码并开始执行指令。当第二个 ALE 信号有效时,PC 并不加 1,那么读出的还是原指令,属于一次无效的读操作。指令在 S_6P_2 时执行完毕。

双字节单周期指令时序如图 2.12(b)所示。CPU 在 ALE 信号第一次有效时开始从程序

存储器中读取指令，并锁存到指令寄存器内，然后对它译码，当知道它是双字节指令后使PC 加 1，在 ALE 第二次有效时读入指令的第二字节，并进行译码和执行，最后在 S_6P_2 时刻完成指令的执行。

　　对于单字节双周期指令，其时序如图 2.12(c)所示。两个机器周期需进行四次读指令操作，但只有第一次读操作是有效的，后三次的读操作均为无效操作，此时后三次 ALE 有效时 PC 不加 1，在第二机器周期的 S_6P_2 时完成指令的执行。

　　图 2.12(d)是访问外部数据存储器指令 MOVX 的时序图，它也是单字节双周期指令，但与前面不同。当 ALE 信号第一次有效时，先在 ROM 中读取指令，然后锁存并进行译码，第二次读指令操作则为无效的(因为 MOVX 是单字节指令)。由第一机器周期的 S_5 开始，送出片外数据存储器的地址，随后读或写数据，直到第二个机器周期的 S_3 结束，在此期间不产生 ALE 有效信号(这就是在 2.1.3 节 ALE 引脚说明中提到的在访问外部数据存储器期间 ALE 会跳过一个脉冲的原因)。在第二个指令周期时，则对选中的外部数据存储器地址单元进行读出或写入数据操作，这时，由于片外数据存储器已被寻址和选通，则 ALE 信号对其操作无影响，即不会再有取指令操作。

2.5.3　看门狗定时器(WDT)

　　看门狗电路是为了解决由于干扰而发生程序"跑飞"现象而设置的。外部复位时，WDT 默认为关闭状态。在程序初始化中向看门狗复位寄存器(WDTRST)中先写入 1EH，再写入 0E1H，即可激活看门狗。

　　当 WDT 激活后，14 位 WDT 计数器随着晶体振荡器在每个机器周期开始计数，当计数达到 16 383(3FFFH)时，WDT 将溢出并使单片机复位，也就是说，用户必须在小于 16 383 机器周期内复位 WDT，即写 1EH 和 0E1H 到 WDTRST 寄存器。当单片机处于掉电模式时，晶体振荡器停止，WDT 也停止，用户不能复位 WDT。为保证 WDT 在退出掉电模式的极端情况下不溢出，最好在进入掉电模式前复位 WDT。WDT 在空闲模式下是否继续计数由辅助寄存器 AUXR 的 WDIDLE 位的状态决定，在空闲模式下，默认状态是 WDT 继续计数。为防止 AT89S51 从空闲模式中复位，用户应周期性地设置定时器，重新进入空闲模式。当WDIDLE 位被置位时，在空闲模式中 WDT 将停止计数，直到从空闲模式中退出才重新开始计数。

2.6　单片机的工作方式

　　AT89S51 单片机有复位、程序执行、单步执行、低功耗、掉电保护以及 Flash 编程和校验等工作方式。

2.6.1　复位方式

　　复位是单片机的硬件初始化操作。复位的作用是使中央处理器 CPU 以及其他功能部件都恢复到一个确定的初始状态，并从这个状态开始工作。除此之外，当单片机程序运行出错或系统处于死循环状态等情况时，需要对单片机进行复位以重新启动机器。复位后，程序计数器的内容为 0000H，使单片机从 0000H 开始执行程序，其他特殊功能寄存器的复位状态如表 2.10 所示。复位不影响片内存储器存放的内容，而 ALE 和 $\overline{\text{PSEN}}$ 在复位期间输出高电平。

表 2.10　单片机复位后特殊功能寄存器的状态表

名　称	内　容	名　称	内　容
PC	0000H	TCON	00H
A	00H	TL0	00H
PSW	00H	TH0	00H
SP	07H	TL1	00H
DPTR	0000H	TH1	00H
P0～P3	0FFH	SCON	00H
IP	XX000000B	SBUF	不定
IE	0X000000B	PCON	0XXX0000B
TMOD	00H		

除了看门狗 WDT 定时器可使单片机复位，MCS-51 单片机的复位还可以靠外部电路实现，信号由 RST 引脚输入，高电平有效。当 RST 引脚上持续两个机器周期以上的高电平时，单片机即完成复位。若使用频率为 6 MHz 的晶振，则复位信号持续时间应超过 4 μs 才能完成复位操作。常用复位电路有上电复位和手动复位(外部复位)两种，如图 2.13 所示。

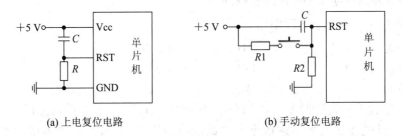

(a) 上电复位电路　　　　　　　　　　(b) 手动复位电路

图 2.13　常用复位电路

上电复位是在单片机接通电源时，通过对电容充电来实现的，如图 2.13(a)所示。上电瞬间 RST 引脚的电位与 Vcc 相同，随着充电电流的减小，RST 引脚的电位逐渐下降，只要在 RST 引脚上能足够长时间(一般为 10 ms 以上)地保持阈值电压，单片机就可以自动复位。

上电复位所需的最短时间是振荡器振荡建立时间加两个机器周期。复位电路的阻容参数通常根据实际情况调整，目的是为了保证在 RST 引脚上能够保持两个机器周期以上的高电平。在图 2.13(a)所示的参考电路中，晶振频率为 6 MHz 时，C 可取 22 μF，R 可取 1 kΩ，即可在 RST 端上得到足够的高电平脉冲，使单片机能够可靠地实现上电自动复位。

手动复位实际上是上电复位兼手动复位，如图 2.13(b)所示。图中 $R1$ 在晶振频率为 6 MHz 时可取 200 Ω 左右，C 和 $R2$ 的取值同图 2.13(a)。当手动开关断开时，为上电复位；当手动开关接通时，RST 引脚经电阻 $R1$ 与 Vcc 接通，并对反向电容充电，产生一定时间的高电平，从而使单片机复位。

当 WDT 打开后，14 位 WDT 计数器随着晶体振荡器在每个机器周期开始计数，当计数达到 16 383(3FFFH)时，WDT 将溢出并使单片机复位，也就是说，正常情况下必须在小于 16 383 机器周期内对 WDT 复位。

2.6.2　程序执行方式

程序执行方式是单片机的基本工作方式，即执行用户编写好的、存放在程序存储器中的程序。由于单片机复位后 PC 的值为 0000H，因此程序执行总是从地址 0000H 开始。但一般程序并不是真正从 0000H 开始，为此往往在 0000H 开始的单元中存放一条无条件转移指令，以便跳转到实际程序的入口去执行。

2.6.3　单步执行方式

单步执行方式是通过外来脉冲控制程序的执行，每产生一个脉冲即执行一条指令。而外来脉冲通常是通过按键产生的，因此实际上单步执行就是按一次键执行一条指令。单步执行需要外部电路产生控制脉冲信号，通常可借助单片机的外部中断来实现。假定利用外部中断 1 来实现程序的单步执行，则应事先做好以下两项准备工作。

1．建立单步执行的外部控制电路

以按键产生脉冲作为外部中断 1 的中断请求信号，经 $\overline{\text{INT1}}$ 端输入，并把电路设计成不按键为低电平，按一次键产生一个正脉冲。此外还需要在初始化程序中定义 $\overline{\text{INT1}}$ 低电平有效。

2．编写外部中断 1 的中断服务程序

外部中断 1 的中断服务程序如下：

```
JNB       P3.3, $      ； INT1=0 则"原地踏步"
JB        P3.3, $      ； INT1=1 则"原地踏步"
RETI                   ；返回主程序
```

这样，在没有按键的时候，$\overline{\text{INT1}}$=0，中断请求有效，单片机响应中断，但转入中断服务程序后，只能在它的第一条指令上"原地踏步"。只有按一次单步键，产生正脉冲使 $\overline{\text{INT1}}$=1，才能通过第一条指令而到第二条指令上去"原地踏步"。当正脉冲结束后，再结束第二条指令并返回主程序。

MCS-51 的中断机制有一个特点，即从中断服务程序返回主程序后，至少要执行一条指令，然后才能响应新的中断。为此，单片机从上述中断 1 的中断服务程序返回主程序后，能且只能执行一条指令。因为这时 $\overline{\text{INT1}}$ 已为低电平，外部中断 1 请求有效，单片机就再一次响应中断，进入到中断服务程序中去"踏步"，从而实现了主程序的单步执行。

一般用户在程序调试时会用到单步执行方式。通过单步执行程序，可以清楚地掌握程序中各变量的变化情况以及程序的执行情况，进而对程序中存在的一些问题进行排除和修正。

2.6.4　低功耗方式

为了适应电源功耗要求低的应用场合，CHMOS 型的 MCS-51 单片机设置了低功耗工作方式。另外，在掉电保护情况下，由备用电源为单片机进行低功耗供电，因此掉电保护方式实际上也是一种低功耗方式。故低功耗方式有两种：空闲方式和掉电保护方式。

空闲方式和掉电保护方式是由电源控制寄存器 PCON 的有关位来控制的。电源控制寄存器是一个 8 位寄存器，不可位寻址，其格式如下：

位编号	PCON.7	PCON.6	PCON.5	PCON.4	PCON.3	PCON.2	PCON.1	PCON.0
位定义	SMOD	—	—	—	GF1	GF0	PD	IDL

- SMOD：串行口波特率系数控制位。在方式 1、2 和 3 时，串行通信的波特率与 SMOD 有关。当 SMOD=1 时，通信波特率乘 2；当 SMOD=0 时，波特率不变。
- GF1：通用标志 1。
- GF0：通用标志 0。
- PD：掉电方式控制位，PD=1 时，系统进入掉电方式。
- IDL：空闲方式控制位，IDL=1 时，系统进入空闲方式。

显然，要想使单片机进入空闲或掉电工作方式，只要执行一条能使 IDL 或 PD 位为 1 的指令就可以了。

1. 空闲方式

通过编程将电源控制寄存器 PCON 的 IDL 位置 1，单片机即进入空闲方式。进入空闲方式后，振荡器仍然运行，时钟信号输出到中断系统、串行口以及定时/计数器模块，但不向 CPU 提供时钟，CPU 停止工作。各个引脚保持进入空闲方式时的状态，ALE 和 $\overline{\text{PSEN}}$ 保持高电平，中断的功能还继续存在。与 CPU 有关的寄存器，如 SP、PC、PSW、ACC 以及全部通用寄存器保持原有的状态不变。

退出空闲方式的方法有两种：中断和硬件复位。

在空闲方式下，输入任何一个中断请求信号，在单片机响应中断的同时，IDL 位被硬件自动清 0，单片机退出空闲方式进入正常的工作状态。其实在中断服务程序中只需安排一条 RETI 指令，就可以使单片机恢复正常工作后返回断点继续执行程序。如果采用硬件复位方式，则在硬件复位以后，单片机恢复到初始状态，也就退出了空闲方式。

2. 掉电保护方式

进入掉电保护方式只需使用指令将 PCON 的 PD 位置为 1 即可。进入掉电保护方式，单片机的一切工作全部停止，只有片内 RAM 和特殊功能寄存器中的内容被保存，片内其他功能部件都停止工作。I/O 引脚状态和相关的特殊功能寄存器的内容相对应，ALE 和 $\overline{\text{PSEN}}$ 为逻辑低电平。

退出掉电保护方式的方法只有一个，即硬件复位。

2.6.5 掉电保护方式

单片机在系统运行过程中，如发生掉电故障，将会丢失 RAM 和寄存器中程序的数据，其后果有时是很严重的。为此，MCS-51 单片机设置有掉电保护措施，进行掉电保护处理。其具体做法是先将有用的信息转存，再启用备用电源维持供电。

1. 信息转存

所谓信息转存，是指当电源出现故障时，就立即将系统的有用信息转存到内部 RAM 中。信息转存是通过中断服务程序完成的，因此应在单片机系统中设置一个电压检测电路，一旦检测到电源电压下降，立即通过 $\overline{\text{INT0}}$ 或 $\overline{\text{INT1}}$ 产生外部中断请求，中断响应后执行中断服务程序，把有用信息送内部 RAM 保护起来。这也就是通常所说的"掉电中断"。

因为单片机电源端(Vcc)都接有滤波电容，掉电后电容中存储的电能通常能维持几个毫秒的有效电压，所以足以完成掉电中断操作。

2. 接通备用电源

信息转存后还应维持内部 RAM 的供电，才能保护转存的信息不被破坏。为此，系统应设置备用电源，并能在掉电后立即接通备用电源。备用电源由单片机的 RST/VPD 引脚接入。为了在掉电时能及时接通备用电源，系统中还需具有备用电源与 Vcc 的切换电路，如图 2.14 所示。

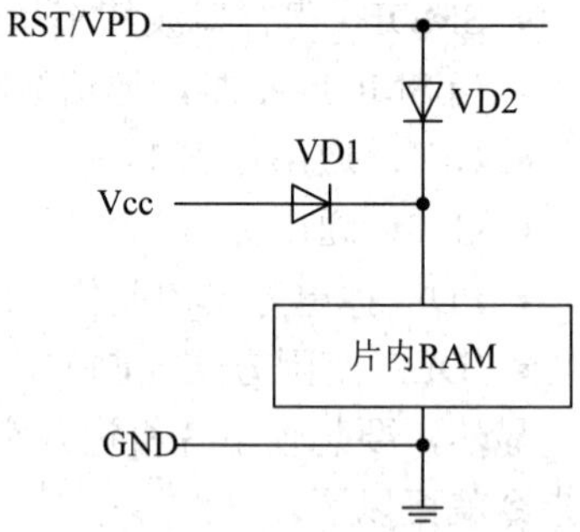

切换电路由两个二极管组成，当电源电压 Vcc 高于 RST/VPD 引脚的备用电源电压时，VD1 导通，VD2 截止，内部 RAM 由 Vcc 电源供电；而当 Vcc 电源降至备用电源电压以下时，则 VD1 截止，VD2 导通，内部 RAM 由备用电源供电。这时，单片机就进入掉电保护方式。

图 2.14　备用电源与 Vcc 的切换电路

由于备用电源容量有限，为减少消耗，掉电后时钟电路和 CPU 电路皆停止工作，只有内部 RAM 单元和专用寄存器继续工作，以保持其内容。为此，有人把备用电源提供的仅维持单片机内部 RAM 工作的最低消耗电流形象地称为"饥饿电流"。

当电源 Vcc 恢复时，RST/VPD 端备用电压还应继续维持一段时间(约 10 ms)，以给其他电路从启动到稳定工作留出足够的过渡时间，然后才结束掉电保护状态，单片机开始正常工作。当然，单片机恢复正常工作后的第一件事情就是恢复被保护信息的现场。

2.6.6　Flash 编程和校验方式

AT89S51 单片机内部有 4 KB 的 Flash 存储器，允许用户多次编辑和擦除，用户可以很方便地进行程序和数据的修改。AT89S51 工作在 Flash 编程和校验方式下时，主要包括以下几个过程：读片内签名字节、Flash 存储器编程、程序校验、程序加密和芯片擦除。

1. 读片内签名字节

签名字节是生产厂家在生产产品时写入到存储器中的信息。信息内容包括生产厂家、编程电压和单片机型号。AT89S51 单片机内有三个签名字节，地址为 000H、100H 和 200H。

2. Flash 存储器编程

Flash 存储器编程是指利用特殊手段将用户写好的程序代码写入单片机的 Flash 存储器中。AT89S51 单片机的 Flash 存储器有两种编程方法：并行编程和串行编程。

1) Flash 存储器的并行编程

并行编程即通过传统的 EPROM 编程器使用高电压(+12 V)和协调的控制信号进行编

程。AT89S51 单片机的代码是逐一字节进行编程的。编程前，须按照图 2.15 所示的 Flash 编程硬件逻辑电路图连接好地址、数据和控制信号，编程方法如下：

(1) 在地址线上加上要编程单元的地址信号。

(2) 在数据线上加上要写入的数据字节。

(3) 激活相应的控制信号。

(4) 将 EA/V$_{pp}$ 端加上 +12 V 编程电压。

(5) 每对 Flash 存储器写入一个字节或每写入一个程序加密位，加上一个 ALE/$\overline{PROG}$ 编程脉冲。

改变编程单元的地址和写入数据，重复上述步骤，直到全部文件编程结束。每个字节写入周期是自身定时的，大多数约为 50 μs。

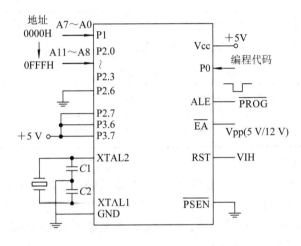

图 2.15 Flash 编程硬件逻辑电路图

2) Flash 存储器的串行编程

串行编程将 RST 接至 Vcc，通过串行 ISP 接口进行编程，串行接口包含 SCK(串行时钟)线 P1.7、MOSI(输入)线 P1.5 和 MISO(输出)线 P1.6。将 RST 拉高后，在其他操作前必须发出编程使能指令，编程前需将芯片擦除。外部时钟信号需接至 XTAL1 端或 XTAL1 和 XTAL2 接至晶体振荡器，最高的串行时钟(SCK)不超过 1/6 晶体时钟。编程方法如下：

(1) 上电次序：将电源加在 Vcc 和 GND 引脚，RST 置为高电平，如果 XTAL1 和 XTAL2 接至晶体或 XTAL1 接上 3～33 MHz 的时钟频率，则需等候 10 ms。

(2) 将编程使能指令发送到 MOSI 线，编程时钟接至 SCK，此频率需小于晶体时钟频率的 1/16。

(3) 编程可选字节模式或页模式，写周期是自身定时的，一般不大于 0.5 ms(5 V 电压时)。

(4) 可回读数据进行校验。

(5) 编程结束应将 RST 置为低电平以结束操作。

(6) 断电次序：如果需要断电，若没有使用晶体振荡器，则应先将 XTAL1 置为低电平，再将 RST 置为低电平，关断 Vcc。

3．程序校验

程序校验是指读出编程中写入的程序代码，并与程序写入前的代码进行比较验证。校验只能在程序没有被加密的情况下进行。

4．程序加密

程序加密是通过软件对加密位进行编程来实现的。AT89S51 有三个加密位，分别为 LB1、LB2 和 LB3。通过对这 3 位进行操作可实现表 2.11 所示的功能。

表 2.11　加密位的保护功能

程序加密位			保 护 功 能
LB1	LB2	LB3	
U	U	U	没有程序保护功能
P	U	U	禁止从外部程序存储器中执行 MOVC 指令读取内部程序存储器的内容，此外复位时 EA 被锁止，禁止再编程
P	P	U	除具有上面所述功能外，还禁止程序校验
P	P	P	除具有上面所述功能外，同时还禁止外部执行程序

注：U 表示未编程；P 表示编程。

当加密位 LB1 被编程时，在复位期间，EA 端逻辑电平被采样并锁存，如果单片机上电后一直没有复位，则锁存的初始值是一个随机数，且这个随机数会一直保存到真正复位为止。为使单片机能正常工作，被锁存的 EA 电平值必须与该引脚的逻辑电平一致，此外加密位只能通过整片擦除的方法清除。

5．芯片擦除

芯片擦除是给存储单元写 0FFH。在并行编程模式下，利用控制信号的正确组合并保持 ALE/PROG 引脚 200～500 ns 的低电平脉冲宽度即可完成擦除操作。在串行编程模式下，芯片擦除操作是利用擦除指令进行的，在这种方式下，擦除周期是自身定时的，大约为 500 ms。

习　题　2

1．51 子系列单片机和 52 子系列单片机有何区别？

2．MCS-51 系列单片机由哪几部分组成？

3．MCS-51 系列单片机控制线有几根？每一根控制线的作用是什么？

4．中央处理器(CPU)由哪几部分组成？各组成部分有什么作用？

5．MCS-51 系列单片机片内 RAM 的组成是如何划分的？各有什么功能？

6．AT89S51 单片机有多少个特殊功能寄存器？它们分布在何地址范围？

7．DPTR 是什么寄存器？它的作用是什么？它是由哪几个寄存器组成的？

8．简述程序状态寄存器(PSW)各位的含义。单片机如何确定和改变当前的工作寄存器区？

9．什么是堆栈？堆栈指针寄存器(SP)的作用是什么？在堆栈中存取数据时的原则是什么？

10．在 MCS-51 型单片机 ROM 空间中，0003H～002BH 有什么用途？用户应怎样合理安排？

11．详细说明 P0 口、P1 口、P2 口、P3 口的工作原理。

12．当单片机外部扩展 RAM 和 ROM 时，P0 口、P1 口、P2 口、P3 口各起何作用？

13．P0～P3 口作为输入或输出口时，各有何要求？

14．P3 口有哪些第二功能？实际应用中第二功能是怎么分配的？

15．画出 MCS-51 型单片机时钟电路，并指出石英晶体和电容的取值范围。

16．什么是机器周期？机器周期和振荡频率有何关系？当振荡频率为 6 MHz 时，机器周期是多少？

17．MCS-51 型单片机常用的复位方法有几种？应注意的事项有哪些？画出电路图说明其工作原理。

18．看门狗定时器有什么功能？怎样启动看门狗定时器？

19．AT89S51 型单片机的工作方式有几种？各种工作方式有什么区别？

20．怎样将单片机从空闲模式或掉电模式中唤醒？

第3章　指令系统及汇编语言程序设计

本章主要介绍了单片机指令系统和汇编语言，对每一条指令作了详细的介绍，并列举了大量的例题供参考。需要强调的是，学习指令系统主要是掌握其功能、格式、寻址方式和特点，无需每一条指令都死记硬背；指令是程序的最小单元，只有经常进行编程的实践才能使用好指令，才能掌握编程的技巧和程序设计的方法。

一个计算机应用系统能实现各种功能，是靠在其内部运行的程序指挥计算机执行各种操作来实现的。执行程序的过程就是计算机的工作过程，程序的编写是计算机系统设计中的主要任务之一。

程序由按一定顺序排列的指令组成。指令是计算机能直接识别和接受并指挥计算机硬件执行某种操作的命令。所谓指令系统，就是指所有指令的集合。每台计算机都有其特有的指令系统，它是计算机性能的重要标志之一。

3.1　单片机的汇编语言与指令格式

3.1.1　汇编语言

在计算机中，指令都是以二进制数码表示，并存放在程序存储器中的。计算机按照程序规定的次序，依次从程序存储器中取出要执行的指令代码，送到控制器的指令寄存器中对所取的指令进行分析，由控制器发出完成操作所需的一系列控制电平，指挥计算机有关部件完成相应操作。我们称这种用二进制代码描述指令功能的、能被计算机直接识别的语言为机器语言(Machine Language)。机器语言的特点是：程序简洁，速度快，占用程序空间少，能直接被计算机识别。但也有不易记忆、书写和阅读不便等缺点，所以实际使用时既不方便又容易出错，很难用它直接进行程序设计。

为了既能保持机器语言的特点，又能方便编写程序和阅读程序，人们采用助记符号来代替机器指令代码，助记符号与机器指令代码一一对应，我们把这种编程语言称为汇编语言(Assembly Language)。需要说明的是，汇编语言是面向机器的程序设计语言，对于每种计算机，都有自己的汇编语言；汇编语言中由于使用了助记符号，因此将由汇编语言编制的程序输入计算机后，计算机不能像识别机器语言编写的程序一样直接识别和执行汇编语言程序，必须通过预先放入计算机的"汇编程序"的加工和翻译，才能把汇编语言程序变成能够被计算机识别和处理的二进制代码程序。用汇编语言等非机器语言书写好的符号程序称为源程序，运行时汇编程序要将源程序翻译成机器语言程序(又称之为目标程序)。汇编语言程序结构简单，执行速度快，程序易优化，编译后占用存储空间小，是单片机应用系统开发中最常用的程序设计语言。汇编语言的缺点是可读性比较差,只有熟悉单片机的指令系统,并具有一定的程序设计经验,才能编写出功能复杂的应用程序。

相对而言,用高级语言(High-Level Language),例如 PL/M-51、Franklin C51、MBASIC 51 等编写的程序,其可读性强,通用性好,适用于不熟悉单片机指令系统的用户。

3.1.2 汇编语言的指令格式

MCS-51 汇编语言的指令格式为

[标号:] 操作码助记符   [目的操作数] [,源操作数] [;注释]

其中:

- [   ]:方括号表示该项是可选项,根据指令要求确定。
- 标号:用符号标明该指令所在程序存储器的地址,并以":"结尾,设计者根据实际需要设置。在其他指令的操作数中可以引用该标号作为地址。标号是以英文字母开头的字母、数字和某些规定的特殊符号的序列,一般不超过 8 个符号。
- 操作码助记符:用来规定指令所完成的操作,用英文缩写的指令功能助记符表示。该项不得省略。
- 目的操作数:表示操作的对象,是一个目标地址,也是存放操作结果的地址。目的操作数与操作码助记符之间必须用一个以上的空格分隔。
- 源操作数:表示操作的对象或者是操作数的来源,可以是一个地址或者一个立即数。源操作数与目的操作数中间用逗号分隔。
- 注释:是对指令或者程序段的解释说明,用以提高程序的可读性,注释前必须加分号。注释可用中文、英文或符号表示。需要强调的是,注释仅仅是为了阅读之用,只会出现在源程序中,不会出现在目标程序中。

例如:

L1:MOV   A,#00H   ;立即数 00H 送 A

上述指令中:L1 是标号;MOV 是操作码助记符;A 是目的操作数;#00H 是源操作数;"立即数 00H 送 A"是对该指令的注释。

3.1.3 汇编语言中常用符号约定

为了便于指令的描述,对指令中常用的符号有如下约定:

(1) Rn:表示当前工作寄存器中的 R0~R7,其中 n=0~7。当前工作寄存器组由程序状态寄存器 PSW 的 RS1 和 RS0 位决定。

(2) Ri:表示当前工作寄存器中的 R0~R1,其中 i 取值为 0 或 1。

(3) direct:表示对内部单元直接寻址的 8 位地址,可以是内部 RAM 区的某一单元或某一特殊功能寄存器的地址,变化范围为 00H~FFH。

(4) @:表示间接寻址寄存器及地址寄存器的前缀。

(5) DPTR:表示 16 位数据指针。

(6) #data:表示指令中的 8 位立即数,其中#是立即数标识符,data 表示 8 位数,取值范围为 00H~FFH。

(7) #data16:表示指令中的 16 位立即数,取值范围为 0000H~FFFFH。

(8) PC：表示 16 位程序计数器。

(9) addr11：表示短转移的 11 位地址，用于 2 KB 范围内寻址。

(10) addr16：表示长转移的 16 位地址，用于 64 KB 范围内寻址。

(11) rel：表示相对转移的地址偏移量。

(12) bit：表示位寻址区的直接寻址位。

(13) (x)：表示 x 地址单元中的内容。

(14) ((x))：表示将 x 地址单元中的内容作为地址单元中的内容。

(15) ←：表示操作数据的流向，用箭头后面的内容替代前面的内容。

(16) /：表示取反操作。

3.2　单片机的指令寻址方式

指令寻找操作数地址的方式称为寻址方式。指令中的操作数分为目的操作数和源操作数，两者参与计算机操作时都有自己的寻址方式，为了方便描述，对有目的操作数和源操作数的双操作数指令，无特别说明情况下，其寻址方式是指源操作数的寻址方式。指令系统的寻址方式越多，指令功能就越强，当然同时指令的结构就越复杂。

MCS-51 指令系统共有 7 种寻址方式，包括立即数寻址、直接寻址、寄存器寻址、寄存器间接寻址、变址寻址、相对寻址和位寻址等。

实际上，目的操作数和源操作数都有各自的寻址方式，为了方便学习指令的寻址方式，授课时我们主要以源操作数的寻址方式为主。

3.2.1　立即数寻址

立即数寻址是指将操作数直接写在指令中，不需要从其他的存储空间中寻找和获取。指令中立即数可以是 8 位或者 16 位，并且要在其前冠以 "#" 前缀，以区别于地址，主要用于赋值操作。该寻址方式只能用于源操作数。例如：

　　　　MOV A，#00H　；(A)←00H

该指令执行的操作是将立即数 00H 送到累加器 A 中，该指令就是立即数寻址。#00H 中的 "H" 是说明该立即数是以十六进制表示的，实际编程时也可以用其他进制来表示。立即数寻址示意图如图 3.1 所示。

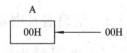

图 3.1　立即数寻址示意图

3.2.2　直接寻址

直接寻址是指把存放操作数的内存单元的地址直接写在指令中。在 MCS-51 单片机中，可以直接寻址的存储器主要有内部 RAM 区和特殊功能寄存器(SFR)区。例如：

　　　　MOV　A，50H；(A)←(50H)

该指令执行的操作是将内部 RAM 中地址为 50H 单元的内容传送到累加器 A 中，其操作数 50H 就是存放数据的单元地址。所以该指令是直接寻址。若 50H 单元中的内容是 55H，则该指令执行后 A 的内容就是 55H。直接寻址示意图如图 3.2 所示。

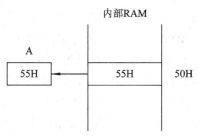

图 3.2   直接寻址示意图

3.2.3   寄存器寻址

寄存器寻址是指将操作数存放于寄存器中。寄存器包括工作寄存器 R0～R7、累加器 A、通用寄存器 B、数据指针寄存器 DPTR。例如：

      MOV   A，R0   ；(A)←(R0)

该指令执行的操作是把 R0 寄存器中的数据传送到 A 累加器中，其操作数存放在 R0 中，所以寻址方式为寄存器寻址。若 R0 寄存器单元中的内容是 55H，则该指令执行后 A 的内容就是 55H。寄存器寻址示意图如图 3.3 所示。

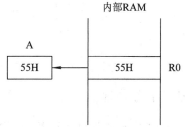

图 3.3   寄存器寻址示意图

特别要强调的是，像 P0、P1、PSW 等特殊寄存器没有寄存器寻址方式，只有直接寻址方式。比如，MOV A，P0 这个指令表面上是寄存器寻址，但在指令集中对应的机器码是不存在的，实际上执行的是 MOV A，80H(P0 的地址)这条指令，是直接寻址。

3.2.4   寄存器间接寻址

寄存器间接寻址是指将存放操作数的内部 RAM 地址放在特定的寄存器中，指令中只给出该寄存器。MCS-51 指令系统中，能用于寄存器间接寻址的寄存器有 R0、R1 和 DPTR，称为寄存器间接寻址寄存器，作为寄存器间接寻址时寄存器间接寻址寄存器的前面必须加上符号"@"。例如：

      MOV   A，@R0   ；(A)←((R0))

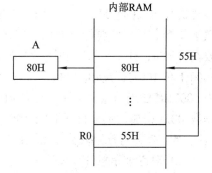

该指令执行的操作是将 R0 的内容作为内部 RAM 的地址，再将该地址单元中的内容取出来送到累加器 A 中。若 R0 寄存器单元中的内容是 55H，内部 RAM 地址 55H 中的内容是 80H，则执行该指令后 A 的内容就是 80H。寄存器间址寻址示意图如图 3.4 所示。

图 3.4   寄存器间址寻址示意图

3.2.5   变址寻址

变址寻址是指将基址寄存器与变址寄存器的内容相加，结果作为操作数的地址。DPTR

或 PC 是基址寄存器，累加器 A 是变址寄存器。该类寻址方式主要用于查表操作。例如：

    MOVC   A，@A+DPTR ；(A)← ((A)+(DPTR))

该指令执行的操作是将累加器 A 的内容和基址寄存器 DPTR 的内容相加，相加的结果作为操作数存放的地址(地址在程序存储器中)，再将操作数取出来送到累加器 A 中。若累加器 A 的内容为 80H，DPTR 的内容为 1000H，程序存储器单元 1080H 中的内容是 55H，则执行该指令后 A 的内容就是 55H。变址寻址示意图如图 3.5 所示。

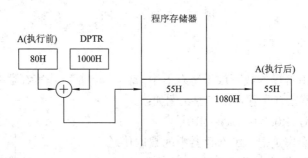

图 3.5　变址寻址示意图

3.2.6　相对寻址

相对寻址是指程序计数器(PC)以当前值(以下不做特别提示时均指的是当前值)为基准与指令中的相对偏移量(rel)相加，形成新的有效转移地址(下一个取指令的地址)。该类寻址方式主要用于跳转指令。

要说明的是，该指令执行时的程序计数器当前值是该指令的首地址加上该指令的字节数；rel 是一个带符号的 8 位二进制数，以补码表示，能表示的范围是−128～+127 个字节单元，若为负数表示从当前地址向上转移(小于当前地址)，反之就向下转移(大于当前地址)。例如：

    SJMP   08H ；(PC)←(PC)+ 08H

该指令执行的操作是将 PC 当前的值与08H 相加，结果再送回 PC 中，成为下一条将要执行指令的地址。指令 SJMP　08H 是双字节指令，其机器码为 80H、08H，若存放在 1000H 处，当执行到该指令时，先从1000H 和 1001H 单元取出指令，PC 自动变为 1002H(PC 当前值)；再把 PC 的内容与操作数 08H 相加，形成目标地址 100AH，再送回 PC，使得程序跳转到 100AH 单元继续执行。相对寻址示意图如图 3.6 所示。

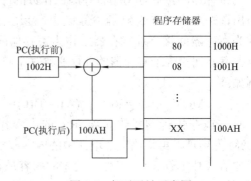

图 3.6　相对寻址示意图

3.2.7　位寻址

位寻址是指令中直接给出位地址，可以对有位地址的存储单元进行操作。MCS-51 单片机中，操作数不仅可以按字节为单位进行操作，也可以按位进行操作。当我们将某一位作为操作数时，这个操作数的地址称为位地址。位寻址区包括在内部 RAM 中的两个特殊区域：一是内部 RAM 的位寻址区，字节地址范围是 20H～2FH，共 16 个 RAM 单元，对应的位地址为 00H～7FH，共 128 位；二是特殊功能寄存器 SFR 中有 11 个寄存器可以位寻址，可以参见第 2 章中有关位地址的内容。

3.3　单片机的指令系统

MCS-51 单片机指令系统功能丰富，共有 111 条(这里的"条"实际上是"族"，下同)指令，操作码有 255 个，助记符有 48 个。可按指令长度、执行时间和功能等方法对指令进行分类。

(1) 按指令长度分为单字节指令(49 条)、双字节指令(46 条)和三字节指令(16 条)。

(2) 按执行周期分为单周期指令(64 条)、双周期指令(45 条)和四周期指令(2 条)。

(3) 按功能分为数据传送指令(29 条)、算术运算指令(24 条)、逻辑运算指令(24 条)、位操作指令(17 条)和程序控制指令(17 条)。

为了便于学习，我们将按功能分类分别介绍每条指令的格式、功能、用途等。

3.3.1　数据传送类指令

数据传送类指令是 MCS-51 单片机汇编语言程序设计中使用最频繁的指令，包括内部数据传送、外部数据传送、查表、数据交换、堆栈操作 5 种类型共 29 条指令，使用了 8 种助记符，分别为 MOV、MOVX、MOVC、XCH、XCHD、SWAP、PUSH 和 POP。数据传送类指令有立即寻址、直接寻址、寄存器寻址、寄存器间接寻址和变址寻址 5 种寻址方式。

数据传送操作是指把数据从源地址传送到目的地址，源地址内容不变，而目的操作数修改为源操作数，或者源操作数与目的操作数互换，即源操作数变成目的操作数，目的操作数变成源操作数，以保存目的操作数不被丢失。

数据传送类指令不影响标志位(对状态寄存器 PSW 操作除外)，即不影响进位标志位 Cy、半进位标志位 AC 和溢出标志位 OV，但不包括检验累加器 A 奇偶性的标志位 P。

1. 内部数据传送指令

内部数据传送指令共 16 条，主要用于内部 RAM 与寄存器之间的数据传送。指令基本格式为

　　　MOV　　[目的操作数]　　[，源操作数]

1) 以累加器 A 为目的地址的传送指令

此类指令共有四条，如表 3.1 所示。

表 3.1　以累加器 A 为目的地址的传送指令

助记符	机器码(H)	相应操作	寻址方式	机器周期/字节数
MOV A，Rn	E8～EF	(A)←(Rn)	寄存器	1/1
MOV A，direct	E5　direct	(A)←(direct)	直接	1/2
MOV A，@Ri	E6～E7	(A)←((Ri))	寄存器间接	1/1
MOV A，#data	74　data	(A)←#data	立即数	1/2

以上指令说明了在传送类指令中，A 可以接收从 Rn、direct、@Ri 和#data 传送的数据；结果影响程序状态字寄存器中的 P 标志；n=0～7，i=0～1。

例 3.1　已知执行指令前 A、R0、内部 RAM 30H 和 50H 中的内容分别是 20H、30H、80H、10H，请说明每条指令的功能，并指出执行后相应单元内容和奇偶标志位 P 的变化。

① MOV A, R0

② MOV A, 50H

③ MOV A, @R0

④ MOV A, #55H

解　① 该指令完成了(A)← (R0)；执行后(A) =30H，P=0，其他的内容不变。

　　② 该指令完成了(A)← (50H)；执行后(A) =10H，P=1，其他的内容不变。

　　③ 该指令完成了(A)← ((R0))；执行后(A) =80H，P=1，其他的内容不变。

　　④ 该指令完成了(A)← #55H；执行后(A) =55H，P=0，其他的内容不变。

2) 以 Rn 为目的地址的传送指令

该类指令共有三条，如表 3.2 所示。

表 3.2　以 Rn 为目的地址的传送指令

助记符	机器码(H)	相应操作	寻址方式	机器周期/字节数
MOV Rn, A	F8~FF	(Rn)←(A)	寄存器	1/1
MOV Rn, direct	A8~AF direct	(Rn)←(direct)	直接	1/2
MOV Rn, #data	78~7F data	(Rn)←#data	立即数	1/2

以上指令说明了在传送类指令中，Rn 可以接收从 A、direct 和#data 传送的数据。

例 3.2　设目前的工作寄存器使用的是 0 组，R0 中的内容是 55H，R2 中的内容是 50H，请判断用下面的程序是否可以完成将 R2 中的内容传送给 R0。

① MOV R0, R2

② MOV R0, 02H

③ MOV A, R2

　　MOV R0, A

解　① 由于在指令中没有直接 Rn 和 Rn 传送数据的指令，故该指令不存在，所以不能完成。

② 由已知得 R2 在 RAM 中地址是 02H，所以该指令是将 R2 作为内部 RAM，用直接寻址方式完成了数据的传送。

③ 指令通过 A 作为数据的中转，先将(A)←(R2)，再将(R0)←(A)，完成了数据传送。

通过上面的例子可以看出，同样的功能可以用多个不同的程序实现。

3) 以直接地址为目的地址的传送指令

该类指令共有五条，如表 3.3 所示。

表 3.3　以直接地址为目的地址的传送指令

助记符	机器码(H)	相应操作	寻址方式	机器周期/字节数
MOV direct, A	FA direct	(direct)←(A)	寄存器	1/2
MOV direct, Rn	88~8F direct	(direct)←(Rn)	寄存器	1/2
MOV direct2, direct1	85direct1direct2	(direct2)←(direct 1)	直接	2/3
MOV direct, @Ri	86~87 direct	(direct)←((Ri))	寄存器间接	2/2
MOV direct, #data	75 direct data	(direct)←#data	立即数	2/3

以上指令说明了在传送类指令中，direct 可以接收从 A、Rn、direct、@Ri 和#data 传送的数据。还要注意的是：MOV direct2，direct1 指令中，汇编指令的目的操作数、源操作数的书写顺序与机器码存放的次序不一致。

例 3.3　设内部 RAM 30H 和 40H 中的内容分别是 18H 和 88H，请将 40H 的内容传给 30H，分别用汇编语言和机器语言编写该程序段，该段程序的起始地址为 2000H。

解　汇编语言程序段为

　　2000H　MOV　30H, 40H　；(30H) ←(40H)

机器语言程序段为

　　2000H　　85

　　2001H　　40

　　2002H　　30

从该程序段可以看出，汇编语言指令的目的操作数在前，源操作数在后，而机器语言刚好相反。

4) 以寄存器间接地址为目的地址的传送指令

该类指令共有三条，如表 3.4 所示。

表 3.4　以寄存器间接地址为目的地址的传送指令

助记符	机器码(H)	相应操作	寻址方式	机器周期/字节数
MOV @Ri，A	F6~F7	((Ri))←(A)	寄存器	1/1
MOV @Ri，direct	E6~E7 direct	((Ri))←(direct)	直接	2/2
MOV @Ri，#data	76~77 data	((Ri))←#data	立即数	1/2

以上指令说明了在传送类指令中，@Ri 可以接收从 A、direct 和#data 传送的数据，不能接收来自 Rn 的数据。

例 3.4　已知 R0、R1、内部 RAM 50H 和 51H 的内容分别为 50H、51H、30H 和 31H，请指出下列指令执行后各目的操作数内容相应的变化。

　① MOV A, 51H

　　 MOV @R0, A

　② MOV @R1, 50H

解　① MOV A, 51H 执行后(A) = (51H) =31H；MOV @R0, A 执行后((R0)) = (50H) = (A) =31H。

② MOV @R1, 50H 执行后((R1)) = (50H) = 30H。

5) 16 位数据传送指令

该类指令有一条，如表 3.5 所示。

表 3.5　16 位数据传送指令

助记符	机器码(H)	相应操作	寻址方式	机器周期/字节数
MOV DPTR，#data16	90data$_{15~8}$ data$_{7~0}$	(DPTR)←#data16	立即数	2/3

这是唯一的一条 16 位立即数传递指令，可将一个 16 位的立即数送入数据指针 DPTR 中去，其中高 8 位送入 DPH，低 8 位送入 DPL。

2. 外部数据传送指令

外部数据传送指令共四条，如表 3.6 所示，主要用于累加器 A 与外部数据存储器或 I/O 端口之间的数据传送。在此我们就可以看出内、外部 RAM 的区别了，内部 RAM 间可以直接进行数据的传递，而外部 RAM 间则不能直接进行数据传递。指令基本格式为

MOVX　　[目的操作数]　　[，源操作数]

表 3.6　外部数据传送指令

助记符	机器码(H)	相应操作	寻址方式	机器周期/字节数
MOVX A，@DPTR	E0	(A)←((DPTR))	寄存器间接	2/1
MOVX A，@Ri	E6～E7	(A)←((Ri))	寄存器间接	2/1
MOVX @DPTR，A	F0	((DPTR))←(A)	寄存器	2/1
MOVX @Ri，A	F2～F3	((Ri))←(A)	寄存器	2/1

以上指令说明 CPU 与外部的数据传送只能通过累加器 A 来实现；累加器 A 与外部 RAM 之间传送数据时只能用间接寻址方式；间接寻址寄存器为 DPTR、R0 和 R1；DPTR 能寻址的范围是 64 KB，而 R0 和 R1 只能寻址 256 B 以内。以上传送指令的结果通常影响程序状态字寄存器的 P 标志。

例 3.5　把外部数据存储器 2000H 单元中的数据传送到外部数据存储器 2100H 单元中。

解　MOV　DPTR，#2000H

　　　MOVX　A，@DPTR　　　　　　　　；先将 2000H 单元的内容传送到累加器 A 中

　　　MOV　DPTR，#2100H

　　　MOVX　@DPTR，A　　　　　　　　；再将累加器 A 中的内容传送到 2100H 单元中

3. 交换类指令

交换类指令共五条，主要用于累加器 A 与内部数据存储单元之间的数据传送。与其他的数据传送指令不同的是数据传送是双向的，即目的操作数和源操作数在指令执行时互为目的地址和源地址，指令执行后各自的操作数都修改为另一方的操作数，两个操作数都会保留而不会因数据的传送而丢失。

1) 字节交换指令

字节交换指令共三条，如表 3.7 所示。

表 3.7　字节交换指令

助记符	机器码(H)	相应操作	寻址方式	机器周期/字节数
XCH A，Rn	C8～CF	(A) ↔ (Rn)	寄存器	1/1
XCH A，direct	C5 direct	(A) ↔ (direct)	直接	1/2
XCH A，@Ri	C6～C7	(A) ↔ ((Ri))	寄存器间接	1/1

以上指令执行后两个操作数相互交换；A 可以和内部 RAM 中的任一个单元交换内容；指令结果影响程序状态字寄存器的 P 标志。

2) 半字节交换指令

半字节交换指令有一条，如表 3.8 所示。

表3.8 半字节交换指令

助记符	机器码(H)	相应操作	寻址方式	机器周期/字节数
XCHD A，@Ri	D6～D7	$(A)_{3\sim0}\leftrightarrow((Ri))_{3\sim0}$	寄存器间接	1/1

该指令执行后两个操作数的低 4 位相互交换，高 4 位不变；A 可以通过 Ri 间址和内部 RAM 中的任一个单元交换内容；指令结果影响程序状态字寄存器的 P 标志。

3）累加器 A 中高 4 位和低 4 位交换

累加器 A 中高 4 位和低 4 位交换的指令有一条，如表 3.9 所示。

表3.9 累加器 A 中高 4 位和低 4 位交换指令

助记符	机器码(H)	相应操作	寻址方式	机器周期/字节数
SWAP A	C4	$(A)_{3\sim0}\leftrightarrow(A)_{7\sim4}$	寄存器	1/1

该指令执行后 A 的低 4 位和高 4 位相互交换；指令结果不影响程序状态字寄存器的标志位。

例 3.6 设内部数据存储区 2AH、2BH 单元中连续存放有四个 BCD 码：a3a2 和 a1a0，试编写一程序把这四个 BCD 码倒序排序，即 a0a1 和 a2a3。

解

MOV	A, 2AH	；将 2AH(a3a2)传送到 A(a3a2)中
SWAP	A	；将 A(a3a2)中的高 4 位与低 4 位交换为 A(a2a3)
XCH	A, 2BH	；将 A(a2a3)与 2BH(a1a0)的内容互换
SWAP	A	；将 A(a1a0)中的高 4 位与低 4 位交换为 A(a0a1)
MOV	2AH, A	；累加器 A(a0a1)的内容传送到 2AH(a0a1)单元

4. 查表指令

查表指令有两条，如表 3.10 所示，用丁将程序存储器 ROM 中的数送入 A 中。查表指令之所以被称为查表指令，是因为常用来查一个已写好在 ROM 中的表格。指令基本格式为

MOVC [目的操作数] [, 源操作数]

表3.10 查 表 指 令

助记符	机器码(H)	相应操作	寻址方式	机器周期/字节数
MOVC A，@A+PC	83	$(A)\leftarrow((A)+(PC))$	变址寻址	2/1
MOVC A，@A+DPTR	93	$(A)\leftarrow((A)+(DPTR))$	变址寻址	2/1

以上指令结果影响程序状态字寄存器的 P 标志。

例 3.7 有一个数在 R0 中，要求用查表的方法确定它的平方值(此数的取值范围是 0～5)，试编写一程序段完成之。

解 设将 0～5 的平方值依次放在程序存储器 1000H 为首的存储单元中。

MOV	DPTR, #1000H	；将 1000H 送入 DPTR
MOV	A, R0	；将 R0 中的数送入 A
MOVC	A, @A+DPTR	；取出该数的平方值
⋮		
ORG	1000H	

TABLE: DB　　0,1,4,9,16,25

5. 堆栈操作指令

堆栈操作指令有两条，如表 3.11 所示。第一条为压入指令，就是将 direct 中的内容送入堆栈中；第二条为弹出指令，就是将堆栈中的内容送回到 direct 中。

表 3.11　堆栈操作指令

助记符	机器码(H)	相应操作	寻址方式	机器周期/字节数
PUSH　direct	C0 direct	(SP)←(SP)+1 ((SP))←(direct)	直接	2/2
POP　direct	D0 direct	(direct)←((SP)) (SP)←(SP)−1	直接	2/2

堆栈是用户自己设定的内部 RAM 中的一块专用存储区，使用时一定先设堆栈指针，堆栈指针 SP 复位后初始值为 07H；堆栈遵循先进后出的原则操作数据；堆栈操作必须是字节操作，且只能直接寻址；堆栈通常用于临时保护数据及子程序调用时保护现场/恢复现场，一般情况下，PUSH/POP 指令都是成对使用的；结果不影响程序状态字寄存器的标志位。

例 3.8　说明下面程序段的功能。

　　　　MOV　　SP，#50H
　　　　MOV　　A，#10H
　　　　MOV　　B，#20
　　　　PUSH　ACC
　　　　POP　　B

解　MOV　　SP，#50H　　；(SP)←50H，即内部 RAM 50H 是栈底
　　　　MOV　　A，#10H　　；(A)←10H
　　　　MOV　　B，#20　　　；(B)←20(十进制数)
　　　　PUSH　ACC　　　　；(SP)←(SP)+1，(SP)=51H，((SP))←(ACC)
　　　　POP　　B　　　　　；(B)←((SP))，(SP)←(SP)−1，(SP)=50H

该程序段对堆栈进行了初始化：栈底是内部 RAM 50H；通过堆栈操作完成了累加器 A 的内容传给寄存器 B 的操作。

3.3.2　算术运算类指令

算术运算类指令主要针对 8 位无符号数，包括加、减、乘、除、加 1、减 1 等指令共 24 条；使用了 8 种助记符，分别为 ADD、ADDC、SUBB、DA、INC、DEC、MUL 和 DIV。

算术运算类指令通常会影响 PSW 的进位标志位 Cy、半进位标志位 AC 和溢出标志位 OV，奇偶性标志位 P 取决于累加器 A 的奇偶性；有立即寻址、直接寻址、寄存器寻址和寄存器间接寻址四种寻址方式。

1. 加法指令

1) 普通加法指令

普通加法指令即不带进位的加法指令，有四条，如表 3.12 所示。

表 3.12 普通加法指令

助记符	机器码(H)	相应操作	状态字寄存器		
ADD A，Rn	28～2F	(A)←(A)+(Rn)			
ADD A，direct	25 direct	(A)←(A)+(direct)			
ADD A，@Ri	26～27	(A)←(A)+((Ri))	Cy	AC	OV
ADD A，#data	24 data	(A)←(A)+#data			

普通加法指令将 A 中的值与源操作数所指内容相加，最终结果存在 A 中；结果均影响程序状态字寄存器的 Cy、OV、AC 和 P 标志。无符号数运算时，关注的主要是 Cy，若 Cy=0，表示运算结果小于等于 255，若 Cy=1，则表示产生了进位；带符号数运算时，关注的主要是 OV，若 OV= 0，表示运算正确，结果在 −128～+127 之间，若 OV=1，则表示运算出错，超出了 −128～+127 的范围，要对结果进行处理。

例 3.9 分析下面的指令执行后，状态字寄存器的 Cy、AC、OV 和 P 位的状态。

    MOV A，#10H

    ADD A，#0F2H

解 指令执行过程可用下式表示：

十进制	二进制	十六进制
16D	= 0001 0000B	= 10H
+)242D	= +) 1111 0010B	= F2H
258D	1 0000 0 0010B	1 02H

溢出的判断方法为 OV=Cy⊕Cy′，其中 Cy′ 为次高位向最高位的进位，1 表示有进位，0 表示没有进位。故 Cy=1，AC=0，OV=Cy⊕Cy′=1⊕1=0。

2) 带进位加法指令

带进位加法指令有四条，如表 3.13 所示。

表 3.13 带进位加法指令

助记符	机器码(H)	相应操作	状态字寄存器		
ADDC A,Rn	38～3F	(A)←(A)+(Rn) + Cy			
ADDC A,direct	35 direct	(A)←(A)+(direct) + Cy			
ADDC A,@Ri	36～37	(A)←(A)+((Ri)) + Cy	Cy	AC	OV
ADDC A,#data	34 data	(A)←(A)+#data+ Cy			

ADDC 与 ADD 的区别是加了进位位 Cy，将 A 中的值和其后面的值以及进位位 Cy 中的值相加，最终结果存在 A 中，常用于多字节数加法运算中。

例 3.10 设 X0、Y0 存放在 R1 和 R0 中，X1、Y1 存放在 R3 和 R2 中，试编写计算双字节加法 R1R0+R3R2，并将结果存在 R5R4 中的程序。

解 单片机指令系统中只提供了 8 位的加法运算指令，两个 16 位数(双字节)相加可分为两步进行，第一步先对低 8 位相加，第二步再对高 8 位相加。程序如下：

    MOV A, R0

    ADD A, R2   ；求低 8 位的和并送入 A 中，进位送 Cy

    MOV   R4, A   ；低 8 位的和存入 R4

```
MOV      A, R1
ADDC     A, R3        ;求高 8 位与低 8 位进位 Cy 的和并送入 A 中，进位送 Cy
MOV      R5, A        ;低 8 位的和存入 R5
```

2. 减法指令

减法指令共有四条，如表 3.14 所示。

表 3.14　减法指令

助记符格式	机器码(H)	相应操作	状态字寄存器		
SUBB A，Rn	98~9F	(A)←(A)−(Rn)−Cy			
SUBB A，direct	95 direct	(A)←(A)− (direct)−Cy	Cy	AC	OV
SUBB A，@Ri	96~97	(A)←(A)− ((Ri))− Cy			
SUBB A，#data	94 data	(A)←(A)−#data−Cy			

本组指令将 A 中的值减去源操作数所指内容以及进位位 Cy 中的值，最终结果存在 A 中。与加法指令相比较，减法指令中没有不带借位的减法指令，所以在做不带借位的减法指令(在做第一次相减)时，应将 Cy 清零。

例 3.11　设 12H 和 34H 分别存放在 R1 和 R0 中，试编写计算 R0 减 R1，并将结果存在 60H 中的程序。

```
解  MOV      A, R0       ;被减数送 A
    CLR      C           ;进位标志位 Cy 清零，为不带借位的减法做准备
    SUBB     A，R1        ;与 R1 的内容相减
    MOV      60H，A       ;结果存放在 60H 中
```

3. BCD 码调整指令

BCD 码调整指令有一条，如表 3.15 所示。

表 3.15　BCD 码调整指令

助记符格式	机器码(H)	指令说明	状态字寄存器		
DA　A	D4	BCD 码加法调整指令	Cy	AC	OV

在进行 BCD 码加法运算时，跟在 ADD 和 ADDC 指令之后(不适用于减法)，用于对累加器 A 中刚进行的两个 BCD 码的加法结果进行十进制调整：

(1) 当累加器 A 中的低 4 位数出现了非 BCD 码(大于 9 的二进制数：1010~1111)或低 4 位产生进位(AC=1)时，则应在低 4 位加 6 调整，以产生低 4 位正确的 BCD 码结果；

(2) 当累加器 A 中的高 4 位数出现了非 BCD 码(大于 9 的二进制数：1010~1111)或高 4 位产生进位(Cy=1)时，则应在高 4 位加 6 调整，以产生高 4 位正确的 BCD 码结果。

例 3.12　若(A)=0101 1000B，表示的 BCD 码为 58，(R3)=0110 0110B，表示的 BCD 码为 66，(Cy)=0。试编写这两个压缩的 BCD 码相加的程序，结果的百位送入 51H、十位和个位送入 50H。

解　由已知编写程序段为

```
ADD A, R3                ;求 R3 与 A 的和，结果送入 A 中
DA   A                   ;由于是压缩 BCD 码加法，因此进行 BCD 码调整
```

MOV	50H, A	; 调整后的十位和个位送入(50H)=24H	
MOV	A, # 00H	; A 清零	
ADDC	A, # 00H	; 进位标志位的内容作为百位送入 A	
MOV	51H, A	; 百位送入 (51H)=01H	

调整过程如下：

```
                    BCD 码
        0101        1000B
    +) 0110        0110B           ; 加运算
  ┌─┐      ┌─┐
  │0│1011 │0│1110B                 ; 无进位，但高、低 4 位均出现非 BCD 码
  └─┘      └─┘
    +) 0110        0110B           ; 需调整，高、低 4 位均加 6
  ┌─┐      ┌─┐
  │1│0010 │1│0100B                 ; 调整后，有进位表示百位为 1，十位为 2、个位为 4
  └─┘      └─┘
```

4. 加 1 指令

加 1 指令共有五条，如表 3.16 所示。

表 3.16　加 1 指令

助记符	机器码(H)	相应操作	状态字寄存器
INC A	04	(A)←(A)+1	
INC Rn	08～0F	(Rn)←(Rn)+1	
INC direct	05 direct	(direct)←(direct)+1	不影响
INC @Ri	06～07	((Ri))←((Ri))+1	
INC DPTR	A3	(DPTR)←(DPTR)+1	

加 1 指令是将指令中所指出的操作数内容加 1；最后一条指令是对 16 位数据指针寄存器 DPTR 进行加 1 操作。在指令中如果操作数是 I/O(P0～P3)端口，则其先从端口将数据"读"出，加 1 后，再将修改了的数据写回到端口中，一条指令相当于进行了"读—修改—写"三个操作，称这类指令为"读—修改—写"指令。

5. 减 1 指令

减 1 指令共有四条，如表 3.17 所示。

表 3.17　减 1 指令

助记符	机器码(H)	相应操作	状态字寄存器
DEC A	14	(A)←(A)-1	
DEC Rn	18～1F	(Rn)←(Rn)-1	
DEC direct	15 direct	(direct)←(direct)-1	不影响
DEC @Ri	16～17	((Ri))←((Ri))-1	

减 1 指令是将指令中所指出的操作数内容减 1；应注意没有对 16 位数据指针寄存器 DPTR 减 1 操作的指令；在指令中如果操作数是 I/O(P0～P3)端口，则属于"读—修改—写"指令。

6. 乘、除法指令

乘、除法指令共有二条，如表 3.18 所示。

表 3.18　乘、除法指令

助记符	机器码(H)	相应操作	状态字寄存器
MUL　AB	A4	无符号数相乘(A)×(B)，结果高位存 B，低位存 A	Cy = 0　　OV
DIV　AB	84	无符号数相除(A)/(B)的商存 A，(A)/(B)的余数存 B	

乘法结果影响程序状态字寄存器的 OV：积超过 0FFH，置 1，否则置 0；Cy 总是清 0。除法结果也同样影响程序状态字寄存器的 OV：除数为 0，置 1，否则为 0；Cy 总是清 0。当除数为 0 时结果不能确定。

3.3.3　逻辑运算类指令

逻辑运算类指令主要用于对两个操作数按位进行逻辑操作，结果送到 A 或直接寻址单元，包括与、或、异或、移位、取反、清零等共 24 条指令；使用了 9 种助记符，分别为 ANL、ORL、XRL、CLR、CPL、RL A、RLC A、RR A 和 RRC A。

这类指令一般不影响标志位，有立即寻址、直接寻址、寄存器寻址和寄存器间接寻址四种寻址方式。

1. 逻辑运算指令

1) 逻辑与指令

逻辑与指令共有六条，如表 3.19 所示。逻辑与指令的功能是将两个操作数的内容按位进行逻辑"与"操作，并将结果送回目的操作数中。逻辑与指令通常用于将一个字节中的指定位清 0，其他位不变。

表 3.19　逻辑与指令

助　记　符	机器码(H)	相应操作	指令说明
ANL A，direct	55 direct	(A)←(A)∧(direct)	影响 P 标志
ANL A，Rn	58～5F	(A)←(A)∧(Rn)	
ANL A，@Ri	56～57	(A)←(A)∧((Ri))	
ANL A，#data	54 data	(A)←(A)∧#data	
ANL direct，A	52 direct	(direct)←(direct)∧ (A)	若直接地址为 I/O 端口，则为"读—修改—写"指令
ANL direct，#data	53 direct data	(direct)←(direct)∧#data	

例 3.13　若(A)＝0101 1000B，试编写将其高 4 位的内容保持不变，低 4 位的内容清零的程序。

解　由于"与"逻辑是按位进行操作的，因此用立即数 1111 0000B 直接和 A"与"即可。

```
ANL A，#0F0H　　　；(A)∧#data → (A)= 0101 0000B
      0101　1000B
∧)   1111   0000B
      0101   0000B
```

2) 逻辑或指令

逻辑或指令共有六条，如表 3.20 所示。

表 3.20　逻辑或指令

助　记　符	机器码(H)	相应操作	指令说明
ORL A，direct	45 direct	(A)←(A)∨(direct)	
ORL A，Rn	48～4F	(A)←(A)∨(Rn)	影响 P 标志
ORL A，@Ri	46～47	(A)←(A)∨((Ri))	
ORL A，#data	44 data	(A)←(A)∨#data	
ORL direct，A	42 direct	(direct)←(direct)∨(A)	若直接地址为 I/O 端口，则
ORL direct，#data	43 direct data	(direct)←(direct)∨#data	为"读—修改—写"指令

逻辑或指令的功能是将两个操作数的内容按位进行逻辑"或"操作，并将结果送回目的操作数中。逻辑或指令通常用于将一个字节中的指定位置 1，其他位不变。

例 3.14　若(A)＝0101 1000B，试编写将其高 4 位的内容保持不变，低 4 位的内容置 1 的程序。

解　由于"或"逻辑是按位进行操作的，因此用立即数 0000 1111B 直接与 A"或"即可。

　　ORL　A，#0FH　　　；(A)∨#data → (A)＝0101 1111B
　　　　0101　1000B
∨)　0000　1111B
　　　　0101　1111B

3) 逻辑异或指令

逻辑异或指令共有六条，如表 3.21 所示。

表 3.21　逻辑异或指令

助　记　符	机器码(H)	相应操作	指令说明
XRL A，direct	65 direct	(A)←(A)⊕(direct)	
XRL A，Rn	68～6F	(A)←(A)⊕(Rn)	影响 P 标志
XRL A，@Ri	66～67	(A)←(A)⊕((Ri))	
XRL A，#data	64 data	(A)←(A)⊕#data	
XRL direct，A	62 direct	(direct)←(direct)⊕(A)	若直接地址为 I/O 端口，则
XRL direct，#data	63 direct data	(direct)←(direct)⊕#data	为"读—修改—写"指令

逻辑异或指令的功能是将两个操作数的内容按位进行逻辑"异或"操作，并将结果送回目的操作数中。逻辑异或的原则是相同为 0，不同为 1。

例 3.15　若(A)＝0101 1000B，(R1)＝0000 1111B，求执行过 XRL　A，R1 指令后 A 的内容。

解　由于"异或"逻辑是按位进行操作的，故有
　　XRL　A,R1　；(A)⊕(R1) → (A)＝0101 0111B
　　　　0101　1000B
⊕)　0000　1111B
　　　　0101　0111B

4) 累加器 A 清 0 和取反指令

累加器 A 清 0 和取反指令共有两条，如表 3.22 所示。

表 3.22　累加器 A 清 0 和取反指令

助记符	机器码(H)	相应操作	指令说明
CLR　A	E4	(A)← #00H	A 中内容清 0，影响 P 标志
CPL　A	F4	(A)← /(A)	A 中内容按位取反，影响 P 标志

2. 循环移位指令

循环移位指令共有四条，如表 3.23 所示。

表 3.23　循环移位指令

助记符	机器码(H)	相应操作	指令说明
RL A	23	A7 ← A0	循环左移
RLC A	33	Cy ← A7 ← A0	带进位循环左移，影响 Cy 标志
RR A	03	A7 → A0	循环右移
RRC A	13	Cy ← A7 → A0	带进位循环右移，影响 Cy 标志

循环移位指令的功能是将 A 的内容按指令指定的方向(左或右)和方式(带或不带进位)进行移位，每执行一次指令移动 1 位。执行带进位的循环移位指令之前，必须给 Cy 置位或清 0，这样才能确定移位以后的结果。对于 RLC、RRC 指令，在 Cy=0 时执行一次 RLC 相当于乘以 2，执行一次 RRC 相当于除以 2。

例 3.16　若(A)＝1000 1000B=88D，试用右移指令编写将 A 除以 4 的程序段。

解　因为执行一次 RRC 相当于除以 2，因此执行 2 次即可完成除 4 的功能。

　　　CLR　C　　；由于 Cy 要参与操作，所以将其清零，为除 2 做准备
　　　RRC　A　　；第一次带进位右移：(A)＝0100 0100B=44D
　　　CLR　C　　；为除以 2 做准备
　　　RRC　A　　；第二次带进位右移：(A)＝0010 0010B=22D

3.3.4　位操作类指令

位操作指令的操作数是"位"，其取值只能是 0 或 1，故又称之为布尔变量操作指令。位操作指令的操作对象是片内 RAM 的位寻址区(即 20H～2FH)和特殊功能寄存器中的 11 个可位寻址的寄存器(如表 2.8 所示)。片内 RAM 的 20H～2FH 共 16 个单元 128 位(如表 2.7 所示)，我们为这 128 位的每个位均定义一个地址，为 00H～7FH。

位操作指令主要完成的操作是以位为对象的数据传送、逻辑运算和控制转移等。共 17 条指令；使用了 11 种助记符，即 MOV、SETB、JB、JNB、JBC、JC、JNC、ANL、ORL、CLR 和 CPL；除了对进位位 C 操作的指令会对进位标志有影响外，其他不影响标志位。

这类指令的位地址有四种表达方式：

(1) 直接(位)地址方式，如 00H。

(2) 点操作符号方式，如 ACC.4，P2.3。

(3) 位名称方式，如 RS0。

(4) 用户定义名方式：如用伪指令 bit。

1. 位传送指令

位传送指令有两条，如表 3.24 所示。

表 3.24　位传送指令

助记符	机器码(H)	相应操作	指 令 说 明
MOV C，bit	A2 bit	(Cy)←(bit)	位传送指令，结果影响 Cy 标志
MOV bit，C	92 bit	(bit)←(Cy)	位传送指令，结果不影响 PSW

位传送指令必须与进位位 C 进行操作，不能在其他两个位之间传送。若位地址 bit 是 I/O 端口，则为"读—修改—写"指令。

例 3.17　编写程序，将 P1.1 中的状态送到 P1.0 中。

解　由于位传送指令不能在两个位之间直接传送，必须通过进位位 C 中转，因而有：

```
MOV    C，P1.1    ；将 P1.1 中的状态送到 Cy
MOV    P1.0，   C    ；将 Cy 中的状态送到 P1.0
```

2. 位复位和位置位指令

位置位和位复位指令共有四条，如表 3.25 所示。

表 3.25　位复位和位置位指令

助记符	机器码(H)	相应操作	指 令 说 明
CLR C	C3	(Cy)←0	Cy 清 0 指令，结果影响 Cy 标志
CLR bit	C2 bit	(bit)←0	位清 0 指令，结果不影响 PSW
SETB C	D3	(Cy)←1	Cy 置 1 指令，结果影响 Cy 标志
SETB bit	D2 bit	(bit)←1	位置 1 指令，结果不影响 PSW

该组指令是位复位、置位指令。若位地址 bit 是 I/O 端口，则为"读—修改—写"指令。

例 3.18　如图 3.7 所示电路，P1.1 端口接了一个发光二极管，编写点亮或熄灭该二极管的程序段。

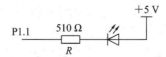

图 3.7　例 3.18 电路

解　由图 3.7 所示可知，当 P1.1 是低电平时点亮，高电平时熄灭，所以程序为

```
CLR     P1.1    ；(P1.1)← 0，点亮二极管
SETB    P1.1    ；(P1.1)← 1，熄灭二极管
```

3. 位运算指令

位运算指令共有六条，如表 3.26 所示。

表 3.26　位运算指令

助记符	机器码(H)	相应操作	指令说明
ANL C，bit	82 bit	(Cy)←(Cy)∧(bit)	位与指令，bit 的内容不变
ANL C，/bit	B0 bit	(Cy)←(Cy)∧/(bit)	位取反与指令，bit 的内容不变
ORL C，bit	72 bit	(Cy)←(Cy)∨(bit)	位或指令，bit 的内容不变
ORL C，/bit	A0 bit	(Cy)←(Cy)∨/(bit)	位取反或指令，bit 的内容不变
CPL C	B3	(Cy)←/(Cy)	Cy 取反指令
CPL bit	B2 bit	(bit)←/(bit)	位取反指令，结果不影响 Cy

　　位运算指令的结果通常影响程序状态字寄存器的 Cy 标志。若位地址 bit 是 I/O 端口，则为"读—修改—写"指令。注意指令系统中没有位异或指令，如需异或操作，可以用其他指令组合完成。

　　例 3.19　设 X、Y、Z 为三个位地址，试完成(Z)=(X)⊕(Y)运算的程序编程。

　　解　异或运算可分解为(Z)=(X)/(Y)+/(X)(Y)，程序设计如下：

```
MOV C,    X      ; (Cy) ← (X)
ANL C,    /Y     ; (Cy) ← (X)/(Y)
MOV Z,    C      ; (Z) ← (Cy) 暂存(X)/(Y)的结果
MOV C,    Y      ; (Cy) ← (Y)
ANL C,    /X     ; (Cy) ← /(X)(Y)
ORL C,    Z      ; (Cy) ← (X)/(Y)+/(X)(Y)
MOV Z,    C      ; 保存结果
```

4. 位转移指令

　　位转移指令共有三条，如表 3.27 所示。

表 3.27　位转移指令

助记符	机器码(H)	相应操作	指令说明
JB bit，rel	20 bit rel	若(bit)=1，则(PC)←(PC)+rel，否则顺序执行	(PC)+rel 中
JNB bit，rel	30 bit rel	若(bit)=0，则(PC)←(PC)+rel，否则顺序执行	的 PC 指的是
JBC bit，rel	10 bit rel	若(bit)=1，则(PC)←(PC)+rel，(bit)←0，否则顺序执行	PC 当前值

　　位转移指令的结果不影响程序状态字寄存器。JBC 与 JB 指令的区别是，前者转移后并把寻址位清 0，后者只转移而不清 0 寻址位。需要再次强调的是，PC 的当前值是该指令的首地址加上该指令的字节数；rel 是一个带符号的 8 位二进制数，以补码表示，能表示的范围是 −128(80H)～127(7FH)个字节单元，若为负数则表示从当前地址向上转移(小于当前地址)，反之就向下转移(大于当前地址)。

　　例 3.20　设下列指令的首地址是 1000H，位 20H 的内容为 1，试简述下列指令执行中各有关操作数的变化情况。

　　(1) 1000H　　JB 20H，08H

　　(2) 1000H　　JB 20H，FDH

　　(3) 1000H　　JB 20H，FAH

解　(1) 由已知得位 20H 的内容为 1，则该指令要跳转到(PC)+rel 的地址。由于该指令是 3 字节指令，因此执行该指令时，PC 的值已经是 1003H，rel 是 08H(正值)，所以有(PC)+rel=1003H+08H=100BH，即计算机下一条指令执行从 100BH 开始。

(2) 由已知得位 20H 的内容为 1，则该指令要跳转到(PC)+rel 的地址。由于该指令是 3 字节指令，因此执行该指令时，PC 的值已经是 1003H，rel 是 FDH(是−3)，所以有(PC)+rel=1003H−03H=1000H，即计算机下一条指令执行从 1000H 开始。该指令执行后实际又回到了原来的位置，所以如果位 20H 的内容不变，则程序将一直在这里循环。

(3) 由已知得位 20H 的内容为 1，则该指令要跳转到(PC)+rel 的地址。由于该指令是 3 字节指令，因此执行该指令时，PC 的值已经是 1003H，rel 是 FAH(是−6)，所以有(PC)+rel=1003H−06H=0FFDH，即计算机下一条指令从 0FFDH 开始。

5. 判断 Cy 标志指令

判断 Cy 标志的指令有两条，如表 3.28 所示。

表 3.28　判断 Cy 标志指令

助记符	机器码(H)	相 应 操 作	指令说明
JC rel	40 rel	若(Cy)=1，则(PC)←(PC)+rel，否则顺序执行	不影响程序状态字
JNC rel	50 rel	若(Cy)≠1，则(PC)←(PC)+rel，否则顺序执行	寄存器 PSW

例 3.21　将 JC rel 指令用于例 3.12 中。

解　由已知编写程序段如下：

```
        ADD     A, R3        ; 求 R3 与 A 的和，结果送入 A 中
        DA      A            ; 由于是压缩 BCD 码加法，因此进行 BCD 码调整
        MOV     50H, A       ; 调整后的十位和个位送入(50H)=24H
        JC      PR1          ; 若(Cy)-1，跳至 PR1，百位送 1；否则清 0
        MOV     51H, #00H    ; 百位送入 (51H)=00H
        ⋮
PR1：   MOV     51H, #01H    ; 百位送入(51H)=01H
```

3.3.5　控制转移类指令

控制转移类指令的本质是改变程序计数器 PC 的内容，从而改变程序的执行方向。控制转移指令分为无条件转移指令、条件转移指令和调用、返回指令。指令丰富，共有 17 条。此类指令一般不影响 PSW 的状态。

1. 无条件转移指令

1) 长转移指令

长转移指令有一条，如表 3.29 所示。

表 3.29　长转移指令

助记符	机器码(H)	相应操作	指令说明
LJMP　addr16	02 $addr_{15\sim8}$ $addr_{7\sim0}$	(PC)←$addr_{15\sim0}$	程序跳转到地址为 $addr_{15\sim0}$

该指令可以转移到 64 KB 程序存储器中的任意位置；为了编程和阅读方便，在实际使

用时，地址一般用标号表示。

例 3.22　在上电复位后，程序要跳转到用户程序地址标号为 START 的入口程序。

解　在上电复位后，单片机的第一条指令从存储器 0000H 单元开始执行，由于 0003H～0023H 单元对应的是单片机各中断源的中断服务入口地址，一般情况下主程序不能占用，因此第一条指令一般都是跳转指令。程序段如下：

```
0000H  LJMP  START        ; (PC)←START(16 位地址)
       ⋮
START: …
```

2) 绝对转移指令

绝对转移指令有一条，如表 3.30 所示。

表 3.30　绝对转移指令

助记符	机器码(B)	相应操作	指令说明
AJMP　addr11	$a_{10}a_9a_800001\ addr_{7\sim0}$	$(PC)_{10\sim0}\leftarrow addr_{10\sim0}$	程序跳转到的地址为 PC15～11addr$_{10\sim0}$

该指令转移范围是 2 KB，是一条双字节指令。其机器码是由 11 位直接地址 $addr_{10\sim0}$ 和指令特有操作码 00001 按下列分布组成的：第一个字节为 $a_{10}a_9a_800001$，第二个字节为 $a_7a_6a_5a_4a_3a_2a_1a_0$。

该指令执行后，程序转移目的地址是由该指令的 PC 当前值(该指令在程序存储器的首地址加该指令的字节数)的高 5 位与指令中提供的 11 位直接地址组成的，即

$$PC_{15}\ PC_{14}\ PC_{13}\ PC_{12}\ PC_{11}\ a_{10}a_9a_8\ a_7a_6a_5a_4a_3a_2a_1a_0$$

由于 11 位地址的变化范围是 000H～7FFH，即 2 KB 范围，转移目的地址高 5 位由 PC 当前值固定，因此程序可转移的范围只能是和 PC 当前值在同一 2 KB 范围之内。

例 3.23　指令 2020H　AJMP　0FFH 执行后 PC 的内容是什么？

解　该指令的首地址为 2020H，执行后 PC 的当前值为首地址 2020H 加 2，即 2022H，然后由 2022H 的高 5 位和 11 位直接地址 0FFH 组成新的 PC 值，即 0010000011111111B，也即程序从 20FFH 开始执行。

例 3.24　指令 2FFFH　AJMP　0FFH 执行后 PC 的内容是什么？

解　该指令的首地址为 2FFFH，执行后 PC 的当前值为首地址 2FFFH 加 2，即 3001H，然后由 3001H 的高 5 位和 11 位直接地址 0FFH 组成新的 PC 值，即 0011000011111111B，也即程序从 30FFH 开始执行。

以上两个例子中，指令是相同的，但由于指令的首址不同导致执行的结果是不一样的。应掌握该指令的执行过程。

3) 相对转移指令

相对转移指令有一条，如表 3.31 所示。

表 3.31　相对转移指令

助记符	机器码(H)	相应操作	指令说明
SJMP　rel	80 rel	(PC)←(PC)+rel	−128～127 短转移

该指令结果不影响程序状态字寄存器，转移范围是以本指令的下一条指令的首地址为

中心的 −128～+127 字节以内。在实际应用中，LJMP、AJMP 和 SJMP 后面的 addr$_{15～0}$、addr$_{10～0}$ 或 rel 常用标号来代替，不一定写出它们的具体地址。

　　例 3.25　指令 2FFFH　SJMP　23H 执行后 PC 的内容是什么？

　　解　该指令的首地址为 2FFFH，执行后 PC 的当前值为首地址 2FFFH 加 2，即 3001H，然后由 3001H 加 23H 组成新的 PC 值，即 (PC)=(PC)+2+23H=3024H 开始执行。

　　无条件转移指令 AJMP、LJMP 和 SJMP 的不同点：

　　(1) 构成不同，AJMP、LJMP 后跟的是绝对地址，而 SJMP 后跟的是相对地址；

　　(2) 指令长度不同，AJMP、SJMP 是双字节指令，LJMP 是 3 字节指令；

　　(3) 跳转的范围不同，SJMP 为 −128～127 B，AJMP 为 2 KB，而 LJMP 是 64 KB，且原则上可以替代前两条指令。

　　4) 间接寻址的无条件转移指令

　　间接寻址的无条件转移指令有一条，如表 3.32 所示。

表 3.32　间接寻址的无条件转移指令

助 记 符	机器码(H)	相应操作	指令说明
JMP　@A+DPTR	73	(PC)←(A)+(DPTR)	64 KB 内相对转移

　　该指令可代替众多的判别跳转指令，又称为散转指令，多用于多分支程序结构中。该指令的功能是把累加器中 8 位无符号数与数据指针 DPTR 中的 16 位数相加(模 2^{16})，结果作为下一条指令地址送入 PC；不改变累加器和数据指针内容，也不影响标志位。利用这条指令能实现程序的散转。

　　例 3.26　累加器 A 中存放待处理命令，编号为 0～7，试编写程序，完成功能：根据 A 内命令编号转向相应的命令处理程序。

　　解　根据已知，在程序存储器中存放着标号为 PMTB 的转移表，程序为

```
        MOV   B, #03H         ; (A)×3→(A)，由于使用 3 字节指令 LJMP，每个命令
                             ; 编号的转移表占 3 个字节
        MUL   AB
        MOV   DPTR, #PMTB     ; 转移表首址送 DPTR
        JMP   @A+DPTR
PMTB:   LJMP  PM0            ; 转向命令 0 处理入口
        LJMP  PM1            ; 转向命令 1 处理入口
        LJMP  PM2            ; 转向命令 2 处理入口
        LJMP  PM3            ; 转向命令 3 处理入口
        LJMP  PM4            ; 转向命令 4 处理入口
        LJMP  PM5            ; 转向命令 5 处理入口
        LJMP  PM6            ; 转向命令 6 处理入口
        LJMP  PM7            ; 转向命令 7 处理入口
```

2. 条件转移指令

1) 累加器 A 判 0 指令

累加器 A 判 0 指令有两条，如表 3.33 所示。

表 3.33　累加器 A 判 0 指令

助记符	机器码(H)	相应操作	指令说明
JZ rel	60	若(A)=0，则(PC)←(PC)+rel，否则程序顺序执行	转移范围为
JNZ rel	70	若(A)≠0，则(PC)←(PC)+rel，否则程序顺序执行	−128～127B

例 3.27　累加器 A 中存放待处理数据：如果为零，将置内部 RAM 30H 为 00H，否则将之置为 FF。试编写该数据处理程序段。

解　根据已知，程序为

```
        JNZ    L1          ;(A)≠0，跳到标号 L1
        MOV    30H，#00H    ;(A)=0，置内部 RAM 30H 为 00H
        AJMP   L2
L1:     MOV    30H，#0FFH   ;(A)≠0，置内部 RAM 30H 为 FFH
L2:     SJMP   L2          ;结束
```

2) 比较转移指令

比较转移指令有四条，如表 3.34 所示。

表 3.34　比较转移指令

助 记 符	机器码(H)	相 应 操 作	指令说明
CJNE A，#data，rel	B4 data rel	若(A)≠#data，则(PC)←(PC)+rel，否则顺序执行；若(A)<#data，则 Cy=1，否则 Cy=0	
CJNE Rn，#data，rel	B8～BF data rel	若(Rn)≠#data，则(PC)←(PC)+rel，否则顺序执行；若(Rn)<#data，则 Cy=1，否则 Cy=0	转移范围为 −128～127 B
CJNE @Ri，#data，rel	B6～B7 data rel	若((Ri))≠#data，则(PC)←(PC)+rel，否则顺序执行；若((Ri))<#data，则 Cy=1，否则 Cy=0	
CJNE A，direct，rel	B5 direct rel	若(A)≠(direct)，则(PC)←(PC)+rel，否则顺序执行；若(A)<(direct)，则 Cy=1，否则 Cy=0	

比较转移指令的功能是将两个操作数相比较，能判断两数是否相等或哪个数大：如果两者相等，就顺序执行；如果不相等，就转移，若目的操作数大于源操作数，则 Cy=0，否则 Cy=1。

例 3.28　累加器 A 中存放待处理数据：如果为大于或等于 3CH(十进制的 60)，就向内部 RAM 30H 加 1，否则就向内部 RAM 31H 加 1。试编写该数据处理程序段。

解　根据已知，程序为

```
        MOV    30H，#00H       ;给 30H、31H 赋初值
        MOV    31H，#00H
        CJNE   A，#3CH，L2      ;判 A 中存放待处理数据是否等于 3CH
L1:     INC    30H             ;等于或大于 3CH，内部 RAM 30H 加 1
        AJMP   L3
L2:     JNC    L1              ;判 A 中存放待处理数据是否小于 3CH
        INC    31H             ;小于 3CH，内部 RAM 31H 加 1
```

L3： SJMP　　L3

3) 减 1 非零转移指令

减 1 非零转移指令有两条，如表 3.35 所示。

表 3.35　减 1 非零转移指令

助记符	机器码(H)	相 应 操 作	指令说明
DJNZ Rn，rel	D8～DF rel	$(Rn)\leftarrow(Rn)-1$，若$(Rn)\neq0$，则$(PC)\leftarrow(PC)+rel$，否则顺序执行	转移范围为 $-128\sim127$ B
DJNZ direct，rel	D5 direct rel	$(direct)\leftarrow(direct)-1$，若$(direct)\neq0$，则$(PC)\leftarrow(PC)+rel$，否则顺序执行	

减 1 非零转移指令执行时将第一个参数中的值减 1，然后判这个值是否等于 0，如果等于 0，就按顺序执行，如果不等于 0，就转移到第二个参数所指定的地址。一般用于在循环程序中控制循环次数。

例 3.29　求 1～9 的和，结果存放在 A 中。试编写该数据处理程序段。

解
```
        MOV R1，#09H    ；置循环初值 9
        CLR  A         ；清 A，为求和做准备
LOOP：  ADD A，R1       ；求和
        DJNZ R1，LOOP   ；循环结束否
        SJMP  $         ；结束
```

3. 调用和返回指令

指令系统中一般都有调用子程序的指令和从子程序返回主程序的指令。在程序设计中，经常会执行功能完全相同的一段程序，为了减少程序编写和调试的工作量、减少程序占用空间，可使这段程序作为共用程序，即子程序。由主程序用调用子程序指令进入子程序，执行子程序后，在子程序的末尾安排一条返回主程序的指令再返回主程序，完成一次子程序调用。

1) 绝对调用指令

绝对调用指令有一条，如表 3.36 所示。

表 3.36　绝对调用指令

助记符	机器码(B)	相 应 操 作	指令说明
ACALL addr11	$a_{10}a_9a_8$10001 addr$_{7\sim0}$	$(PC)\leftarrow(PC)+2$ $(SP)\leftarrow(SP)+1$，$((SP))\leftarrow(PC_{0\sim7})$ $(SP)\leftarrow(SP)+1$，$((SP))\leftarrow(PC_{8\sim15})$ $(PC_{10\sim0})\leftarrow addr_{10\sim0}$	程序跳转到地址为 $PC_{15\sim11}addr_{10\sim0}$ 开始的地方执行，2 KB 内绝对转移

该指令调用范围与 AJMP 指令相同：被调用子程序入口地址必须与调用指令的下一条指令(PC 当前值)的第一字节在相同的 2 KB 存储区之内。执行的过程为：将 PC 当前值压入堆栈；将指令中的 11 位地址送入 PC 的低 11 位，得到调用的子程序入口地址。

例 3.30　若(SP)=60H，标号 LOOP 的值为 0123H，子程序 SUB 位于 0345H，试叙述

下列指令执行过程，并说明该指令能否完成对 SUB 子程序的调用。如果子程序 SUB 位于 0B45H，能否完成对 SUB 子程序的调用？

```
LOOP:  ACALL  SUB
       ⋮
SUB: …
```

解　先求得(PC)+2=0125H；再压入堆栈，即(SP)+1=60H+1=61H 中压入 25H，(SP)+1= 61H+1=62H 中压入 01H；接着完成保护断点，(SP)=62H。子程序 SUB 位于 0345H，指令中只提供了 SUB 的低 11 位地址，即 $addr_{10\sim0}$=01101000101，并送给 $PC_{10\sim0}$，PC 值的高 5 位内容不变，即 $PC_{15\sim11}$ 为 00000，所以这时形成的 PC 值为

$$(PC)=0000001101000101B=0345H$$

说明该指令已完成对 SUB 子程序的调用。

若子程序 SUB 位于 0B45H，则其他过程与上面相同，不同之处是：子程序 SUB 位于 0B45H，指令中只提供了 SUB 的低 11 位地址，即 $addr_{10\sim0}$=01101000101，并送给 $PC_{10\sim0}$，PC 值的高 5 位内容不变，即 $PC_{15}\sim PC_{11}$ 为 00000，所以这时形成的 PC 值为

$$(PC)=0000001101000101B=0345H$$

该地址不是我们所希望的地址 0B45H，故该指令不能完成对 SUB 子程序的调用。

从上例中我们可以看出：使用 ACALL 指令时一定要使 PC 当前值与子程序入口地址的高 5 位地址相同，即处于同一个 2 KB 范围内，否则将无法完成指令的调用。

2) 长调用指令

长调用指令有一条，如表 3.37 所示。

表 3.37　长调用指令

助记符	机器码(H)	相 应 操 作	指令说明
LCALL addr16	12　$addr_{15\sim8}$　$addr_{7\sim0}$	(PC)←(PC)+3 (SP)←(SP)+1，((SP))←($PC_{7\sim0}$) (SP)←(SP)+1，((SP))←($PC_{15\sim8}$) (PC)← addr16	程序跳转到地址 为 addr16 的地方

该指令调用范围与 LJMP 指令相同，可以转移到 64 KB 程序存储器中的任意位置。执行的过程为：将 PC 当前值压入堆栈；将指令中的 16 位地址送入 PC，得到调用的子程序的入口地址。

3) 返回指令

返回指令共有两条，如表 3.38 所示。

表 3.38　返 回 指 令

助记符	机器码(H)	相 应 操 作	指令说明
RET	22	(PC8～15)←((SP))，(SP)←(SP)−1；(PC0～7)←((SP))， (SP)←(SP)−1	子程序返回指令
RETI	32	(PC8～15)←((SP))，(SP)←(SP)−1；(PC0～7)←((SP))， (SP)←(SP)−1	中断返回指令

返回指令用于子程序最后一条指令，实现由子程序返回主程序的功能。不同的是，RET

指令的执行过程是：堆栈栈顶内容(2 字节，调用时保存的当前 PC 值)弹出给 PC，实现返回，只能用在子程序中；RETI 指令除了具有 RET 指令的功能外，还要对中断优先级状态触发器清零，只能用在中断子程序中。

4) 空操作

空操作指令有一条，如表 3.39 所示。

表 3.39　空操作指令

助记符	机器码(H)	相应操作	指令说明
NOP	00	空操作	占用 1 个机器周期

该指令为单字节指令，占用一个机器周期，在该周期内 CPU 不作任何操作；不影响程序状态字寄存器；经常用作短时间的延时。

3.4　汇编语言程序设计

程序设计是单片机应用系统设计的重要组成部分，其主要目的就是为了解决某一个问题，将指令有序地组合在一起，用计算机能懂的语言把解决问题的步骤描述出来，也就是编制计算机的程序。常用的 MCS-51 程序设计语言有 MBASIC51、C51 等高级语言和汇编语言。目前汇编语言是单片机应用系统设计常用的程序设计语言之一，特别是对于初学者，掌握汇编语言及编程方法有助于对单片机硬件的学习和计算机系统设计。

3.4.1　常用伪指令

单片机汇编语言程序设计中，除了使用指令系统规定的指令外，还要用到一些伪指令。伪指令又称指示性指令，具有和指令类似的形式。汇编时伪指令并不产生可执行的目标代码，只是对汇编过程进行某种控制或提供某些汇编信息。不同版本的汇编语言，伪指令的符号和含义可能有所不同，但基本的用法是相似的。下面对常用的伪指令作一简单介绍。

1. 定位伪指令 ORG

格式：[标号：]　ORG　16 位地址

功能：规定程序块或数据块存放的起始位置是该 16 位地址。在一个汇编语言源程序中允许使用多条定位伪指令，规定不同程序段的起始位置，地址应该从小到大，地址不允许重叠。

例如：

　　ORG 1000H

　　MOV A，#00H

表示指令 MOV A，#00H 存放于 1000H 开始的单元。

2. 汇编结束伪指令 END

格式：[标号：]　END

功能：汇编语言源程序结束标志。在该指令后的指令，汇编程序都不予以处理。在整个汇编语言程序中只能有一个汇编结束伪指令，且放在程序的末尾处。

3. 定义字节伪指令 DB

格式：[标号：]　DB　项或项表

功能：项或项表可以是一个字节数据，或用逗号分开的字符串，或以引号括起来的字符串。它表示将项或项表中的数据从左到右依次存放在指定地址单元。

例如：

　　　　ORG 1000H

　　　　TAB：DB　2BH，0A0H，'A'，'BCD'

表示 TAB 的地址为 1000H，从该地址开始的单元依次存放数据 2BH、A0H、41H(字母 A 的 ASCII 码)、42H(字母 B 的 ASCII 码)、43H(字母 C 的 ASCII 码)、44H(字母 D 的 ASCII 码)，即相当于对这些单元赋值：

(1000H)=2BH

(1001H)=A0H

(1002H)=41H

(1003H)=42H

(1004H)=43H

(1005H)=44H

4. 定义字伪指令 DW

格式：[标号：]　DW　项或项表

功能：与 DB 类似，但 DW 定义的项或项表字为两个字节。存放数据时高位在前，低位在后。

例如：

　　　　ORG 1000H

　　　　DATA：　DW　3000H，90H

表示从 1000H 单元开始的地方存放数据 30H、00H、00H、90H(90H 以字的形式表示为 0090H)，即：

　　　　(1000H)=30H

　　　　(1001H)=00H

　　　　(1002H)=00H

　　　　(1003H)=90H

5. 定义空间伪指令 DS

格式：[标号：]　DS　表达式

功能：从指定的地址开始，保留多少个存储单元作为备用的空间，空间大小由表达式决定。

例如：

　　　　ORG　1000H

　　　　DLY：DS　1FH

　　　　TAB：DB　22H

表示从 1000H 开始的地方预留 32(1000H～101FH)个存储字节空间，22H 存放在 1020H 单元。

6. 等值伪指令 EQU

格式：[标号：]　EQU　项

功能：将项的值赋给本语句的标号。项可以是常数、地址标号或者表达式。通常该语句放在源程序的开头部分；在同一程序中对某个标号赋值后，其值将不能再改变。

例如：

　　　DLY：EQU　3200H

　　　TAB：EQU　DLY

第一条表示 DLY 地址的值是 3200H，第二条表示 TAB 地址与 DLY 地址的值相等。

7. 位地址赋值伪指令 BIT

格式：[标号：]BIT　位地址

功能：将位地址赋给本语句的标号。经赋值的标号可以代替指令中的位，即在程序中，标号和该位地址是等价的。

例如：

　　　DLY1：BIT　31H

　　　DLY2：BIT　32H

经过上述定义后，在编程时，可以把 DLY1 和 DLY2 当作位地址 31H 和 32H。

3.4.2　程序设计方法

要设计一个好的程序，仅知道指令系统是远远不够的，还需掌握一些编程的基本方法、程序的基本结构及设计步骤等常识，这样才能在编程实践中不断地完善自己的设计能力。

1. 程序设计步骤

用汇编语言编写一个程序的过程可分为以下几个步骤：

(1) 针对所要研究的对象进行分析，明确要解决的问题。

(2) 根据实际问题的要求和指令系统的特点，决定所采用的计算公式和计算方法，即算法。算法是进行程序设计的依据，它决定了程序的正确性和程序的质量。

(3) 制定程序流程图(称为程序框图)。根据所选的算法，制定出运算步骤和顺序，把运算过程画成程序流程图。编写较复杂的程序时，画出程序流程图是十分必要的(初学者往往不重视)，它可以使程序清晰，结构合理。按照基本结构编写程序，也便于编程和调试。

(4) 确定数据格式，分配单片机的资源。分配内存工作区及为有关端口分配地址时，要根据程序区、数据区、暂存区、堆栈区等预计所占空间大小，对片内、外存储区进行合理分配并确定每个区域的首地址，便于编程使用。

(5) 编制汇编源程序。

(6) 程序测试。利用单片机仿真器结合单片机目标系统，对程序进行测试，排除程序中的错误，直到正确为止。

(7) 程序优化。程序优化就是指优化程序结构，缩短程序长度，加快运算速度和节省数据存储单元。在程序设计中，经常使用循环程序和子程序的形式来缩短程序，通过改进算法和正确使用指令来节省工作单元和减少程序执行的时间。

2. 程序的基本结构

程序的基本结构有顺序程序结构、分支程序结构和循环程序结构三种。

1) 顺序程序结构

按指令的排列顺序一条条地执行，直到全部指令执行完毕为止的程序结构称为顺序程序结构。顺序程序结构在编程中是最简单、最基本的程序结构，不管多么复杂的程序，总是由若干顺序程序段所组成的。在顺序程序结构中没有判断、没有分支。

顺序程序结构框图如图 3.8 所示，程序 A 或程序 B 表示计算机的某种操作，箭头表示执行程序指令的方向。

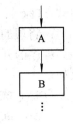

图 3.8　顺序程序结构框图

2) 分支程序结构

根据程序要求改变程序执行顺序，即程序的流向有两个或两个以上的出口，根据指定的条件选择程序流向的程序结构称为分支程序结构。实际问题一般都是比较复杂的，单使用顺序结构程序是无法解决的，因为实际问题总是伴随有逻辑判断或条件选择，要求计算机能根据给定的条件进行判断，选择不同的处理路径。编程的关键是如何确定供判断或选择的条件以及选择合理的分支指令。

单分支程序结构框图如图 3.9 所示，单分支结构的特点是：一个入口，两个出口。该结构中有一个判断框，根据条件 C 是否成立选择执行分支程序 A 或分支程序 B。

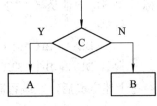

图 3.9　单分支程序结构框图

3) 循环程序结构

在一定的条件成立或不成立时，反复执行一段程序，称为循环程序结构。这种结构可大大缩短程序代码，减少占用的程序空间，优化程序结构，提高程序质量。

如图 3.10 所示，循环程序结构由两部分组成，分别为循环体 A 和循环条件 C。循环体 A 即要重复执行的程序段；循环条件 C 决定是执行循环体或者结束循环的判断条件。循环程序结构又分为当型循环程序结构和直到型循环程序结构两种形式，循环程序结构框图如图 3-10(a)、(b)所示。当型循环程序结构先判断循环条件 C，条件成立则执行循环体 A，否则退出循环；直到型循环程序结构先执行循环体 A，再判断循环条件 C，不成立则再执行循环体 A，否则退出循环。

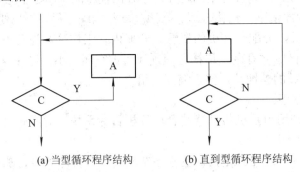

(a) 当型循环程序结构　　　(b) 直到型循环程序结构

图 3.10　循环程序结构框图

3. 单片机应用系统程序的组成

一个完整的单片机应用系统程序由主程序和其他功能子程序组成，单片机应用系统程序总体结构框图如图 3.11 所示。图中，单片机复位后 PC 为 0000H，也就是程序从程序存储器的 0000H 开始执行。由于 MCS-51 单片机程序存储器的 0003H、000BH、0013H、001BH、0023H 分别是外部中断 0、定时器 0、外部中断 1、定时器 1、串行口的中断入口地址，因此主程序开始的地址一般安排在 0030H 之后的程序存储器中。一般在程序存储器的 0000H 处放一条无条件转移指令(AJMP、LJMP、SJMP)，以便转到主程序的开始处。由于每个中断入口地址之间只有 8 个字节的空间，一般无法完成中断服务程序的编程需要，因而在相应的中断入口地址处也放一条无条件转移指令。

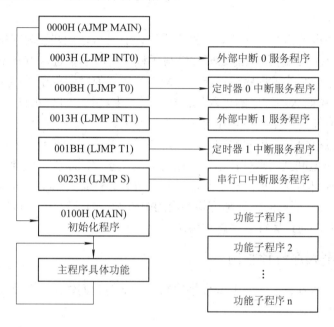

图 3.11 单片机应用系统程序总体结构框图

1) 主程序

主程序是程序的主干，是必不可少的部分。在进入主程序后一般来讲首先要对所用的可编程的硬件资源进行初始化，如内部的中断、定时器、串行口、有些 I/O 口(外部扩展可编程芯片等)以及主要的 RAM 单元等；然后由主程序按顺序调用各功能模块(子程序)，如显示、键盘、采样等。

2) 子程序

子程序一般都是具有一定功能的程序模块。它可被主程序或其他子程序调用。根据系统的具体要求，将一些功能模块编制成子程序，如显示模块、键盘模块、延时模块、通信模块、数据采集模块、数据处理模块、数据输出模块等。

在实际的单片机应用系统软件设计中，为了程序结构更加清晰、易于设计、便于修改、增强程序可读性，基本上都要使用子程序结构。子程序作为一个具有独立功能的程序段，编程时需注意以下几点：

(1) 子程序的第一条指令必须有标号：明确子程序入口地址。

(2) 要有简明扼要的子程序说明部分：说明该子程序的功能和所用到的资源，如寄存器、内部 RAM 等。

(3) 注意保护现场和恢复现场：如果在子程序中所用到的资源与其他程序发生了冲突，

则需要进行保护。

(4) 有较强的通用性和可浮动性；尽可能避免使用具体的内存单元和绝对转移地址等，以方便程序修改。

(5) 以返回指令 RET 结束子程序。

程序调试时在主程序中可逐个调用各功能模块进行调试，直到每一个模块调试完成后，再进行联调。

3) 中断服务程序

中断服务程序也是具有某种功能的程序模块，通常执行一些较为特殊的功能，如外部特殊事件(掉电、故障、通信等)的处理。它与子程序的区别是进入方式不同：子程序的进入方式是由主程序或其他子程序进行调用，即在程序中何时运行子程序是固定的；而中断服务程序则不同，中断服务程序的进入是根据中断产生，再由 CPU 根据实际的情况决定的，它是一个随机的事件，可在程序运行的任何时刻产生。

编程时需注意事项与子程序的类似，只是要强调的是，中断服务程序执行完后，由中断返回指令 RETI 返回到断点处；由于中断处理的是重要的事件，因此设计中断服务程序时要简短，运行时间不宜过长；对于不使用的中断最好将其关闭(详见有关的控制寄存器)，从抗干扰的方面考虑，简单的方法是可将不用的中断入口地址写一条跳转到 0000H 的指令，在系统出现故障时，通过运行软件恢复系统。

3.4.3　汇编语言程序设计举例

至此我们已基本具备了编写汇编程序的知识，下面我们通过一些常用程序的分析，进一步学习汇编程序的设计。

1. 数据传送程序设计

数据传送程序是程序设计中常见的程序，MCS-51 系列单片机存储器结构的特点之一是存在四个物理存储空间，即片内 RAM、片外 RAM、片内 ROM 和片外 ROM。不同的物理存储空间之间的数据传送一般都以累加器 A 作为数据传输的中心。

例 3.31　R0 中存放的是内部 RAM 数据区首地址，DPTR 中存放的是外部 RAM 数据区首地址。现将从内部 RAM 数据区首地址开始的数据块的内容依次传送到外部 RAM 数据区首地址开始的区域，直到遇到传送的内容是 FFH 为止。

解　(1) 题意分析。该数据块的传送从内部 RAM 向外部 RAM 进行。内部采用循环程序结构取数，以条件控制传送结束；向外部传送时采用 DPTR(由于是 16 位地址)间接寻址方式，以累加器 A 作为中间变量实现数据传送。

(2) 例 3.31 的程序流程图如图 3.12 所示。

(3) 汇编语言源程序。

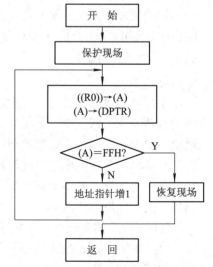

图 3.12　例 3.31 的程序流程图

```
            ; 子程序名：TRANS
            ; 功能：内部 RAM 数据块传送到外部 RAM
            ; 入口参数：R0 指向内部 RAM 数据区首地址，
            ; DPTR 指向外部 RAM 数据区首地址
            ; 出口条件：传送的数据是 FFH 时返回，
            ; DPTR 指向外部 RAM 数据区首地址
            ; 占用资源：累加器 A，数据指针 DPTR
TRANS:   PUSH    DPH        ; 保护现场
         PUSH    DPL
         PUSH    ACC
TRANS1:  MOV     A, @R0     ; (A)←((R0))
         MOVX    @DPTR, A   ; ((DPTR))←(A)
         CJNE    A, #0FFH, NEXT
         SJMP    FINISH     ; (A)=FFH，传送完成
NEXT:    INC     R0         ; 修改地址指针
         INC     DPTR
         AJMP    TRANS1     ; 继续传送
FINISH:  POP     ACC        ; 恢复现场
         POP     DPL
         POP     DPH
         RET
```

所谓保护现场，就是在编制子程序(或中断子程序)过程中经常会用到一些通用单元，如工作寄存器、累加器、数据指针 DPTR 以及 PSW 等，而这些工作单元在子程序调用前，可能正被其他程序(主程序或者其子程序)使用着，为此，需要将子程序用到的这些通用编程资源加以保护，称为保护现场。在子程序执行完后，为了确保其他程序的正常运行，就需恢复这些单元的内容，称为恢复现场。

一般子程序中所涉及的资源均需保护，且规范的方法是利用堆栈操作来实现。实际上，具体保护哪些资源可根据实际情况来决定。本例中，我们可以看到占用了累加器 A、数据指针 DPTR 和 R0。实际上只对累加器 A 和数据指针 DPTR 进行了保护。在此保护 DPTR 是因为要求 DPTR 在执行了子程序后还要指向外部 RAM 数据区首地址。

例 3.32　将数据长度为 M 的数据块从程序存储器的参数数据区送到内部 RAM 数据区。设 R0 中存放着内部 RAM 数据区的首地址，R2 中存放着数据区的长度值，DPTR 指向程序存储器的参数数据区首地址。

解　(1) 题意分析。该数据块的传送从外部 ROM 向内部 RAM 进行。内部采用循环程序结构取数，以数据长度作为条件，控制传送结束；向内部传送时采用 DPTR(由于是 16 位地址)变址寄存器寻址方式，以累加器 A 作为中间变量实现数据传送。

(2) 例 3.32 的程序流程图如图 3.13 所示。

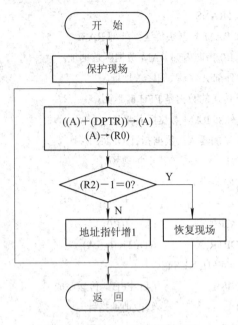

图 3.13　例 3.32 的程序流程图

(3) 汇编语言源程序。

```
        ；子程序名：TRANR
        ；功能：外部 ROM 数据块传送到内部 RAM
        ；入口参数：R0 指向内部 RAM 数据区首地址，R2 中存放着数据区的长度 M
        ；DPTR 指向外部 ROM 数据区首地址
        ；出口参数：R0 指向内部 RAM 数据区首地址，R2 中存放着数据区的长度值
        ；占用资源：累加器 A，数据指针 DPTR
TRANR:  MOV     B, R0
        PUSH    B                       ；保护现场
        MOV     B, R2
        PUSH    B
        PUSH    DPH
        PUSH    DPL
        PUSH    ACC
NEXT:   MOV     A, #00H             ；(A)←00H
        MOVC    A    @ A + DPTR     ；(A)←((A)+(DPTR))，取数
        MOV     @ R0, A             ；存入数据区
        DJNZ    R2，NEXT1           ；取数结束
        POP     ACC                 ；恢复现场
        POP     DPL
        POP     DPH
        POP     B
```

```
         MOV      R2,B
         POP      B
         MOV      R0, B
         RET
NEXT1:   INC      R0              ;修改地址指针
         INC      DPTR
         AJMP     NEXT            ;继续传送
```

2. 代码转换程序设计

由于需要，我们常常会将各种进制的数据相互转换。例如要将标准的编码键盘和标准的 CRT 显示器使用的 ASCII 码、十进制、二进制等相互转换。因此，汇编语言程序设计中经常会碰到代码转换的问题，下面提供了一些基本的设计方法和子程序。

例 3.33　BCD 码转换为二进制数：把累加器 A 中压缩的 BCD 码转换成二进制数，结果仍存放在累加器 A 中。

解　(1) 题意分析。A 中存放的 BCD 码数的范围是 0～99，转换成二进制数后是 00H～63H(小于 0FFH)，所以将转换的结果存放在累加器 A 中。转换方法是将 A 中的高(十位)乘以 10，再加上 A 的低 4 位(个位)，计算公式是 $A_{7\sim4}\times10+A_{3\sim0}$。

(2) 例 3.33 的程序流程图如图 3.14 所示。

(3) 汇编语言源程序。

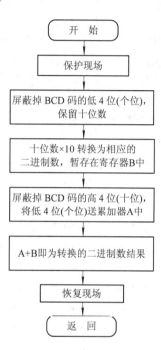

图 3.14　例 3.33 的程序流程图

```
;子程序名：BCDBIN
;功能：2 位压缩 BCD 码转换为二进制数
;入口参数：要转换的 BCD 码存放在累加器 A 中，中间结果存到寄存器 B 中
;出口参数：转换后的二进制数存放在累加器 A 中
;占用资源：累加器 A，寄存器 B
BCDBIN:   PUSH    B          ;保护现场
          PUSH    PSW
          PUSH    ACC        ;暂存 A 的内容
          ANL A, #0F0H       ;屏蔽掉低 4 位
          SWAP    A          ;将 A 的高 4 位与低 4 位交换
          MOV     B, #10
          MUL AB             ;乘法指令，(A)×(B)→(BA)，A 中高半字节乘以 10
          MOV     B, A       ;乘积不会超过 256，因此乘积在 A 中，暂存到 B
          POP     ACC        ;取原 BCD 数
```

```
        ANL A, #0FH   ; 屏蔽掉高 4 位
        ADD A, B      ; 个位数与十位数相加
        POP    PSW    ; 恢复现场
        POP    B
        RET
```

例 3.34　二进制数转换为 BCD 码。将累加器 A 中的二进制数 00H～FFH 内的任一数转换为 BCD 码(0～255)。

解　(1) 题意分析。BCD 码是每 4 位二进制数表示一位十进制数，按要求转换的最大 BCD 码为 255，表示为 BCD 码需要 12 位二进制数，因此我们可将百位存放在 B 的低 4 位，高 4 位清零；十位和个位存放在 A 中。转换的方法是将 A 中二进制数除以 100、10，所得商即为百位、十位数，余数为个位数。

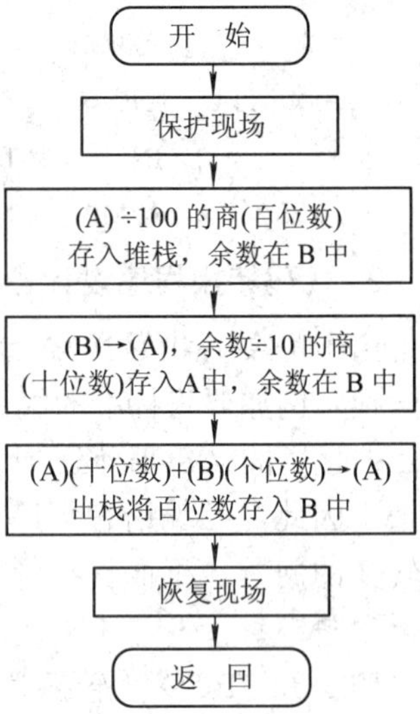

(2) 例 3.34 的程序流程图如图 3.15 所示。

(3) 汇编语言源程序。

```
        ; 子程序名: BINBCD
        ; 功能: 二进制数转换为 BCD 码
        ; 入口参数: 要转换的二进制数存放在累加器 A 中(00H～FFH)
        ; 出口参数: 转换后的 BCD 码存放在 B(百位)和 A(十位和个位)中
        ; 占用资源: 累加器 A, 寄存器 B
BINBCD: PUSH   PSW    ; 保护现场
        MOV    B, #100
        DIV    AB     ; 除法指令, (A)/(B)→商在 A 中, 余数在 B 中
        PUSH   ACC    ; 把商(百位数)暂存在堆栈中
        MOV    A, #10
        XCH    A, B   ; 余数交换到 A 中, (B)=10
        DIV    AB     ; (A)/(B)的商(十位)在 A 中, 余数在 B(个位)中
        SWAP   A      ; 十位数移到高半字节
        ADD    A, B   ; 十位数和个位数组合在一起
        POP    B      ; 百位数存到 B 中
        POP    PSW
        RET
```

图 3.15　例 3.34 的程序流程图

例 3.35　将 A 中的十六进制数的 ASCII 码(0～9、A～F)转换成 4 位二进制数。

解　(1) 题意分析。程序设计中主要涉及十六进制的 16 个符号"0～F"的 ASCII 码和其数值的转换。对于小于等于 9 的数，其 ASCII 码减去 30H 得 4 位二进制数；对于大于 9 的十六进制数，其 ASCII 码减去 37H 得二进制数。

(2) 例 3.35 的程序流程图如图 3.16 所示。

(3) 汇编语言源程序。

```
        ; 子程序名: ASCBCD
```

; 功能：ASCII 码转换为二进制数

　　; 入口参数：要转换的 ASCII 码(30H～39H，41H～46H)存放在 A 中

　　; 出口参数：转换后的 4 位二进制数(0～F)存放在 A 中

　　; 占用资源：累加器 A，寄存器 B

ASCBCD:	PUSH	PSW	; 保护现场
	PUSH	B	
	CLR	C	; 清 Cy
	SUBB	A, #30H	; ASCII 码减 30H
	MOV	B, A	; 结果暂存于 B 中
	SUBB	A, #0AH	; 结果减 10
	JC	SB10	; 如果 Cy=1，表示该值≤9
	XCH	A,B	; 否则该值>9，必须再减 7
	SUBB	A, #07H	
	SJMP	FINISH	
SB10:	MOV	A, B	
FINISH:	POP	B	; 恢复现场
	POP	PSW	
	RET		

例 3.36　将累加器 A 中的一位十六进制数转换成 ASCII 码,结果还存放在累加器 A 中。

解　(1) 题意分析。与例 3.35 类似,对于小于等于 9 的数,其二进制数加上 30H 得 ASCII 码；对于大于 9 的数,其二进制数加上 37H 得 ASCII 码。

(2) 例 3.36 的程序流程图如图 3.17 所示。

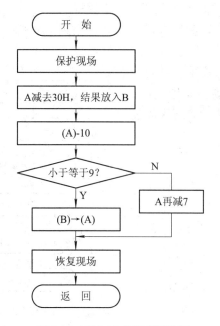

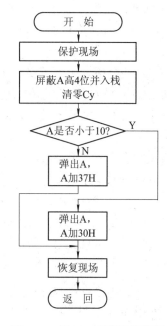

图 3.16　例 3.35 的程序流程图　　　　图 3.17　例 3.36 的程序流程图

(3) 汇编语言源程序。

```
                ；程序名：BINASC
                ；功能：二进制数转换为 ASCII 码(A 中低 4 位)
                ；入口参数：要转换的二进制数存放在 A 中
                ；出口参数：转换后的 ASCII 码存放在 A 中
                ；占用资源：累加器 A
    BINASC: PUSH    PSW         ；保护现场
            ANL     A, #0FH     ；屏蔽掉高 4 位
            PUSH    ACC         ；将 A 暂存到堆栈中
            CLR     C           ；清 Cy
            SUBB    A, #0AH      ；(A)－10
            JC      LOOP        ；判断有否借位
            POP     ACC         ；如果没有借位，表示 A≥10
            ADD     A, #37H
            SJMP    FINISH
    LOOP:   POP     ACC         ；否则 A<10
            ADD     A, #30H
    FINISH: POP     PSW
            RET
```

3．查表、排序程序设计

查表、排序是一种常用的非数值处理程序，使用查表方法可以完成数据补偿、计算、转换等各种功能；排序可以完成数据顺序排序、找最大值或最小值等。

例 3.37　在程序中有一个 0～9 的平方表，利用查表指令找出累加器 A 中的数据(x)的平方值(y)。

解　(1) 题意分析。所谓表格，是指在程序中定义的一串有序的常数，如平方表、字型码、键码表等。该表事先固化在 ROM 中，我们只需按照要求从对应的表中将所需的数据取出即可。

(2) 例 3.37 的程序流程图如图 3.18 所示。

(3) 汇编语言源程序。

```
                ；子程序名：SQRARE
                ；功能：通过查表求出平方值 y=x²
                ；入口参数：x 存放在累加器 A 中
                ；出口参数：求得的平方值 y 存放在 A 中
                ；占用资源：累加器 A，数据指针 DPTR
    SQRARE:     PUSH    DPH     ；保护现场
                PUSH    DPL
```

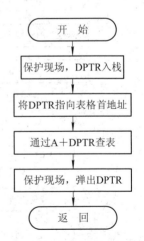

图 3.18　例 3.37 的程序流程图

```
        MOV     DPTR, #TABLE
                        ; 在子程序中重新使用 DPTR, 表首地址→DPTR 查表
        MOVC    A, @A+DPTR
        POP     DPL     ; 恢复现场, 将主程序中 DPTR 的低 8 位从堆栈中弹出
        POP     DPH     ; 恢复现场, 将主程序中 DPTR 的高 8 位从堆栈中弹出
        RET
TABLE:  DB      0,1,4,9,16,25,36,49,64,81
```

例 3.38 假设 a、b 均小于 10, 计算 $c=a^2+b^2$, 其中 a 存在内部 RAM 的 31H 单元, b 存在 32H 单元, 结果 c 存入 33H 单元。

解 (1) 题意分析。在例 3.37 中已经编过查一个小于 10 的平方值的子程序 SQRARE, 本例两次使用该子程序后, 再求和即可。

(2) 例 3.38 的程序流程图如图 3.19 所示。

(3) 汇编语言源程序。

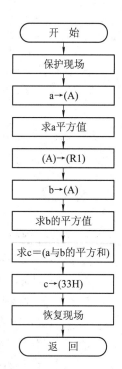

图 3.19 例 3.38 的程序流程图

```
        ; 子程序名: MSQR
        ; 功能: 通过查表求出平方值 c=a²+b²
        ; 入口参数: a 在 31H 单元, b 在 32H 单元
        ; 出口参数: 结果 c 存入 33H 单元
        ; 占用资源: 累加器 A
MSQR:   PUSH    ACC     ; 保护现场
        MOV     A, 31H
                        ; 取数 a 存放到累加器 A 中作为入口参数
        LCALL   SQRARE
        MOV     R1, A
                        ; 出口参数——平方值存放在 A 中
        MOV     A, 32H
        LCALL   SQRARE
        ADD A, R1
        MOV     33H, A
        POP     ACC
        RET
SQRARE: ...                     ; 子程序省略
```

本程序是个子程序, 在该子程序中又调用了其他的子程序, 这就称为子程序的嵌套(二级嵌套)。要注意的是, 在执行子程序时, 需向堆栈中存入返回地址, 从而使堆栈升高。如果子程序嵌套过多, 就可能引起堆栈的溢出, 所以允许几级嵌套要视堆栈的设置情况而定。

例 3.39 片内 RAM 中有一个数据块, R0 指向块首地址, R1 中为数据块长度值, 请在该数据块中查找关键字, 关键字存放在累加器 A 中。若找到关键字, 把关键字在片内 RAM 中的地址存放到 A 中; 若找不到关键字, A 中存放 00H。

解 (1) 题意分析。用 R1 作为循环和结束的条件。

(2) 例 3.39 的程序流程图如图 3.20 所示。

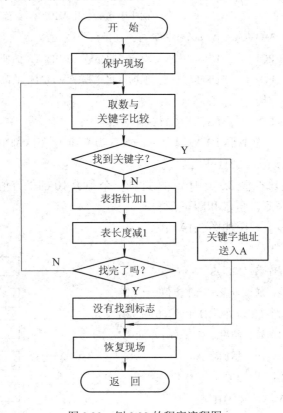

图 3.20 例 3.39 的程序流程图

(3) 汇编语言源程序。

```
        ; 子程序名：FIND
        ; 功能：片内 RAM 中数据检索子程序
        ; 入口参数：R0 指向块首地址，R1 中为数据块长度值，关键字存放在累加器 A 中
        ; 出口参数：若找到关键字，把关键字在片内 RAM 中的地址存放到 A 中，若
        ; 找不到关键字，A 中存放 00H
        ; 占用资源：R0、R1、A、PSW 和 B
FIND:   PUSH    PSW
        PUSH    B
        MOV     B, A            ; 保存关键字
LOOP:   MOV     A, B            ; 恢复关键字
        XRL     A, @R0          ; 关键字与数据块中的数据进行异或操作
        JZ      LOOP1
        INC     R0              ; 指向下一个数
        DJNZ    R1, LOOP
        MOV     A, #00H         ; 找不到，A 中存放 00
        SJMP    LOOP2
```

LOOP1:	MOV	A, R0	; 找到，A 中存放关键字在片内 RAM 中的地址
LOOP2:	POP	B	
	POP	PSW	
	RET		

例 3.40　内部 RAM 有一无符号数据块，工作寄存器 R0 指向数据块的首地址，工作寄存器 R2 中存放该数据块长度值，请将它们按照从大到小的顺序排列。

解　(1) 题意分析。排序程序一般采用冒泡排序法，又称两两比较法。基本思路：对尚未排序的各元素从头到尾依次比较相邻的两个元素是否逆序(与欲排顺序相反)，若逆序就交换这两个元素，经过第一轮比较排序后便可把最大(或最小)的元素排好，然后再用同样的方法把剩下的元素逐个进行比较，就得到了所要的顺序。

(2) 例 3.40 的程序流程图如图 3.21 所示。

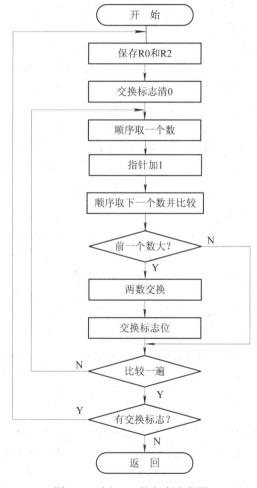

图 3.21　例 3.40 的程序流程图

(3) 汇编语言源程序。

　　　　; 子程序名：BUBBLE
　　　　; 功能：片内 RAM 中数据块排序程序

```
              ; 入口参数：R0 指向数据块的首地址，工作寄存器 R2 中存放该数据块长度值
              ; 出口参数：排序后数据块仍存放在原来位置，R0 指向数据块的首地址，工作寄
              ; 存器 R2 中存放该数据块长度值
              ; 占用资源：R0、R1、R2、R3、R5、A、PSW，位单元 00H 作为标志存放单元
     BUBBLE： MOV    A, R0
              MOV    R1, A          ; 把 R0 暂存到 R1 中
              MOV    A, R2
              MOV    R5, A          ; 把 R2 暂存到 R5 中
     BUBB1：  CLR    00H            ; 交换标志单元清 0
              DEC    R5             ; 个数减 1
              MOV    A, @R1
     BUB1：   INC    R1
              CLR    C
              SUBB   A, @R1         ; 相邻的两个数比较
              JNC    BUB2           ; 前一个数大，转移到 BUB2
              SETB   00H            ; 否则，交换标志置位
              XCH    A, @R1         ; 两数交换
              DEC    R1
              XCH    A, @R1         ; 存入较大的数
              INC    R1
              MOV    @R1, A         ; 恢复较小的值
     BUB2：   MOV    A, @R1
              DJNZ   R5, BUB1       ; 没有比较完，转向 BUB1
              MOV    A, R0
              MOV    R1, A          ; 恢复数据首地址
              DEC    R2
              MOV    A, R2
              MOV    R5, A          ; 长度减 1
              JB     00H, BUBB1     ; 交换标志为 1，继续下一轮两两比较
              RET
```

4. 运算程序设计

单片机指令系统中虽然提供了单字节二进制数的加、减、乘、除指令，实际问题中常常还要遇到多字节的四则运算等运算类的程序设计，下面提供了一些基本的设计方法和子程序。

例 3.41 有 n 个单字节数，并按一定的顺序存放在 MCS-51 单片机内部 RAM 从 30H 开始的单元中，n 放在 R2 中，编写求和程序，结果存放在 R3R4 中。

解 (1) 题意分析。这是多个单字节求和问题，我们将累加的结果存在 R4(低 8 位)中，将进位与 R3(高 8 位)相加，最后结果就在 R3R4 中。

(2) 例 3.41 的程序流程图如图 3.22 所示。

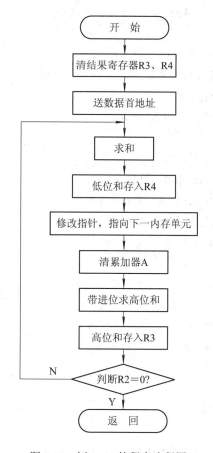

图 3.22　例 3.41 的程序流程图

(3) 汇编语言源程序。

```
        ; 子程序名：  ADDn
        ; 功能：片内 RAM 中 n 个单字节之和
        ; 入口参数：n 放在 R2 中
        ; 出口参数：结果放在 R3R4
        ; 占用资源：R0、R2、R3、R4、A、PSW
ADDn:   MOV    R3, #00H          ; 清结果寄存器 R3、R4
        MOV    R4, #00H
        MOV    R0, #30H          ; 送数据首地址
LOOP:   MOV    A, R4             ; 求和
        ADD    A, @R0
        MOV    R4, A             ; 低位和存入 R4
        INC    R0                ; 修改指针
        CLR    A                 ; 求高位和
        ADDC   A, R3
```

```
        MOV     R3, A              ; 高位和存入 R3
        DJNZ    R2, LOOP           ; 判结束
        RET
```

例 3.42　一个双字节数存在 R3R4 中，求该数的取补子程序。

解　(1) 题意分析。该题为双字节数求补，即对该数取反后再加 1，最后结果就在 R3R4 中。

(2) 例 3.42 的程序流程图如图 3.23 所示。

(3) 汇编语言源程序。

```
        ; 子程序名：CMPT
        ; 功能：(R3R4)取补→(R3R4)
        ; 入口参数：R3R4 中存放被取补数
        ; 出口参数：结果放在 R3R4 中
        ; 占用资源：R3、R4、A、PSW
CMPT:   MOV     A, R4              ; 取低位数
        CPL     A                  ; 求反
        ADD     A, #01H            ; 加 1
        MOV     R4, A              ; 保存低位
        MOV     A, R3              ; 求高位
        CPL     A
        ADDC    A, #00H
        MOV     R3, A
        RET
```

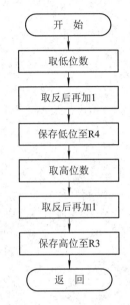

图 3.23　例 3.42 的程序流程图

例 3.43　双字节无符号数的减法子程序。

解　(1) 题意分析。双字节无符号数做减法，由于不存在 16 位数减法指令，因而只能先减低 8 位，后减高 8 位和低位减借位。由于低位开始减时没有借位，所以要先清零。

(2) 例 3.43 的程序流程图如图 3.24 所示。

(3) 汇编语言源程序。

```
        ; 子程序名：NSUB
        ; 功能：(R2R3)-(R6R7)→(R4R5)
        ; 入口参数：R2R3 中存放被减数，R6R7 中存放减数
        ; 出口参数：结果存放在 R4R5 中，OV=1 表示溢出
        ; 占用资源：R2、R3、R4、R5、R6、R7、A、PSW
NSUB:   MOV     A, R3
        CLR     C
        SUBB    A, R7
        MOV     R5, A
        MOV     A, R2
        SUBB    A, R6
```

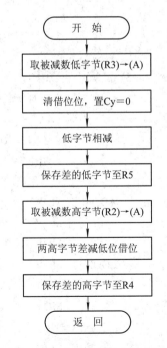

图 3.24　例 3.43 的程序流程图

```
MOV      R4, A
RET
```

例 3.44　双字节原码加减法子程序。R2R3 中存放被减数(或加数)，R6R7 中存放减数(或加数)，和(或差)存放在 R4R5 中。Cy=1 表示发生溢出，Cy=0 表示正常。

解　(1) 题意分析。对于原码表示的数，不能直接执行加减运算，必须先按操作数的符号决定运算类型，然后再对数值部分执行操作。对加法运算，首先应判断两个数的符号位是否相同，若相同，则执行加法(注意这时运算只对数值部分进行，不包括符号位)。加法结果有溢出，则最终结果溢出，无溢出时，结果的符号位与被加数相同。如两个数的符号位不相同，则执行减法，如果够减，则结果的符号位等于被加数的符号位；如果不够减，则应对差取补，而结果的符号位等于加数的符号位。对于减法运算，只需先把减数的符号位取反，然后执行加法运算，设被加数(或被减数)为 A，它的符号位为 A0，数值位为 A*，加数(或减数)为 B，它的符号位为 B0，数值位为 B*。A、B 均为原码表示的数，则按上述算法可得出如图 3.25 所示的原码加、减运算程序流程图。数据均为原码表示的数，最高位为符号位；DADD 为原码加法子程序入口，DSUB 为原码减法子程序入口。

(2) 例 3.44 的程序流程图如图 3.25 所示。

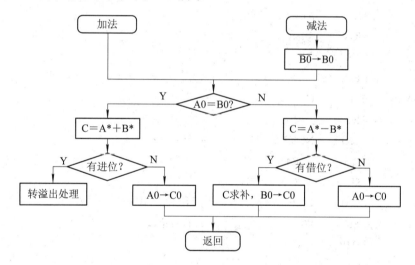

图 3.25　例 3.44 的程序流程图

(3) 汇编语言源程序。

```
        ；子程序名：DSUB / DADD
        ；功能：(R2R3)±(R6R7)→(R4R5)
        ；入口参数： R2R3 中存放被减数(或加数)，R6R7 中存放减数(或加数)
        ；出口参数：和(或差)存放在 R4R5 中，Cy=1 发生溢出，Cy=0 正常
        ；占用资源：R0、R1、R2、R3、R5、A、PSW、位单元
DSUB:   MOV      A, R6
        CPL      ACC.7          ；取反符号位
        MOV      R6, A
DADD:   MOV      A, R2
```

	MOV	C, ACC.7	; 保存被加数符号位
	MOV	F0, C	
	XRL	A, R6	
	MOV	C, ACC.7	; C=1, 两数异号
	MOV	A, R2	; C=0, 两数同号
	CLR	ACC.7	; 清 0 被加数符号
	MOV	R2, A	
	MOV	A, R6	
	CLR	ACC.7	; 清 0 加数符号
	MOV	R6, A	
	JC	DAB2	
	LCALL	NADD	; 同号, 执行加法
	MOV	A, R4	
	JB	ACC.7, DABE	
DAB1:	MOV	C, F0	; 恢复结果的符号
	MOV	ACC.7, C	
	MOV	R4, A	
	CLR	OV	
	RET		
DABE:	ETB	C	; 溢出
	RET		
DAB2:	LCALL	NSUB	; 异号, 执行减法
	MOV	A, R4	
	JNB	ACC.7, DAB1	
	LCALL	CMPT	; 不够减, 取补
	CPL	F0	; 符号位取反
	SJMP	DAB1	
	RET		

例 3.45 双字节无符号数的乘法。设被乘数存放在 R2 R3 寄存器中, 乘数存放在 R6 R7 中, 乘积存放在以 R0 内容为首地址的连续 4 个单元内。

解 (1) 题意分析。我们先用一个具体例子来分析乘法的具体过程。设被乘数为 6, 乘数为 5, 则相乘公式如下:

$$
\begin{array}{r}
1\ 1\ 0 \qquad (b_2\ b_1\ b_0) \\
\times)\ 1\ 0\ 1 \qquad (c_2\ c_1\ c_0) \\
\hline
1\ 1\ 0 \\
0\ 0\ 0 \\
+)\ 1\ 1\ 0 \qquad\qquad \\
\hline
1\ 1\ 1\ 1\ 0
\end{array}
$$

把乘数 $(c=c_2c_1c_0=101)$ 的每一位分别与被乘数 $(b=b_2b_1b_0=110)$ 相乘, 操作过程如下:

① 相乘的中间结果称为部分积，假设为 x、y(x 保存低位，y 保存高位)，将 Cy、x 和 y 清 0。

② c0=1，x=x+b= b2 b1 b0。

③ x、y 右移一位，Cy→x→y→Cy，把 x 的低位移入 y 中，x=0 b2 b1，y= b0。

④ c1=0，x=x+000。

⑤ Cy→x→y→Cy，x=00 b2，y= b1 b0。

⑥ c2=1，x=x+b=00 b2 + b2b1b0 = 111，Cy=0，y = b1b0 =10。

⑦ 右移一次 Cy→x→y→Cy。

乘数的每一位都计算完毕，x 和 y 中的值合起来即为所求乘积。

由以上分析可见，对于 3 位二进制乘法，部分积 x、y 均为 3 位寄存器即可，这种方法称为部分积右移计算方法。

部分积右移算法归纳如下：

① 将存放部分积的寄存器清 0，设置计数位数，用来表示乘数位数。

② 从最低位开始，检验乘数的每一位是 0 还是 1：若该位是 1，部分积加上被乘数；若该位为 0，就跳过去不加。

③ 部分积右移 1 位。

④ 判断计数器是否为 0，若计数器不为 0，重复步骤②，否则乘法完成。

(2) 例 3.45 的程序流程图如图 3.26 所示。

(3) 汇编语言源程序。

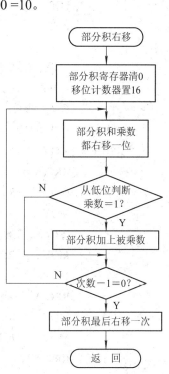

图 3.26　例 3.45 的程序流程图

```
        ;程序名：DMUL
        ;功能：双字节无符号数乘法
        ;入口参数：被乘数存放在 R2、R3(R2 为高位，
        ;R3 为低位)寄存器中，乘数存放在 R6、R7(R6 为高位，R7 为低位)中
        ;出口参数：乘积存放在 R4、R5、R6、R7 寄存器中(R4 为高位，R7 为低位)
DMUL:   PUSH   ACC        ;保护现场
        PUSH   PSW
        MOV    R4, #0     ;部分积清 0
        MOV    R5, #0
        MOV    R0, #16    ;计数器设置为 16
        CLR    C          ;Cy=0
NEXT:   ACALL  RSHIFT     ;部分积右移一位，Cy→R4→R5→R6→R7→Cy
        JNC    NEXT1      ;判断乘数中相应的位是否为 0，若是，转移到 NEXT1
        MOV    A, R5      ;否则，部分积加上被乘数(双字节加法)
        ADD A, R3
        MOV    R5, A
```

```
        MOV     A, R4
        ADDC    A, R2
        MOV     R4, A
NEXT1:  DJNZ    R0, NEXT      ; 移位次数是否为 0，若不为 0 转移到 NEXT
        ACALL   RSHIFT        ; 部分积右移一位
        POP     PSW           ; 恢复现场
        POP     ACC
        RET


        ; 程序名：RSHIFT
        ; 功能：部分积右移一位
        ; 入口参数：部分积 R4 R5 R6 R7
        ; 出口参数：Cy→R4→R5→R6→R7→Cy
RSHIFT: MOV     A, R4
        RRC A                 ; Cy→R4→Cy
        MOV     R4, A
        MOV     A, R5
        RRC A                 ; Cy→R5→Cy
        MOV     R5, A
        MOV     A, R6
        RRC A                 ; Cy→R6→Cy
        MOV     R6, A
        MOV     A, R7
        RRC A                 ; Cy→R7→Cy
        MOV     R7, A
        RET
```

例 3.46　8 位除以 16 位无符号数的除法。被除数存放在 R6 R5(R6 为高 8 位，R5 为低 8 位)中，除数存放在 R2 中，商存放在 R5 中，余数存放在 R6 中。

解　(1) 题意分析。与实现双字节乘法的部分积右移算法类似，双字节除法采用部分余数左移的算法。该算法仿照手算的方法编制，基本思想如下：

```
                商  数
         ─────────────────
除 数 √ 被  除  数
      -) 除  数               ; 试做减法，够减商上 1
         ─────────────
            余  数
         -) 除  数            ; 试做减法，不够减，商上 0，并恢复减法前的余数
            ─────────────
               余  数
            -) 除  数         ; 试做减法
               ─────────
                  …
```

手工算法中，习惯将余数右移对齐。在计算机中，保留了手工算法的特点，但采用部

分余数左移的方法。

(2) 例 3.46 的程序流程图如图 3.27 所示。

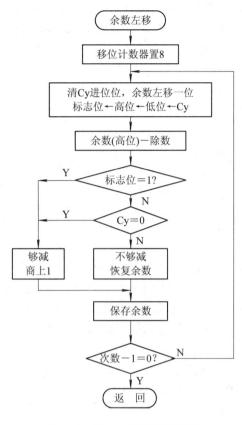

图 3.27　例 3.46 的程序流程图

(3) 汇编语言源程序。

　　　　　; 程序名：DDIV

　　　　　; 功能：8 位/16 位无符号数除法

　　　　　; 入口参数：被除数存放在 R6 R5(R6 为高 8 位，R5 为低 8 位)中，除数存放在 R2 中

　　　　　; 出口参数：商存放在 R5 中，余数存放在 R6 中

　　　　　; 占用资源：R2、R5、R6、R7、PSW

DDIV:	PUSH	PSW
	MOV	R7, #08H　　; R7 为计数器初值寄存器，R7=08
DDIV1:	CLR	C　　　　　　; 清 Cy
	MOV	A, R5　　　　; 部分余数左移一位(第一次为被除数移位)
	RLC	A　　　　　　; Cy←R5←R6←0
	MOV	R5, A
	MOV	A, R6
	RLC	A
	MOV	07H, C　　　; 位地址单元 07H 用作标志位单元，存放中间结果

```
          CLR     C
          SUBB    A, R2          ; 高位余数−除数
          JB      07H, NEXT      ; 若标志位为 1，则够减
          JNC     NEXT           ; 没有借位，也说明够减
          ADD     A, R2          ; 否则，不够减，恢复余数
          SJMP    NEXT1
NEXT:     INC     R5             ; 够减，商上 1
NEXT1:    MOV     R6, A          ; 保存余数
          DJNZ    R7, DDIV1
          POP     PSW
          RET
```

5. 延时程序设计

例 3.47　设计一个延时 1 ms 的程序，单片机时钟晶振频率为 f_{osc}=6 MHz。

解　(1) 题意分析。延时程序的关键是计算延时时间。往往采用循环程序结构编程，通过确定循环程序中的循环次数和循环程序段两个因素来确定延时时间。所以对于循环程序段来讲，在编程时仔细计算指令的执行时间是延时程序编程的关键。

(2) 例 3.47 的程序流程图如图 3.28 所示。

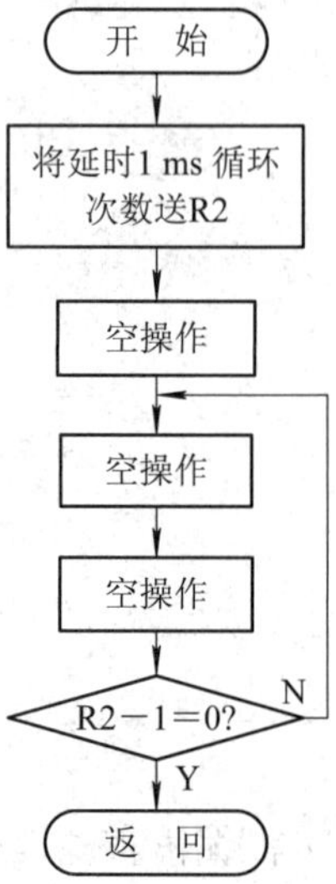

(3) 汇编语言源程序。

```
          ; 程序名：DEL
          ; 功能：延时 1 ms 子程序
          ; 入口参数：无
          ; 出口参数：无
          ; 占用资源：R2
DEL:      MOV     R2,#7CH        ; 延时 1 ms 的循环次数，2 μs
          NOP                    ; 2 μs
DEL0:     NOP                    ; 2 μs
          NOP                    ; 2 μs
          DJNZ    R2, DEL0       ; 4 μs
          RET                    ; 4 μs
```

图 3.28　例 3.47 的程序流程图

延时时间的计算：MOV R2,#7CH 指令占用时间 2 μs，NOP 指令占用时间 2 μs，循环程序段 NOP、NOP 和 DJNZ　R2,DEL0 共占用时间为$(2\ \mu s + 2\ \mu s + 4\ \mu s) \times 124 = 992\ \mu s$，RET 指令占用时间为 4 μs。总共的延时时间为

$$T = 2\ \mu s + 2\ \mu s + 992\ \mu s + 4\ \mu s = 1000\ \mu s$$

例 3.48　设计一个延时 1 s 的程序，单片机时钟晶振频率为 $f_{osc} = 6$ MHz。

解　(1) 题意分析。根据例 3.47 可使用三重循环结构。内循环延时 1 ms；第二层循环

循环次数为 10 次，延时 10 ms；第三层循环循环次数为
100 次，延时 1 s。

(2) 例 3.48 的程序流程图如图 3.29 所示。

(3) 汇编语言源程序段。

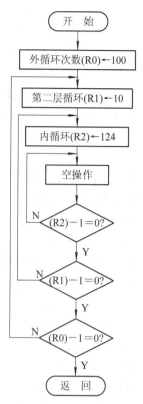

```
                ；程序名：DELAY
                ；功能：延时 1 s 子程序
                ；入口参数：无
                ；出口参数：无
                ；占用资源：R0、R1 和 R2

DELAY:    MOV    R0, #100      ；延时 1 s 的循环次数
DEL2:     MOV    R1, #10       ；延时 10 ms 的循环次数
DEL1:     MOV    R2, #124      ；延时 1 ms 的循环次数
          NOP
DEL0:     NOP
          NOP
          DJNZ   R2, DEL0
          DJNZ   R1, DEL1
          DJNZ   R0, DEL2
          RET
```

图 3.29　例 3.48 的程序流程图

延时时间的计算：内循环次数为 124，则内循环延时
时间为

$$(2\ \mu s + 2\ \mu s + 4\ \mu s) \times 124 = 992\ \mu s$$

第二层循环循环次数为 10，则第二层循环延时时间为

$$(2\ \mu s + 2\ \mu s + 992\ \mu s + 4\ \mu s) \times 10 = 10\ 000\ \mu s$$

同样，第三层循环循环次数为 100，则第三层循环延时时间为

$$(2\ \mu s + 10\ 000\ \mu s + 4\ \mu s) \times 100 = 1\ 000\ 600\ \mu s$$

总的延时为

$$T = 2\ \mu s + 1\ 000\ 600\ \mu s + 4\ \mu s = 1\ 000\ 606\ \mu s \approx 1\ s$$

实际上，如果将第二层与第三层的循环次数互换一下，则有：内循环延时时间为 992 μs；第二层循环循环次数为 100，则第二层循环延时时间为 100 000 μs；第三层循环循环次数为 10，则第三层循环延时时间为 $(2\ \mu s + 100\ 000\ \mu s + 4\ \mu s) \times 10 = 1\ 000\ 060\ \mu s$；总的延时时间为 1 000 066 μs≈1 s，比原来的方法更精准一些。

延时的方法很多，上面所述的延时方式是软件的方法，其特点是简单、修改方便，但是却占用 CPU 的时间，在延时期间 CPU 不能做任何其他工作。如果系统不允许使用软件延时，则可以通过单片机内部的硬件定时器或片外的其他定时芯片完成定时工作。

习　题　3

1. 单片机的指令有几种表示方法？单片机能够直接执行的是什么指令？

2. 什么叫寻址方式？MCS-51 单片机有几种寻址方式？各自有什么特点？各涉及哪些存储器空间？

3. 指出下列指令的寻址方式及执行的操作：

(1) MOV A, direct

(2) MOV A, #data

(3) MOV A, R1

(4) MOV A, @R1

(5) MOVC A, @A+DPTR

4. 已知累加器(A)=20H，寄存器(R0)=30H，内部 RAM(20H)=78H，内部 RAM(30H)=56H，请指出每条指令执行后累加器 A 内容的变化。

(1) MOV A, #20H

(2) MOV A, 20H

(3) MOV A, R0

(4) MOV A, @R0

5. 已知下列相应单元的内容：R0=30H，R1=40H，R2=50H；内部 RAM(30H)=34H，内部 RAM(40H)=50H。请指出下列指令执行后各单元内容相应的变化。

(1) MOV A, R2

(2) MOV R2, 40H

(3) MOV @R1, #88H

(4) MOV 30H, 40H

(5) MOV 40H, @R0

6. 试编制程序段，实现把外部 RAM 2000H 单元的内容传送到内部 RAM 20H 中的操作。

7. 试编制程序，将片外 RAM 中 3000H 开始的 20 字节的数据传送到片内 RAM 中 30H 开始的单元中。

8. 请给出三种交换内部 RAM 20H 单元和 30H 单元内容的操作方法。

9. 编写计算 01234567H+89ABCDEFH 的程序段，将结果存入内部 RAM 40H～43H 单元(40H 存低位)。

10. 编写计算 8765H–1234H 的程序段，并将结果存入 30H、31H 单元(30H 存低位)。

11. 三字节无符号数相加，被加数在片外 RAM 的 2000H～2002H(低位在前)单元，加数在片内 RAM 的 20H～22H(低位在前)单元，要求把和存入 20H～22H 单元中。编制程序完成之并说明运算后对各标志位的影响。

12. (A)=3BH，执行指令 ANL A, #9EH 后，(A)=? Cy=?

13. 请写出完成下列操作的指令：

(1) 使累加器 A 的低 4 位清 0，其余位不变。

(2) 使累加器 A 的低 4 位置 1，其余位不变。

(3) 使累加器 A 的低 4 位取反，其余位不变。

(4) 使累加器 A 中的内容全部取反。

14. 用移位指令实现累加器 A 的内容乘以 8 的操作。

15. 分别指出无条件长转移指令、无条件绝对转移指令、无条件相对转移指令和条件转移指令的转移范围。

16. 若内部 RAM(20H)=5EH，指出下列指令的执行结果。

(1) MOV A, 20H

(2) MOV C, 04H

(3) MOV C, 20H.3

17. JNZ rel 为 2 字节指令，存于 1308H 单元中，转移目标地址是 134AH，求偏移量 rel 的值。

18. 编制程序，将片外 RAM 空间 2000H~200AH 单元中数据的高 4 位变为零，低 4 位不变，原址存放。

19. R1 中存有一个 BCD 码数，试将其转换成 ASCII 码，并存入外部 RAM 的 1000H 单元中。

20. 用查表法编一个子程序，将 R3(内容自定)中的 BCD 码转换成 ASCII 码。

第4章　中断、定时与串行通信

本章介绍 MCS-51 系列单片机内部的中断系统、定时/计数器和串行接口等功能模块的电路逻辑结构和基本功能，并通过举例介绍这些模块的应用情况。重点讨论了中断系统、定时/计数器以及串行接口的工作原理、编程方法和应用。

4.1　中断系统

单片机系统的运行同其他系统一样，CPU 需要不断地和外部设备交换数据。当 CPU 与外部设备交换信息时，若用查询的方式，则 CPU 就要浪费时间去等待外设。为了解决快速 CPU 和慢速外设之间的矛盾，提高 CPU 和外设的工作效率，引入了中断技术。中断系统是单片机的重要组成部分。CPU 通过中断技术可以分时操作和管理多个外部设备，实现实时数据采集、实时控制、故障自动处理等功能，从而使 CPU 的工作效率得到很大的提高。

4.1.1　中断的概念

在日常生活中，中断事件经常发生，例如：张同学正在教室写作业，忽然被人叫出去，回来后，继续写作业，这就是生活中的"中断"现象，也就是正常的工作过程被突发的事件打断了。计算机中的中断概念和生活中的中断概念类似。中断是指 CPU 对系统中或系统外发生的某个事件的一种响应过程，即 CPU 正在执行程序时，系统发生某一事件需要迅速处理，CPU 暂时停止现行程序的执行，而自动转去处理该事件；当事件处理完成后，CPU 再返回到被暂停的程序断点处，继续执行原来的程序，这一过程称为中断，如图 4.1 所示。我们把实现中断功能的硬件系统和软件系统统称为中断系统。

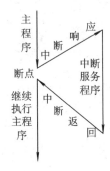

图 4.1　中断过程

为实现中断功能，单片机的中断系统应解决以下几方面的问题。

1. 中断源

所谓中断源，是指引起 CPU 中断的事件，即中断请求信号的来源。中断源向 CPU 提出的处理请求，称为中断请求或中断申请。中断请求信号的产生及该信号怎样被 CPU 有效地识别是中断源需要解决的问题，而且要求中断请求信号产生一次，只能被 CPU 接收处理一次，不能一次中断被 CPU 多次响应，这也就是中断请求信号的及时撤除问题。

2. 中断响应、处理与返回

中断源向 CPU 提出中断请求，CPU 暂时停止自身的事务，转去处理事件的过程，称为中断响应过程。对事件的整个处理过程，称为中断服务或中断处理。处理完毕，再回到原来被中止的地方，称为中断返回。CPU 接收到中断请求信号后，怎样转向该中断源的中断服务程序及执行完中断处理程序后如何正确返回被中断的程序继续执行是问题的关键。中断响应与返回的过程中涉及 CPU 响应中断的条件、现场保护等问题。

3. 中断级别

通常一个中断系统都有多个中断源，经常会出现两个以上中断源同时提出中断请求的情况，这样就需要设计者事先根据轻重缓急给每一个中断源确定一个中断级别(优先权)，当多个中断源同时发出中断申请时，CPU 能找到优先权级别最高的中断源，响应它的中断请求，在优先权级别最高的中断源处理完后，再响应级别较低的中断源。当 CPU 响应某一中断源的请求并进行中断处理时，若有优先权级别更高的中断源发出中断申请，则 CPU 要能中断正在进行的中断服务程序，保留这个程序的断点和现场，响应高级中断，在高级中断处理完以后，再继续执行被中断的中断程序，这种情况称为中断嵌套。CPU 一般都可实现多级中断嵌套。

4.1.2 MCS-51 系列单片机的中断系统

1. MCS-51 系列单片机中断系统的组成

MCS-51 系列单片机的中断系统是 8 位单片机中功能较强的一种。51 子系列单片机具有 5 个中断源，52 子系列单片机具有 6 个中断源，具有两级中断优先级，可实现两级中断嵌套，4 个用于中断控制的特殊功能寄存器 IE、IP、TCON 和 SCON 用来控制中断的类型、中断的开放/禁止和各种中断源的优先级别。MCS-51 系列单片机中断系统结构框图如图 4.2 所示。

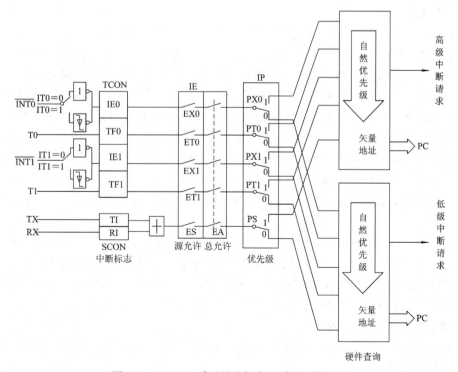

图 4.2 MCS-51 系列单片机中断系统结构框图

2. 中断源及中断请求标志

51 系列单片机具有 5 个中断源，可分为两大类：外部中断和内部中断。外部中断源由引脚 $\overline{\text{INT0}}$(P3.2)、$\overline{\text{INT1}}$(P3.3)输入和 T0(P3.4)、T1(P3.5)；内部中断源包括片内定时/计数器 T0 和 T1 的溢出中断以及串行口发送/接收中断。这些中断源产生的中断请求信号均由单片机中的特殊功能寄存器 TCON 和 SCON 的相应位锁存。

1) 定时/计数器控制寄存器 TCON

TCON 为定时/计数器 T0、T1 的控制器寄存器，同时也锁存了 T0、T1 的溢出中断请求信号标志和外部中断请求信号标志，其各位的定义如下：

位编号	TCON.7	TCON.6	TCON.5	TCON.4	TCON.3	TCON.2	TCON.1	TCON.0
位地址	8FH	8EH	8DH	8CH	8BH	8AH	89H	88H
位定义	TF1	TR1	TF0	TR0	IE1	IT1	IE0	IT0

● TF1：定时器 T1 的溢出中断申请位。定时器 T1 被允许计数以后，从初值开始加 1 计数，当产生溢出时置 TF1=1，向 CPU 请求中断，直到 CPU 响应该中断后该位才由硬件清 0。

● TF0：定时器 T0 的溢出中断申请位。T0 被允许计数以后，从初值开始加 1 计数，当产生溢出时，硬件自动置 TF0 为 1，向 CPU 请求中断，当 CPU 响应该中断后，该位由硬件清 0。

● IE1：外部中断 $\overline{\text{INT1}}$(P3.3)请求标志位。当 CPU 检测到在 $\overline{\text{INT1}}$(P3.3)引脚上出现的外部中断信号(低电平或脉冲下降沿)时，由硬件自动将该位置位，请求中断。当 CPU 响应中断进入中断服务程序后，该位被硬件自动清 0(指脉冲边沿触发方式，电平触发方式时不能由硬件清 0)。

● IT1：外部中断 $\overline{\text{INT1}}$(P3.3)触发方式控制位。由软件来置 1 或清 0，以控制外部中断 1 的触发类型。当 IT1=1 时为边沿触发方式(即由高变低的下降沿触发中断)，CPU 在每个机器周期采样 $\overline{\text{INT1}}$(P3.3)引脚输入电平，若相继的两次采样中一个周期采样为高电平，接着下一个周期采样为低电平，则视为有中断请求信号产生，置位 IE1。采用边沿触发方式时，外部中断源输入的高电平和低电平时间必须保持 1 个机器周期，才能保证 CPU 可靠地检测到由高到低的负跳变。当 IT1=0 时，设定为低电平触发中断方式，当 $\overline{\text{INT1}}$(P3.3)引脚输入低电平时，有中断请求信号产生，置位 IE1，申请中断。采用电平触发方式时，外部中断输入引脚 $\overline{\text{INT1}}$(P3.3)必须保持低电平有效，直到该中断被 CPU 响应为止。同时，在该中断服务程序执行完之前，外部中断输入引脚 $\overline{\text{INT1}}$(P3.3)的有效电平必须被撤销，否则将产生再一次中断。

● IE0：外部中断 $\overline{\text{INT0}}$(P3.2)请求标志位。外部中断 0 产生中断请求信号时，硬件自动将该位置为 1，请求中断，当中断响应之后，该位被清 0，其功能与 IE1 类同。

● IT0：外部中断 $\overline{\text{INT0}}$(P3.2)触发方式控制位。IT0=0 时，外部中断 0 为低电平触发方式；IT0=1 时，外部中断 0 为边沿触发方式，其功能和 IT1 类似。

2) 串行口控制寄存器 SCON

SCON 为串行口控制寄存器，SCON 的低两位锁存串行口接收中断和发送中断标志 RI 和 TI，其格式如下：

位编号	TCON.7	TCON.6	TCON.5	TCON.4	TCON.3	TCON.2	TCON.1	TCON.0
位地址	9FH	9EH	9DH	9CH	9BH	9AH	99H	98H
位定义	SM0	SM1	SM2	REN	TB8	RB8	TI	RI

- TI：串行口发送中断标志位。在串行口发送完一帧数据时，TI 由硬件自动置为 1，请求中断。当 CPU 响应中断进入中断服务程序后，TI 状态不能被硬件自动清除，必须在中断服务程序中由软件来清除。

- RI：串行口接收中断标志位。在串行口接收完一帧数据时，RI 由硬件自动置为 1，请求中断。当 CPU 响应中断进入中断服务程序后，RI 状态不能被硬件自动清除，必须在中断服务程序中由软件来清除。

其他各位是控制串行口的工作状态的，与中断没有关系，在后续章节进行介绍。单片机系统复位之后，TCON、SCON 中各位均为 0，应用时应注意各位的初始状态。

MCS-51 单片机中，当中断源申请中断时首先要置位相应的中断标志位，CPU 检测到中断标志位之后才决定是否响应。当 CPU 响应了中断请求，相应的标志位就要被清除，否则 CPU 在执行完本次中断服务程序之后还要再次响应该中断请求，会造成混乱。因此在应用中需要注意中断请求的撤销以及中断标志的清除。

3. 中断控制

MCS-51 单片机有两个特殊功能寄存器，用于中断系统的控制，分别为中断允许寄存器 IE 和中断优先级寄存器 IP。

1) 中断允许寄存器 IE

IE 控制 CPU 对中断源的开放或屏蔽，其格式如下：

位编号	IE.7	IE.6	IE.5	IE.4	IE.3	IE.2	IE.1	IE.0
位地址	AFH	—	—	ACH	ABH	AAH	A9H	A8H
位定义	EA	—	—	ES	ET1	EX1	ET0	EX0

- EA：CPU 总中断开放标志位。EA=1，CPU 开放总中断；EA=0，CPU 屏蔽所有的中断请求。

- ES：串行中断允许标志位。ES = 1，允许串行口中断；ES=0，禁止串行口中断。

- ET1：定时/计数器 T1 溢出中断允许标志位。ET1=1，允许 T1 中断；ET1=0，禁止 T1 中断。

- EX1：外部中断 1 中断允许标志位。EX1 = 1，允许外部中断 1 中断；EX1=0，禁止外部中断 1 中断。

- ET0：定时/计数器 T0 溢出中断允许标志位。ET0 = 1，允许 T0 中断；ET0=0，禁止 T0 中断。

- EX0：外部中断 0 中断允许标志位。EX0=1，允许外部中断 0 中断；EX0=0，禁止外部中断 0 中断。

MCS-51 单片机复位后，IE 中各位均被清 0，即禁止所有中断。因此，想要开放所需要的中断请求，则必须在程序中用软件指令来实现。

2) 中断优先级寄存器 IP

MCS-51 单片机具有两个中断优先级，每个中断源可编程为高优先级中断或低优先级中断，并可实现二级中断嵌套。特殊功能寄存器 IP 就是用来设定各中断源优先级别的，其格式如下：

位编号	IP.7	IP.6	IP.5	IP.4	IP.3	IP.2	IP.1	IP.0
位地址	—	—	—	BCH	BBH	BAH	B9H	B8H
位定义	—	—	—	PS	PT1	PX1	PT0	PX0

• PS：串行口中断优先级控制位。PS=1，设定串行口为高优先级中断；PS=0，设定串行口为低优先级中断。

• PT1：定时/计数器 T1 中断优先级控制位。PT1=1，设定定时/计数器 T1 为高优先级中断；PT1=0，设定定时/计数器 T1 为低优先级中断。

• PX1：外部中断 1 中断优先级控制位。PX1=1，设定外部中断 1 为高优先级中断；PX1=0，设定外部中断 1 为低优先级中断。

• PT0：定时/计数器 T0 中断优先级控制位。PT0=1，设定定时/计数器 T0 为高优先级中断；PT0=0，设定定时/计数器 T0 为低优先级中断。

• PX0：外部中断 0 中断优先级控制位。PX0=1，设定外部中断 0 为高优先级中断；PX0=0，设定外部中断 0 为低优先级中断。

当系统复位后，IP 各位均为 0，所有中断设置为低优先级中断。

通过设置 IP 寄存器把各中断源的优先级分为高、低两级，它们遵循两条基本原则：

(1) 低优先级中断可以被高优先级中断所中断，反之不能。

(2) 一种中断一旦得到响应，与它同级的中断不能再中断。

当 CPU 同时收到几个同一优先级别的中断请求时，哪一个的请求得到服务取决于内部的硬件查询顺序，CPU 将按自然优先级顺序确定响应哪个中断请求。其自然优先级由硬件形成，查询次序如表 4.1 所示。

表 4.1　中断源的内部查询次序

中　断　源	查　询　次　序
外部中断 0	高
定时/计数器 T0 中断	
外部中断 1	↓
定时/计数器 T1 中断	
串行口中断	低

这个查询次序决定了同一优先级别中断的优先结构，但不能形成中断嵌套。

4.1.3　中断处理过程

中断处理过程可分为三个阶段：中断响应、中断处理和中断返回。

1. 中断响应

1) 中断响应条件

单片机响应中断的条件为中断源有请求(中断允许寄存器 IE 相应位置 1)，且 CPU 开中断(即 EA=1)。这样，在每个机器周期的 S_5P_2 期间，对所有中断源按用户设置的优先级和内部规定的优先级进行顺序检测，并可在 S_6 期间找到所有有效的中断请求。如有中断请求，且满足下列条件，则在下一个机器周期的 S_1 期间响应中断，否则将丢弃中断采样的结果：

(1) 无同级或高级中断正在处理；

(2) 现行指令执行到最后一个机器周期且已结束；

(3) 若现行指令为 RETI 或访问 IE、IP 的指令时，执行完该指令且紧随其后的另一条指令也已执行完毕。

2) 中断响应过程

CPU 响应中断后，首先置位相应的优先级触发器，然后把断点地址压入堆栈保护，并将响应的中断矢量地址装入程序计数器，转入该中断服务程序进行处理。各中断源与之对应的矢量地址见表 4.2。

表 4.2 中断源及其对应的矢量地址

中　断　源	中断矢量地址
外部中断 0	0003H
定时/计数器 T0 中断	000BH
外部中断 1	0013H
定时/计数器 T1 中断	001BH
串行口中断	0023H

对于有些中断源，CPU 在响应中断后会自动清除中断标志，如定时器溢出标志 TF0、TF1 以及边沿触发方式下的外部中断标志 IE0、IE1；而有些中断标志不会自动清除，只能由用户用软件清除，如串行口的接收和发送中断标志 RI、TI；在电平触发方式下的外部中断标志 IE0 和 IE1 则是根据引脚的电平变化的，CPU 无法直接干预，需在引脚外加硬件 (如 D 触发器)使其自动撤销外部中断请求。

中断服务程序从矢量地址开始执行，一直到中断返回指令"RETI"为止。

3) 中断响应时间

所谓中断响应时间，是指 CPU 检测到中断请求信号到转入中断服务程序入口所需要的机器周期数。了解中断响应时间对设计实时测控应用系统有重要指导意义。

MCS-51 单片机响应中断的最短时间：若 CPU 检测到中断请求信号的时间正好是一条指令的最后一个机器周期，则不需等待就可以立即响应。所谓响应中断，就是由内部硬件执行一条长调用指令，需要两个机器周期，加上检测需要的一个机器周期，一共需要三个机器周期才开始执行中断服务程序。

中断响应的最长时间(在无特殊情况下)由下列情况决定：若中断检测时正在执行 RETI 或访问 IE 或 IP 指令的第一个机器周期，则包括检测在内需要两个机器周期(以上三条指令均需两个机器周期)；若紧接着要执行的指令恰好是执行时间最长的乘、除法指令，则其执行时间均为四个机器周期；再用两个机器周期执行一条长调用指令才转入中断服务程序。

这样，总共需要 8 个机器周期。其他情况下的中断响应时间一般为 3～8 个机器周期。

2. 中断处理

CPU 响应中断结束后即转至中断服务程序的入口，并从中断服务程序的第一条指令开始执行，直到返回指令为止，这个过程称为中断处理或中断服务。中断处理包括两部分内容：一是保护现场和恢复；二是为中断源服务。

保护现场是指保护 PSW、工作寄存器、专用寄存器等数据。如果在中断服务程序中要用这些寄存器，则在进入中断服务之前应将它们的内容保护起来，即保护现场。在中断结束时，即执行 RETI 指令之前，再恢复这些寄存器的内容，即恢复现场。

中断服务是针对中断源的具体要求进行的处理。

3. 中断返回

中断服务程序中，最后一条指令是中断返回指令 RETI，该指令的功能是结束本次中断服务，返回到原程序。在执行 RETI 指令时，将压入堆栈的中断点地址弹出并送回程序计数器，使程序返回到原来被中断处继续执行，同时清除相应的优先级触发器。

4.1.4　中断请求的撤除

中断源发出中断请求后，CPU 首先置位相应的中断标志位，然后通过对中断标志位的检测决定是否响应中断，所以撤除中断请求就是要清除中断标志。CPU 响应某中断请求后，在该中断返回之前，应将其对应的中断标志位复位，否则 CPU 在返回主程序后将再次响应该中断。MCS-51 单片机各个中断源标志位的清除方法不相同。

对于定时器 T0 和定时器 T1 的溢出中断，CPU 在响应中断后，由硬件自动清除 TF0 或 TF1 标志位，即中断请求自动撤销，无需采取其他措施。

对于串行口的中断，CPU 响应中断后，硬件不能自动清除 TI 和 RI 标志位，因此在 CPU 响应中断后，必须在中断服务程序中用软件来清除相应的中断标志位，以撤销中断请求。

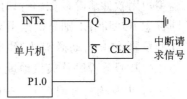

图 4.3　撤销外部中断请求电路

外部中断请求的撤销与设置的中断触发方式有关。对于边沿触发方式的外部中断，CPU 在响应中断后，也是由硬件自动将 IE0 或 IE1 标志位清除的，无需采取其他措施。对于电平触发方式的外部中断，在硬件上，CPU 对 $\overline{INT0}$ 和 $\overline{INT1}$ 引脚的信号完全没有控制，因此，需要另外采取硬件措施撤销外部中断请求。图 4.3 给出了一种常用的撤销外部中断请求电路。

外部中断请求信号通过 D 触发器加到单片机引脚上。当外部中断请求信号使 D 触发器的 CLK 端发生正跳变时，由于 D 端接地，Q 端输出 0，向单片机发出中断请求。CPU 响应中断后，利用一根口线，如 P1.0 作应答线，在中断服务程序中用下面两条指令来撤除中断请求：

```
ANL  P1,  #0FEH
ORL  P1,  #01H
```

第一条指令使 P1.0 为 0，而 P1 口其他各位的状态不变。由于 P1.0 与直接置 1 端相连，因而 D 触发器 Q=1，撤除了中断请求信号。第二条指令将 P1.0 变成 1，使以后产生的新的外部中断请求信号又能向单片机申请中断。

4.1.5　中断应用举例

MCS-51 单片机的中断系统在应用时，应先进行初始化，即开中断，设置中断触发方式等。下面通过举例来说明中断系统的应用。

例 4.1　现有 4 台设备 A、B、C、D，需要向单片机申请中断，试设计相应的电路并编写程序。

解　根据要求，四个设备相当于四个中断源，而单片机本身只有两个中断源，故需要扩展外部中断源。本题采用 P1 口的 4 位和外部中断 $\overline{\text{INT1}}$ 结合，形成四个中断，高电平有效。扩展四个外部中断源电路如图 4.4 所示。

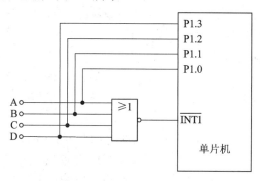

图 4.4　扩展四个外部中断源电路

主程序和中断服务程序如下：

```
          ORG    0000H
          AJMP   ZCX1           ; 转主程序
          ORG    0013H
          AJMP   INT1           ; 转中断程序
          ORG    0100H
ZCX1:     MOV    SP，#30H        ; 置堆栈指针
          MOV    IP，#04H        ; 设 INT1 为最高级
          SETB   IT1            ; 设 INT1 为边沿触发
          SETB   EA             ; 开中断
          SETB   EX1
ZCX2:     ; 其他处理程序(略)
          ⋮
          AJMP   ZCX2
          ORG    0200H
INT1:     PUSH   PSW            ; 保护现场
          PUSH   ACC
          MOV    A，P1           ; 读入 P1 口低 4 位状态
          ANL    A，#0FH
```

```
                JNB     ACC.0，X1        ; 是 A 设备中断吗? 不是则转移
                ACALL   XY1             ; 调 A 设备处理子程序
                AJMP   OUT
        X1:     JNB     ACC.1，X2        ; 是 B 设备中断吗? 不是则转移
                ACALL   XY2             ; 调 B 设备处理子程序
                AJMP   OUT
        X2:     JNB     ACC.2，X3        ; 是 C 设备中断吗? 不是则转移
                ACALL   XY3             ; 调 C 设备处理子程序
                AJMP   OUT
        X3:     JNB     ACC.3，X4        ; 是 D 设备中断吗? 不是则转移
                ACALL   XY4             ; 调 D 设备处理子程序
                AJMP   OUT
        X4 :    ACALL   XY5
        OUT:    POP     ACC             ; 作为故障做一些必要的处理
                POP    PSW
                RETI
        XY1:                            ; A 设备处理子程序(略)
        XY2:                            ; B 设备处理子程序(略)
        XY3:                            ; C 设备处理子程序(略)
        XY4:                            ; D 设备处理子程序(略)
        XY5:                            ; 故障处理子程序(略)
```

4.2　定时/计数器

　　MCS-51 单片机(51 子系列)内带有两个 16 位定时/计数器 T0 和 T1，它们均可作为定时器或计数器使用。这两个定时/计数器可用于定时、延时、对外部事件计数、分频及事故记录等。

4.2.1　定时/计数器的结构及工作原理

1. 定时/计数器的结构

　　MCS-51 单片机内部的定时/计数器逻辑结构如图 4.5 所示，它由 6 个特殊功能寄存器组成。其中，TMOD 为定时/计数器方式控制寄存器，用来设置两个 16 位定时/计数器 T0 和 T1 的工作方式；TCON 为定时/计数器控制寄存器，主要用来控制定时/计数器 T0 和 T1 的启动和停止。两个 16 位的定时/计数器 T0 (TH0 和 TL0)和 T1(TH1 和 TL1)用于设置定时或计数。

2. 定时/计数器的工作原理

　　MCS-51 单片机内部的两个 16 位可编程的定时/计数器 T0 和 T1 均有定时和计数功能。

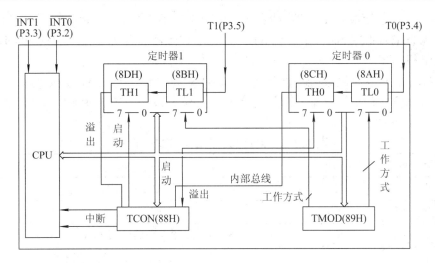

图 4.5　定时/计数器逻辑结构框图

T0 和 T1 的工作方式及功能选择、定时时间、启动方式等均可以通过编程对相应特殊功能寄存器 TMOD 和 TCON 进行设置来实现，计数值也可由软件命令设置于 16 位的定时/计数器(TH0、TL0 或 TH1、TL1)中。

16 位定时/计数器是一个二进制的加 1 寄存器，当启动后就开始从所设定的计数初始值开始加 1 计数，寄存器计满后，会自动产生溢出并提出中断请求。定时与计数两种模式下的计数方式不相同，通常 T0 和 T1 工作在定时方式时，计数器对内部时钟机器周期数进行计数，即每个机器周期寄存器加 1；T0 和 T1 工作在计数方式时，计数脉冲来自外部输入引脚 T0 和 T1，用于对外部事件进行计数，当外部输入引脚上出现由 1 到 0 的跳变时，计数器的值加 1(如果外接一时钟源，当然也可将其作为定时的基准源)。

定时/计数器是单片机中工作相对独立的部件，当设定好其工作方式及功能并启动后，它就会独立地进行计数，不再占用 CPU 的时间，直到计数器溢出，才向 CPU 申请中断处理，它是一个工作效率高且工作灵活的部件。

4.2.2　定时/计数器的工作方式寄存器及控制寄存器

定时/计数器是可编程的，因此，在使用前必须对其进行初始化，设定其工作方式、计数初值等。

1. 定时/计数器方式寄存器 TMOD(89H)

定时/计数器 T0、T1 都有四种工作方式，可通过程序对 TMOD 进行设置来选择，其各位定义如下：

位编号	TMOD.7	TMOD.6	TMOD.5	TMOD.4	TMOD.3	TMOD.2	TMOD.1	TMOD.0
位定义	GATE	C/$\overline{\text{T}}$	M1	M0	GATE	C/$\overline{\text{T}}$	M1	M0

TMOD 的低 4 位用于定时/计数器 T0 的工作方式选择，高 4 位用于定时/计数器 T1 的工作方式选择。

- GATE：门控位，用于控制定时/计数器的启动是否受外部中断请求信号的控制。如果 GATE=1，定时/计数器 T0 的启动受芯片引脚 $\overline{INT0}$ (P3.2)控制，定时/计数器 T1 的启动受芯片引脚 $\overline{INT1}$ (P3.3)控制；如果 GATE=0，定时/计数器的启动与引脚 $\overline{INT0}$ 和 $\overline{INT1}$ 无关。一般情况下 GATE=0。

- C/$\overline{T}$：定时或计数功能选择位。当 C/$\overline{T}$ =1 时为计数方式；当 C/$\overline{T}$ =0 时为定时方式。
- M1、M0：定时/计数器工作方式选择位。MCS-51 单片机的定时/计数器有四种工作方式，如表 4.3 所示。

表 4.3　定时/计数器工作方式的选择

M1 M0	工作方式	功　能　描　述
0　　0	方式 0	13位定时/计数器
0　　1	方式 1	16位定时/计数器
1　　0	方式 2	具有自动重装初值的8位定时/计数器
1　　1	方式 3	分为两个独立的 8 位计数器(仅适用于 T0)

2．定时/计数器控制寄存器 TCON

TCON 用于控制定时/计数器的启、停、溢出标志和外部中断信号触发方式，其各位定义如下：

位编号	TCON.7	TCON.6	TCON.5	TCON.4	TCON.3	TCON.2	TCON.1	TCON.0
位地址	8FH	8EH	8DH	8CH	8BH	8AH	89H	88H
位定义	TF1	TR1	TF0	TR0	IE1	IT1	IE0	IT0

- TR1：定时/计数器 T1 的启停控制位。TR1=1 时，定时器 T1 开始计数工作；TR1=0 时，TI 停止计数。TR1 状态由软件设置。
- TR0：定时/计数器 T0 的启停控制位。TR0=1 时，定时器 T0 开始计数工作；TR0=0 时，T0 停止计数。TR0 状态由软件设置。

TCON 的高 4 位与定时/计数器相关，其低 4 位与外部中断相关。其它各位的定义在 4.1.2 节已经讲述，在此不再赘述。

3．定时/计数器的工作方式

1) 方式 0

方式 0 为 13 位定时/计数器。13 位计数寄存器由 TH0(TH1)的高 8 位和 TL0(TL1)的低 5 位构成，TL0(TL1)中的高 3 位不用。T0(或 T1)方式 0 的结构框图如图 4.6 所示。

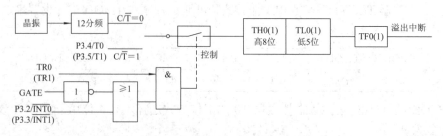

图 4.6　T0(或 T1)方式 0 的结构框图

当 C/$\overline{\text{T}}$ =1 时，图中多路开关自动地接到下方，定时/计数器工作在计数状态，加 1 计数器对 T0(T1)引脚上的外部脉冲计数。计数值由下式确定：

$$N = 2^{13} - x = 8192 - x$$

式中，N 为计数值，x 是计数器的初值。$x = 8191$ 时为最小计数值 1，$x = 0$ 时为最大计数值 8192，即计数范围为 1～8192。定时/计数器在每个机器周期的 S_5P_2 期间采样 T0(T1)引脚输入信号，若一个机器周期的采样值为 1，下一个机器周期的采样值为 0，则计数器加 1。由于识别一个高电平到低电平的跳变需两个机器周期，因此对外部计数脉冲的频率应小于 $f_{\text{osc}}/24$，且高电平与低电平的延续时间均不得小于 1 个机器周期。

当 C/$\overline{\text{T}}$ =0 时为定时器方式，多路开关自动地接到上方，加 1 计数器对机器周期脉冲 T_{cy} 计数，每个机器周期计数器加 1。定时时间由下式确定：

$$T = N \times T_{\text{cy}} = (8192 - x)T_{\text{cy}}$$

式中，T_{cy} 为单片机的机器周期。如果振荡频率 f_{osc}=12 MHz，则 T_{cy}=1 μs，定时时间范围为 1～8192 μs。

可用程序将 0～8191 的某一数送入 TH0(TH1)、TL0(TL1)作为初值。TH0(TH1)、TL0(TL1) 从初值开始加 1 计数，直至溢出。所以初值不同，定时时间或计数值也不同。必须注意的是，加 1 计数器溢出后，必须用程序重新对 TH0(TH1)、TL0(TL1)设置初值，否则下一次加 1 计数器将从 0 开始计数。

外部中断对于定时器的控制作用表现在：当 GATE = 0 时，或门被封锁，$\overline{\text{INT0}}$ 信号无效，或门输出常 1，打开与门，TR0 直接控制定时器 0 的启动和关闭；当 GATE = 1 时，与门的输出由 $\overline{\text{INT0}}$ 的输入电平和 TR0 位的状态来共同决定。若 TR0 = 1 则与门打开，外部信号电平通过 $\overline{\text{INT0}}$ 引脚直接开启或关断定时器 T0，当 $\overline{\text{INT0}}$ 为高电平时，允许计数，否则停止计数；若 TR0 = 0，则与门被封锁，控制开关被关断，停止计数。

2) 方式 1

方式 1 是 16 位定时/计数器，其结构与方式 0 类似，唯一的区别在于计数器的位数不同。方式 1 的加 1 计数器由 TH0(TH1)的 8 位和 TL0(TL1)的 8 位构成。

在方式 1 时，计数器的计数值由下式确定：

$$N = 2^{16} - x = 65\,536 - x$$

计数范围为 1～65 536。

定时器的定时时间由下式确定：

$$T = N \times T_{\text{cy}} = (65\,536 - x)T_{\text{cy}}$$

如果 f_{osc}=12 MHz，则 T_{cy}=1 μs，定时范围为 1～65 536 μs。

3) 方式 2

方式 2 是能自动重装计数初值的 8 位计数器。方式 2 中把 16 位的计数器拆成两个 8 位计数器，低 8 位作计数器用，高 8 位用以保存计数初值。当低 8 位计数产生溢出时，将溢出中断标志位置 1，同时又将保存在高 8 位中的计数初值重新装入低 8 位计数器中，继续计数，循环不止。T0(或 T1)方式 2 的结构框图如图 4.7 所示。

在工作方式 2 时，计数器的计数值由下式确定：

$$N = 2^8 - x = 256 - x$$

计数范围为 1～256。

定时器的定时值由下式确定：

$$T = N \times T_{cy} = (256-x)T_{cy}$$

如果 f_{osc}=12 MHz，则 T_{cy}=1 μs，定时范围为 1～256 μs。

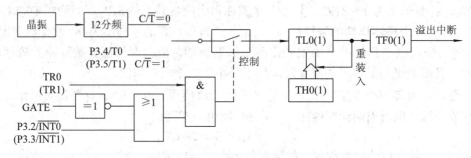

图 4.7　T0(或 T1)方式 2 的结构框图

4) 方式 3

定时/计数器 T0 和 T1 在前三种工作方式下，其功能完全相同。但工作方式 3 对 T0 和 T1 是大不相同的。当 T1 设置为工作方式 3 时，它将保持初始值不变，并停止计数，其状态相当于将启停控制位 TR1 设为 0，因此 T1 不能工作在方式 3 下。

若将 T0 设为方式 3，TL0 和 TH0 被分成两个互相独立的 8 位计数器，其逻辑结构如图 4.8 所示。其中，TL0 用原 T0 的各控制位、引脚和中断源，即 C/$\overline{T}$、GATE、TR0、TF0 和 T0(P3.4)引脚、$\overline{INT0}$(P3.2)引脚。TL0 除仅用 8 位寄存器外，其功能和操作与方式 0(13 位计数器)、方式 1(16 位计数器)完全相同。TL0 也可设置为定时器方式或计数器方式。

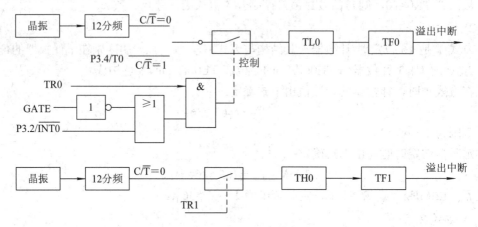

图 4.8　T0 方式 3 的结构框图

TH0 只能用作定时器，对机器周期计数。它占用了定时器 T1 的控制位 TR1 和 T1 的中断标志位 TF1，其启停仅受 TR1 的控制。

当把 T0 设置为方式 3 时，T1 可工作在方式 0、方式 1 以及方式 2 下，但由于 TH0 占用了 T1 的启停控制位 TR1 和中断标志位 TF1，因而此时 T1 只能由功能选择位 C/$\overline{T}$ 来控制运行，不能产生溢出中断申请，这时 T1 适用于不需要中断控制的定时器场合，如用作串行口的波特率发生器等。

4.2.3　定时/计数器应用举例

单片机上电复位后，TMOD、TCON 等特殊功能寄存器都处于清 0 状态，因而要想使定时/计数器按用户要求工作，必须先进行初始化设置和计数初值的确定等工作。

1．定时/计数器初始化

定时/计数器初始化的内容包含以下几点：

(1) 确定定时/计数器的工作模式及工作方式，即给 TMOD 置相应的控制字。

(2) 计算计数初值，送入计数器 TH0、TL0 或 TH1、TL1 中。

(3) 根据使用要求确定是否需要开放中断，若使用溢出中断功能，则需要对中断允许寄存器 IE 以及中断优先级寄存器 IP 进行设置。

(4) 给定时/计数器控制寄存器 TCON 送入命令字，启动定时/计数器工作。

2．定时/计数器计数初值计算

定时/计数器 T0 和 T1 在系统复位之后均为 0，若需要改变其计数值，则需要预先设置一定的计数初值。

1) 定时器的初值计算

当选择定时功能时，计数器是对机器周期进行计数。设 T 为定时时间，x 为计数器的初值，n 为计数器位数，单片机系统时钟频率为 f_{osc}，则计数初值可通过如下公式计算：

$$(2^n - x) \times \frac{12}{f_{osc}} = T$$

$$x = 2^n - \frac{f_{osc} T}{12}$$

2) 计数功能的初值计算

选择计数功能时，计数脉冲由外部引脚引入，是对外部脉冲进行计数，计数初值可由下式确定：

$$x = 2^n - N$$

式中，N 为计数值，其他参数的定义同定时器初值计算公式。

3．应用举例

例 4.2　用定时/计数器 T1 进行外部事件计数，每计数 1000 个脉冲后，定时/计数器 T1 转为定时工作方式，定时 10 ms 后又转为计数方式，如此循环不止。假定 f_{osc} 为 6 MHz，用方式 1 编程。

解　将 T1 在定时和计数两种方式下轮换工作，首先让 T1 工作在方式 1。

T1 为定时器时初值计算如下：

$$10 \times 10^{-3} = (2^{16} - x) \times \frac{12}{6 \times 10^6}$$

$$x = 2^{16} - \frac{10 \times 10^{-3} \times 6 \times 10^6}{12} = 65\,536 - 5000 = \text{EC78H}$$

T1 为计数器时初值计算如下：

$$x+1000=2^{16}$$

$$x=64\ 536=\text{FC18H}$$

参考程序如下：

L1：	MOV	TMOD，#50H	；设置 T1 为计数模式且工作于方式 1
	MOV	TH1，#0FCH	；置计数初值
	MOV	TL1，#18H	
	SETB	TR1	；启动 T1 计数
LOOP1：	JBC	TF1，L2	；查询计数器是否溢出，若溢出则转 L2 处
	SJMP	LOOP1	；无溢出转 LOOP1，继续查询
L2：	CLR	TR1	；关闭 T1
	MOV	TMOD，#10H	；设置 T1 为定时模式且工作于方式 1
	MOV	TH1，#0ECH	；置入定时初值
	MOV	TL1，#78H	
	SETB	TR1	；启动 T1 定时
LOOP2：	JBC	TF1，L1	；查询定时时间到否，若时间到则转 L1 处
	SJMP	LOOP2	；时间未到，转 LOOP2，继续查询

4.3　串行通信及其接口

CPU 与外部的信息交换称为通信。通信的基本方式可分为并行通信和串行通信两种。并行通信是指构成信息的二进制字符的各位数据同时传送的通信方法。并行通信的主要特点是传输速度快，在短距离通信中占优势，对长距离数据传输来说，因为信号线太多导致线路复杂，成本高。串行通信是指构成信息的二进制字符的各位数据一位一位顺序地传送的通信方式。串行通信线路简单，成本低但传输速度慢，适用于远距离传输。此处着重介绍串行通信的基础知识和 MCS-51 单片机的串行接口功能及其应用。

4.3.1　串行通信方式

串行通信又分为异步通信和同步通信两种方式。在单片机中，主要使用异步通信方式。

1. 异步通信

在异步通信中，被传送的信息通常是一个字符代码或一个字节数据，它们都以规定的相同传送格式(字符帧格式)一帧一帧地发送或接收。发送端和接收端各有一套彼此独立、互不同步的通信机构，可以由各自的时钟来控制数据的发送和接收。

一个字符在异步传送中又称为一帧数据，字符帧也称数据帧，由起始位、数据位、奇偶校验位和停止位四部分组成，异步通信的字符帧格式如图 4.9 所示。

• 起始位：为逻辑“0”信号，位于字符帧开头，占一位，表示发送端开始发送一帧信息。

• 数据位：紧跟起始位之后就是数据位。在数据位中，低位在前(左)，高位在后(右)。

根据字符编码方式的不同，数据位可取 5 位、6 位、7 位或 8 位，数据的位数没有严格的限制。

● 奇偶校验位：数据位发送或接收完之后，可发送奇偶校验位，它只有一位，用于传送数据的有限差错检测或表示数据的一种性质，是发送和接收双方预先约定好的一种检验方式。它可以是奇校验也可以是偶校验，有时也可以不用奇偶校验。

● 停止位：为逻辑"1"信号，此位位于字符帧末尾，表示一帧字符信息已发送完毕。停止位可以是 1、1.5 或 2 位，在实际应用中由用户根据需要确定。

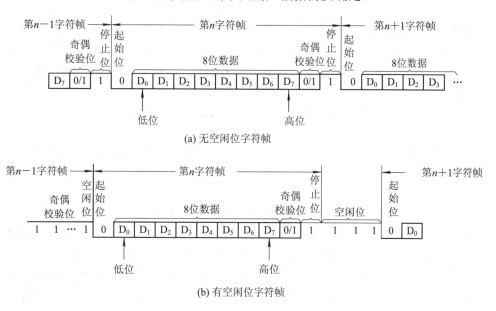

图 4.9　异步通信的字符帧格式

在串行异步传送中，通信双方必须事先约定：

● 字符格式。双方要事先约定字符的编码形式、奇偶校验形式及起始位和停止位的规定。例如用 ASCII 码通信，有效数据为 7 位，加一个奇偶校验位、一个起始位和一个停止位共 10 位。当然停止位也可以大于 1 位。

● 波特率。波特率就是数据的传送速率，即每秒钟传送的二进制位数，单位为位/秒。它与字符的传送速率(字符/秒)之间有以下关系：

$$波特率 = 一个字符的二进制编码位数 \times 字符/秒$$

发送端与接收端的波特率必须一致。

异步串行通信的传送速率一般为 50～9600 波特，常用于计算机到 CRT 终端和字符打印机之间的通信、直通电报以及无线电通信的数据发送等。

2．同步通信

同步通信是一种连续串行传送数据的通信方式，一次通信只传送一帧信息。这里的信息帧与异步通信中的字符帧不同，通常含有若干个数据字符，即数据块，它们都是由同步字符、数据字符和校验字符三部分组成的。一旦检测到同步字符，下面就是按顺序传送的数据块。同步通信的格式如图 4.10 所示。

同步通信的缺点是要求发送时钟和接收时钟保持严格同步，即发送时除应和发送的波特率保持一致外，还要求发送时钟和接收时钟必须保持严格同步。故这种方式对硬件要求较高。

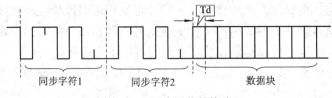

图 4.10　同步通信的格式

3) 串行通信的制式

串行通信中，信息数据在通信线路两端的通信设备之间传递，按照数据传递方向和两端通信设备所处的工作状态，可将串行通信分为单工、半双工和全双工三种工作制式，如图 4.11 所示。

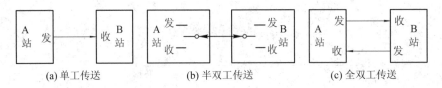

(a) 单工传送　　　　　(b) 半双工传送　　　　　(c) 全双工传送

图 4.11　串行通信数据传送的制式

(1) 单工制式。单工方式下，通信线路 A 端只有发送站，B 端只有接收站，数据只能从 A 站发至 B 站，数据传送是单向的，不能反向传送信息，如图 4.11(a)所示。

(2) 半双工制式。如图 4.11(b)所示，数据传送是双向的，但任一时刻数据只能从 A 站发至 B 站，或者从 B 站发至 A 站，也就是说，只能是一方发送另一方接收，不能同时发送和接收。

(3) 全双工制式。全双工制式下，通信线路 A、B 两端都有发送器和接收器，如图 4.11(c)所示，数据传送也是双向的，A、B 两端可以同时发送和接收数据。因此，工作效率比前两种都要高。

4.3.2　MCS-51 单片机的串行通信接口及其工作方式

MCS-51 单片机中有一个全双工的串行口，通过软件编程，它可作异步通信串行口(UART)使用，也可作同步移位寄存器用。它的字符帧格式可以是 8 位、10 位或 11 位，可以设置多种波特率，能方便地构成双机、多机串行通信接口，从而能实现 51 单片机系统之间点对点的单机通信、多机通信。

1. 串行口的结构与功能

MCS-51 单片机串行口内部结构示意图如图 4.12 所示。MCS-51 单片机串行口主要由两个物理上独立的串行数据缓冲寄存器 SBUF、发送控制器、接收控制器、输入移位寄存器和输出控制门组成。两个特殊功能寄存器 SCON 和 PCON 用来控制串行口的工作方式和波特率。发送缓冲寄存器 SBUF 只能写，不能读；接收缓冲寄存器 SBUF 只能读，不能写。两个缓冲寄存器共用一个地址 99H，可以用读/写指令区分。

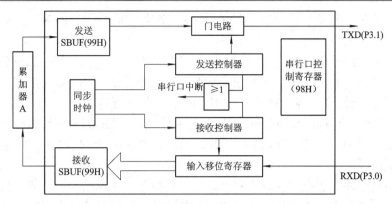

图 4.12　MCS-51 单片机串行口内部结构示意图

串行发送时，通过"MOV　SBUF，A"写指令，CPU 把累加器 A 的内容写入发送缓冲器 SBUF，再由 TXD 引脚一位一位地向外发送；串行接收时，接收端从 RXD 一位一位地接收数据，直到收到一个完整的字符数据后通知 CPU，再通过"MOV　A，SBUF"读指令，CPU 从接收缓冲器 SBUF 读出数据，送到累加器 A 中。发送和接收的过程可以采用中断方式，从而可以大大提高 CPU 的效率。

2．与串行口相关的控制寄存器

MCS-51 单片机中，与串行口工作相关的特殊功能寄存器有四个，分别为串行口控制寄存器 SCON、电源控制寄存器 PCON、中断允许寄存器 IE 和中断优先级寄存器 IP。其中 PCON、IE、IP 在前面章节已经介绍过，在此只介绍 SCON。

SCON 用于串行口的工作方式选择、接收和发送控制以及串行口的状态标志，是一个可位寻址的 8 位特殊功能寄存器。其各位的定义如下：

位编号	SCON.7	SCON.6	SCON.5	SCON.4	SCON.3	SCON.2	SCON.1	SCON.0
位地址	9FH	9EH	9DH	9CH	9BH	9AH	99H	98H
位定义	SM0	SM1	SM2	REN	TB8	RB8	TI	RI

- SM0、SM1：由软件置位或清 0，用于选择串行口四种工作方式，如表 4.4 所示。

表 4.4　串行口工作方式和波特率对照表

SM0　SM1	工作方式	功能描述	所用波特率
0　　0	方式 0	同步移位寄存器	$f_{osc}/12$
0　　1	方式 1	10 位异步收发	可变
1　　0	方式 2	11 位异步收发	$f_{osc}/64$ 或 $f_{osc}/32$
1　　1	方式 3	11 位异步收发	可变

- SM2：多机通信控制位。在方式 2 和方式 3 中，如 SM2=1，则接收到的第 9 位数据 (RB8) 为 0 时不启动接收中断标志 RI(即 RI=0)，并且将接收到的前 8 位数据丢弃；RB8 为 1 时，才将接收到的前 8 位数据送入 SBUF，并置位 RI，产生中断请求。当 SM2=0 时，则不论第 9 位数据为 0 或为 1，都将前 8 位数据装入 SBUF 中，并产生中断请求。在方式 0 时，SM2 必须为 0。

- REN：允许串行接收控制位。若 REN=0，则禁止接收；若 REN=1，则允许接收。该位由软件置位或复位。

- TB8：发送数据 D8 位。在方式 2 和方式 3 时，TB8 为所要发送的第 9 位数据。在多机通信中，以 TB8 位的状态表示主机发送的是地址还是数据：TB8=0 为数据；TB8=1 为地址。TB8 也可用作数据的奇偶校验位。该位由软件置位或复位。

- RB8：接收数据 D8 位。在方式 2 和方式 3 时，接收到的第 9 位数据可作为奇偶校验位或地址帧或数据帧的标志。方式 1 时，若 SM2=0，则 RB8 是接收到的停止位。在方式 0 时，不使用 RB8 位。

- TI：发送中断标志位。在方式 0 时，当发送数据第 8 位结束后，或在其他方式发送停止位后，由内部硬件使 TI 置位，向 CPU 请求中断。CPU 在响应中断后，必须用软件清零。此外，TI 也可供查询使用。

- RI：接收中断标志位。在方式 0 时，当接收数据的第 8 位结束后，或在其他方式接收到停止位中间由内部硬件使 RI 置位，向 CPU 请求中断。同样，在 CPU 响应中断后，也必须用软件清零。RI 也可供查询使用。

串行发送中断标志 TI 和串行接收中断标志 RI 是同一个中断源，CPU 事先不知道是发送中断 TI 还是接收中断 RI 产生的中断请求，所以在全双工通信时，必须由软件来判别。单片机复位时，SCON 所有位均清 0。

3．串行口工作方式

MCS-51 单片机串行口有四种工作方式，分别为方式 0、方式 1、方式 2 和方式 3。

1) 方式 0

方式 0 下，串行口用作同步移位寄存器，其波特率固定为单片机振荡频率的 1/12，串行传送数据 8 位为一帧，由 RXD(P3.0)引脚发送或接收，低位在前，高位在后。TXD(P3.1)引脚输出同步移位脉冲信号，可以作为外部扩展的移位寄存器的移位时钟，因而串行口方式 0 常用于扩展外部并行 I/O 口。

方式 0 发送时，CPU 执行一条将数据写入发送缓冲器 SBUF 的指令，即启动发送，TXD 输出移位脉冲，串行口即将 8 位数据以振荡频率的 1/12 的波特率从 RXD 端串行发送出去。1 帧(8 位)数据发送完毕时，各控制端均恢复原状态，只有 TI 保持高电平，呈中断申请状态。要再次发送数据时，必须由软件将 TI 清 0。

方式 0 接收时，在 RI=0 的条件下，将 REN(SCON.4)置 1 就启动一次接收过程。此时 RXD 为串行数据接收端，TXD 依然输出同步移位脉冲。REN 置 1 启动了接收控制器。TXD 输出同步移位脉冲控制外接芯片逐位输入数据，波特率为 $f_{osc}/12$。在内部移位脉冲作用下，RXD 上的串行数据逐位移入移位寄存器。当 8 位数据(一帧)全部移入移位寄存器后，接收控制端失效，停止输出移位脉冲，将 8 位数据并行送入接收数据缓冲器 SBUF 中保存。与此同时，接收控制器硬件置接收中断标志 RI=1，向 CPU 申请中断。CPU 响应中断后，用软件使 RI=0，使移位寄存器开始接收下一帧信息，然后通过读接收缓冲器的指令，读取 SBUF 中的数据。

2) 方式 1

在方式 1 下，串行口为 10 位通用异步通信接口。一帧信息包括 1 位起始位(0)、8 位数据位(低位在前)和 1 位停止位(1)。TXD 是发送端，RXD 是接收端。其传送波特率可变。

方式 1 发送时，CPU 执行一条写 SBUF 指令便启动了串行口发送，数据从 TXD 输出。在指令执行期间，CPU 送来"写 SBUF"信号，将并行数据送入 SBUF，启动发送控制器。经一个机器周期，发送控制端有效，通过输出控制门从 TXD 上逐位输出一帧信息。一帧信息发送完毕后，发送控制端失效，发送控制器硬件置发送中断标志 TI=1，向 CPU 申请中断。CPU 响应中断后，由软件使 TI=0，可发送下一帧信息。

方式 1 接收时，数据从 RXD 端输入。当 REN 置 1 后，就允许接收器接收，接收器便以波特率的 16 倍速率采样 RXD 端电平。当采样到 1 到 0 的跳变时，启动接收器接收，并复位内部的 16 分频计数器，以实现同步。计数器的 16 个状态把 1 位时间等分成 16 份，并在每位的第 7、8、9 个计数状态时采样 RXD 电平。因此，每一位的数值采样 3 次，至少有两次相同的值才被确认。如果起始位接收到的值不是 0，则起始位无效，复位接收电路。在检测到一个 1 到 0 的跳变时，再重新启动接收器。如果接收值为 0，起始位有效，则开始接收本帧的其余信息。在 RI=0 的状态下，接收到停止位为 1(或 SM2=0)时，将停止位送入 RB8，8 位数据进入接收缓冲器 SBUF，并置中断标志 RI=1。

在方式 1 的接收器中设置有数据辨识功能，当同时满足两个条件时，接收的数据才有效，且实现装载 SBUF、把 RB8 及 RI 置 1，接收控制器再次采样 RXD 的负跳变，以便接收下一帧数据。这两个条件是 RI=0 和 SM2=0，或接收到的停止位为 1。如果这两个条件任意一个不满足，则所接收的数据无效，接收控制器不再恢复。

3) 方式 2 与方式 3

方式 2、方式 3 都是 11 位异步通信接口，发送或接收的一帧信息由 11 位组成，其中 1 位起始位、9 位数据位(低位在前)和 1 位停止位。方式 2 与方式 3 仅波特率不同，方式 2 的波特率为 $f_{osc}/32$(SMOD=1 时)或 $f_{osc}/64$(SMOD=0 时)，而方式 3 的波特率由定时/计数器 T1 及 SMOD 决定。

在方式 2、方式 3 时，发送、接收数据的过程与方式 1 的基本相同，不同之处仅在于对第 9 位数据的处理上。发送时，第 9 位数据由 SCON 中的 TB8 位提供。接收数据时，当第 9 位数据移入移位寄存器后，将 8 位数据装入 SBUF，第 9 位数据装入 SCON 中的 RB8。

4．波特率设置

串行口的四种工作方式对应着三种波特率模式。

对于方式 0，波特率是固定的，为 $f_{osc}/12$。

对于方式 2，波特率由振荡频率 f_{osc} 和 SMOD(PCON.7)所决定，其对应公式为

$$波特率 = \frac{2^{SMOD} \times f_{osc}}{64}$$

当 SMOD=0 时，波特率为 $f_{osc}/64$；当 SMOD=1 时，波特率为 $f_{osc}/32$。

对于方式 1 和方式 3，波特率由定时/计数器 T1 的溢出率和 SMOD 决定，即由下式确定：

$$波特率 = 2^{SMOD} \times \frac{定时/计数器T1溢出率}{32}$$

其中，溢出率取决于计数速率和定时器的初值。当利用 TI 作波特率发生器时，通常选用方式 2，即 8 位自动重装初值模式，其中 TL1 作计数器，TH1 存放自动重装的定时初值。因

此，对 T1 初始化时，写入方式控制字 TMOD=00100000B。这样每过"256−x"个机器周期，定时器 T1 就会产生一次溢出，溢出周期为

$$12 \times \frac{256 - x}{f_{osc}}$$

溢出率为溢出周期的倒数，因此，波特率的公式还可写成：

$$\text{波特率} = \left(\frac{2^{SMOD}}{32}\right) \times \left[\frac{f_{osc}}{12 \times (256 - x)}\right]$$

实际应用时，总是先确定波特率，再计算定时器 T1 的定时初值。根据上述波特率的公式，得出计算定时器方式 2 的初值 x 的公式为

$$x = 256 - \frac{f_{osc} \times 2^{SMOD}}{384 \times \text{波特率}}$$

4.3.3 串行通信应用举例

MCS-51 单片机的全双工串行口是可编程的，所以在应用时应先对其进行初始化，即确定串行口的工作方式以及波特率等。

1. 利用串行口扩展并行 I/O 接口

当串行口工作于方式 0 时，是移位寄存器方式，此时可以利用串行口外接移位寄存器将串行口扩展为并行口。

例4.3 利用串行口方式 0 扩展 I/O 接口，接 8 个共阴极数码管，使片内 RAM 的 30H～37H 单元的内容依次显示在 8 个数码管上。

解 串行口工作在方式 0，在 TXD 和 RXD 引脚连接串入并出的移位寄存器 74LS164 即可实现题目要求，利用串行口扩展并行 I/O 口电路图如图 4.13 所示。

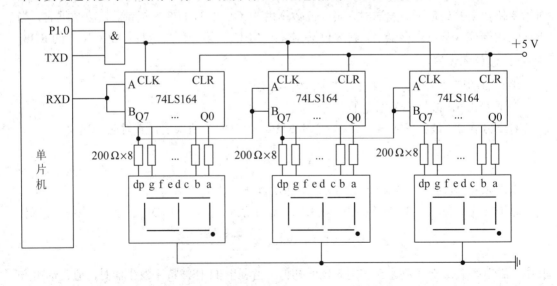

图 4.13 利用串行口扩展并行 I/O 口电路图

参考程序如下：

```
        SETB    P1.0                ; 允许移位寄存器工作
        MOV     SCON，#00H          ; 串行口工作在方式 0
        MOV     R7，#08H            ; 待显示的数据个数
        MOV     R0，#37H            ; R0 指向显示缓冲区末地址
        MOV     DPTR，#TBA          ; DPTR 指向字形表首址
DLO:    MOV     A，R0
        MOVC    A，@A+DPTR          ; 查字形表
        MOV     SBUF，A             ; 送出显示
        JNB     TI，$               ; 一个字符输出完否？
        CLR     TI                  ; 已完，清除中断标志
        DEC     R0                  ; 修改显示缓冲区地址
        DJNZ    R7，DLO             ; 数据全部发送完？未完继续
        CLR     P1.0                ; 发送完，关发送脉冲
        SJMP    $
TBA：   DB      3FH，06H，5BH，4FH，66H，6DH  ; 字形表
        DB      7DH，07H，7FH，6FH，77H，7CH
        DB      39H，5EH，79H，71H，00H，40H
```

2．用串行口作异步通信

串行口工作方式 1、2、3 都是异步通信，它们之间的区别在于字符帧格式和通信波特率不同。双机异步通信的连接线路图如图 4.14 所示。

例 4.4　甲乙两机按工作方式 1 进行串行通信，甲乙双方的 f_{osc}=11.059 MHz，波特率取 2400，甲机将片内 RAM 的 30H 到 3FH 的内容向乙机发送，先发送数据块长度，再发送数据。甲机数据

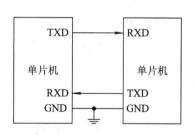

图 4.14　双机异步通信的连接线路图

全部发送完向乙机发送一个累加校验和。乙机接收数据进行累加和校验，若与甲机发送的一致，则发送数据 AAH，表示接收正确；若不一致，则发送数据 BBH，甲机接收到 BBH 后，重发数据。编写程序。

解　当 f_{osc}=11.0592 MHz，波特率取 2400，取 SMOD 为 0，定时/计数器 T1 工作于方式 2 时，计数初值为 0F4H。设 R6 作为数据长度计算器，R5 为累加和寄存器。乙机接收的数据存放于片内 RAM 的 30H 开始的单元。

参考程序如下：

甲机发送数据块子程序：

```
TRT：MOV   TMOD，#20H          ; 定时器 T1 工作于方式 2
     MOV   TH1，#0F4H          ; 置 T1 计数初值
     MOV   TL1，#0F4H
     SETB  TR1                 ; 启动 T1
```

```
          MOV  SCON，#50H          ；串行口设置为方式 1，允许接收
RPT： MOV  R0，#30H             ；发送数据首地址
          MOV  R6，#10H             ；发送数据块长度
          MOV  R5，#00H             ；R5 存放累加和
          MOV  SBUF，R6            ；发送数据块长度
L1：  JBC  TI，L2                 ；发送完，清 TI，转 L2
          AJMP L1                      ；未发送完，等待
L2：  MOV  A，@R0               ；读取数据
          MOV  SBUF，A              ；发送数据
          ADD  A，R5                ；形成累加和送 R5
          MOV  R5，A
          INC  R0                     ；修改地址指针
L4：  JBC  TI，L3                 ；数据发送完，清 TI，转 L3
          AJMP L4                      ；未发送完，等待
L3：  DJNZ  R6，L2              ；判断全部数据发送完否，未完则继续发送
          MOV    SBUF,R5             ；发送完，发送累加和
L6：  JBC   TI,L5                 ；数据发送完，清 TI，转 L5
          AJMP  L6                    ；未发送完，等待
L5：  JBC   RI,L7                 ；等乙机回答，乙机应答后清 RI，转 L7
          AJMP  L5                    ；否则，等待
L7：  MOV  A,SBUF
          CJNZ  A，#0AAH，RPT     ；应答有错，重发(PRT)；应答正确，返回
          RET
```

乙机接收数据块子程序：

```
RSU：    MOV  TMOD,#20H          ；定时器 T1 工作于方式 2
             MOV  TH1,#0F4H          ；置 T1 计数初值
             MOV  TL1,#0F4H
             SETB TR1                  ；启动 T1
             MOV  SCON,#50H         ；串行口设置为方式 1，允许接收
RPT：    MOV  R0,#30H            ；接收数据存放首地址
L0：     JBC  RI,L1               ；等待接收数据长度，接收到，清 RI
             AJMP L0                    ；未接收到，等待
L1：     MOV  A,SBUF
             MOV  R6,A               ；接收数据块长度送 R6
             MOV  R5,#00H            ；累加和存放寄存器 R5 清零
WTD：   JBC  RI,L2               ；等待接收数据，接收到，清 RI
             AJMP WTD                 ；未接收到，等待
L2：  MOV  A，SBUF           ；接收数据
          MOV  @R0,A             ；接收数据存入指定地址
```

```
        INC   R0              ; 修改地址指针
        ADD   A,R5            ; 形成累加和送 R5
        MOV   R5,A
        DJNZ  R6,WTD          ; 数据未接收完，继续接收
L5：    JBC   RI,L4           ; 数据接收完，接收累加和校验码
        AJMP  L5
L4：    MOV   A,SBUF
        XRL   A,R5            ; 判断接收的校验码与计算的校验码是否相同
        JZ    L6              ; 相同，则转 L6
        MOV   SBUF,#0BBH      ; 不同，则发送出错标志
L8：    JBC   TI,L7           ; 数据发送完，清 TI，转 L7
        AJMP  L8              ; 未发送完，等待
L7：    AJMP  RPT             ; 重新接收数据
L6：    MOV   SBUF,#0AAH      ; 接收正确，发送正确标志
L9：    JBC   TI,L10          ; 发送完返回
        AJMP  L9
L10：   RET
```

3. 多机通信

MCS-51 的方式 2 和方式 3 有一个专门的应用领域，即多处理机通信，它可以方便地应用于主从式系统。这种系统采用一台主机和多台从机，主机和各从机可实现全双工通信，其中主机发送的信息可被各从机接收，而各从机发送的信息只能由主机接收，从机与从机之间不能互相直接通信。图 4.15 给出了多机通信连接图。

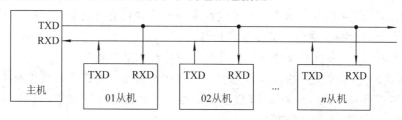

图 4.15 多机通信连接图

多机通信的实现主要靠主、从机直接正确设置与判断多机通信控制位 SM2 和发送或接收的第 9 数据位。

在主从式多机系统中，主机发出的信息有两类：一类为地址，用来确定需要和主机通信的从机，特征是串行传送的第 9 位数据为 1；另一类是数据，特征是串行传送的第 9 位数据为 0。对从机来说，要利用 SCON 寄存器中的 SM2 位的控制功能。在接收时，若 RI=0，则只要 SM2=1，接收总能实现；而若 SM2=0，则发送的第 9 位 TB8 必须为 0 接收才能进行。因此，对于从机来说，在接收地址时，应使 SM2=1，以便接收到主机发来的地址，从而确定主机是否打算和自己通信，一经确认后，从机应使 SM2=0，以便接收 TB8=0 的数据。

主、从多机通信的过程如下：

(1) 使所有的从机的 SM2 位置 1，以便接收主机发来的地址。

(2) 主机发出一帧地址信息，其中包括 8 位需要与之通信的从机地址，第 9 位为 1。

(3) 所有从机接收到地址帧后，各自将所接收到的地址与本机地址相比较，对于地址相同的从机，使 SM2 位清 0 以接收主机随后发来的所有信息；对于地址不符合的从机，仍保持 SM2=1 的状态，对主机随后发来的数据不予理睬，直至发送新的地址帧。

(4) 主机给已被寻址的从机发送控制指令和数据(数据帧的第 9 位为 0)。

习 题 4

1．什么是中断？中断有什么特点？

2．MCS-51 单片机有哪几个中断源？如何设定它们的优先级？

3．中断响应有什么条件？

4．叙述 CPU 响应中断的过程。

5．外部中断有哪两种触发方式？对触发脉冲或电平有什么要求？如何选择和设定？

6．MCS-51 定时/计数器的定时功能和计数功能有什么不同？分别应用在什么场合？

7．MCS-51 单片机的定时/计数器是增 1 计数器还是减 1 计数器？增 1 和减 1 计数器在计数和计算计数初值时有什么不同？

8．简述 MCS-51 单片机定时/计数器四种工作方式的特点，如何选择和设定之？

9．当定时/计数器工作于方式 1 下，晶振频率为 6 MHz 时，请计算最短定时时间和最长定时时间。

10．使用定时器 T0 以工作方式 2 产生 100 μs 定时，在 P1.0 输出周期为 200 μs 的连续正方波脉冲。已知晶振频率 f_{osc}=6 MHz。

11．用定时器 T1 以工作方式 2 实现计数，每计 100 次进行累加器加 1 操作。

12．MCS-51 单片机通信有哪几种方式？各种通信方式有什么异同？

13．什么是串行异步通信？有哪几种帧格式？

14．定时器 T1 作串行口波特率发生器时，为什么采用方式 2？

15．MCS-51 型单片机串行口有哪几种工作方式？简述各种工作方式的特点。

16．利用串行口设计四位静态 LED 显示，画出电路图并编写程序，要求四位 LED 每隔 1 s 交替显示"1234"和"5678"。

17．设计并编程，完成单片机的双机通信程序，将甲机片外 RAM 的 1000H～100FH单元中的数据块通过串行口传送到乙机的 20H～2FH 单元内。

第5章　单片机系统的扩展及接口技术

　　本章介绍了单片机最小系统、系统扩展、常见的芯片及其接口技术，重点介绍了三总线的扩展方法，并通过对实例的讲解，使读者掌握系统扩展的基本内容。

　　从一定意义上说，一片 MCS-51 系列的单片机就相当于一台单板机的功能，这就使得在智能仪器仪表、小型检测及控制系统、家用电器中可直接应用单片机而不必再扩展外围芯片，使用极为方便。但对于一些较大的应用系统，仅就 MCS-51 单片机而言其片内的资源及其所具有的功能将显得不足。比如，单片机的 I/O 口电路只有数据锁存和缓冲功能，而没有状态寄存和命令寄存功能，因此难以满足复杂的 I/O 操作要求。另外，单片机虽然有四个 8 位的双向 I/O 口，但在实际应用中，这些口往往不能全部用于输入与输出，其中大部分被用来构造系统总线。比如，P0 口被作为低 8 位地址线和数据线使用，P2 口被作为高 8 位地址线使用，而 P3 口的第二功能更为重要，其口线多留作控制信号使用。这样，真正能作为数据输入与输出使用的就只有 P1 口了。因此，要想增加 I/O 口的数量及功能，并提高其性能，就必须在片外连接一些外围芯片。这些外围芯片既可能是存储器芯片，也可能是输入/输出接口芯片。

5.1　系统扩展概述

5.1.1　最小应用系统

　　单片机系统的扩展是以最小系统为基础的，故应首先熟悉最小系统的结构。所谓最小系统，也称为最小应用系统，是指一个真正可用的单片机最小配置系统。实际上，内部带有程序存储器的 AT89C51 或 AT89S51 等单片机本身就是一个最小应用系统，许多实际应用系统就是用这种成本低和体积小的单片机结构实现高性能控制的。对于内部无程序存储器的芯片来说，则要用外扩程序存储器的方法才能构成一个最小应用系统。

　　由于 AT89C51、AT89S51 等单片机的片内带有程序存储器，因此只要将其接上时钟电路和复位电路，同时将 $\overline{EA}$ 接高电平，ALE、$\overline{PSEN}$ 信号不用，系统就可以工作了，如图 5.1 所示。该系统的特点

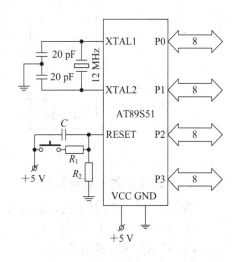

图 5.1　单片机最小应用系统

如下：

(1) 系统有大量的 I/O 线可供用户使用：P0、P1、P2、P3 四个口都可以作为 I/O 口使用。

(2) 内部存储器的容量有限，只有 128 B 的 RAM 和 4 KB 的程序存储器。

(3) 应用系统的开发具有特殊性，由于应用系统的 P0 口、P2 口在开发时需要作为数据和地址总线，因此这两个口上的硬件调试只能用模拟的方法进行。

5.1.2　系统扩展的内容与方法

1. 单片机的三总线结构

当单片机最小系统不能满足系统功能的要求时，就需要进行扩展。为了使单片机能方便地与各种扩展芯片连接，常将单片机的外部连线转换为一般的微型计算机三总线结构形式。对于 AT89S51 单片机，其三总线结构按照下列方式构成。

地址总线：由 P2 口提供高 8 位地址线。P2 口具有输出锁存的功能，能保留地址信息；由 P0 口提供低 8 位地址线，由于 P0 口是地址、数据分时复用口，因此为保存地址信息，需外加地址锁存器以锁存低 8 位的地址。一般都用 ALE 正脉冲信号的下降沿进行锁存。

数据总线：由 P0 口提供。P0 口是双向、输入三态控制的 8 位通道口。

控制总线：由单片机的 4 根控制线：RST、$\overline{\text{PSEN}}$、ALE、$\overline{\text{EA}}$ 以及由 P3 口提供的 P3.6($\overline{\text{WR}}$) 和 P3.7($\overline{\text{RD}}$) 构成。

图 5.2 为 AT89S51 单片机的三总线结构框图。这样一来，扩展芯片与主机的连接方法就同一般三总线结构的微型计算机一样了。对于 MCS-51 系列及其兼容单片机而言，各大公司为其生产了大量的配套外围芯片，使其系统的扩展相当方便。

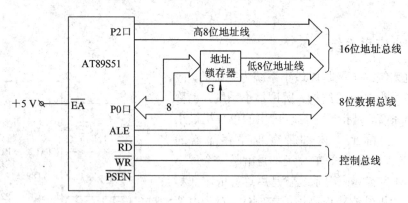

图 5.2　AT89S51 单片机的三总线结构框图

2. 系统扩展的内容与方法

系统扩展一般有以下几方面的内容：

(1) 外部程序存储器的扩展。

(2) 外部数据存储器的扩展。

(3) 输入/输出接口的扩展。

(4) 管理功能器件(如定时/计数器、键盘/显示器、中断优先级编码器等)的扩展。

一般而言，所有计算机扩展连接芯片的外部引脚线都可以归属为三总线结构。扩展连接的一般方法实际上是三总线对接，并要保证单片机和扩展芯片协调一致地工作，即要共同满足其工作时序。单片机系统通常可使用下列器件进行扩展。

(1) 使用 TTL 中、小规模集成电路进行扩展。这是一种常用的简单扩展方法。根据微机系统与总线相连应符合"输出锁存、输入三态"的原则，可以选用 TTL 锁存器作为输出口，三态门作为输入口。例如，可以选用 74LS273、74LS373、8282、8283 等器件作为具有锁存功能的输出口，选用 8282、8287、74LS244、74LS245 等器件作为三态输入口，也可以采用 D 触发器、R-S 触发器作为外设与 CPU 间通信的应答联络控制电路，这种扩展方法适用于较简单的系统扩展。

(2) 采用 Intel MCS-80/85 微处理器外围芯片来扩展。由于 Intel 公司在研制生产 MCS-51 系列单片机产品时使其符合 MCS-80/85CPU 的总线标准，而 AT89S51 单片机完全兼容 MCS-51 系列单片机，因此可以用 MCS-80/85 系列的外围芯片来扩展单片机系统。

(3) 采用为 MCS-48 系列单片机设计的一些外围芯片来扩展。这些芯片中的许多芯片可以直接与 MCS-51 及其兼容系列单片机连接使用。

(4) 采用与 MCS-80/85 外围芯片兼容的其他一些通用标准芯片来扩展。

5.1.3　常用的扩展器件简介

在单片机系统扩展中用到的扩展器件有很多种，这里我们仅简单介绍一些常用的扩展器件。关于这些器件的详细说明可查阅相关数据手册。

1. 8D 锁存器 74LS373

74LS373 是一种带三态门的 8D 锁存器，采用 20 脚 DIP 封装，其引脚排列如图 5.3 所示。图中：

- 1D～8D：8 个输入端。
- 1Q～8Q：8 个输出端。
- G：数据输入端。当 G 为 "1" 时，锁存器输出端(1Q～8Q)与输入端(1D～8D)状态相同(不锁存)；当 G 由 "1" 变为 "0" 时，数据输入锁存器中(锁存)。通常 G 端接到单片机的 ALE 端。

- $\overline{OC}$：输出允许端。当 $\overline{OC}$ 为 "0" 时，三态门打开；当 $\overline{OC}$ 为 "1" 时，三态门关闭，输出呈高阻。通常 $\overline{OC}$ 接地，表示三态门一直打开。

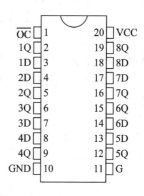

图 5.3　74LS373 的引脚排列图

2. 总线驱动器 74LS244、74LS245

总线驱动器 74LS244 和 74LS245 常用作三态数据缓冲器，其引脚排列如图 5.4 所示。

74LS244 为单向三态数据缓冲器，内部有 8 个三态驱动器，分成两组，分别由控制端 $\overline{1G}$ 和 $\overline{2G}$ 控制。74LS245 为双向三态数据缓冲器，有 16 个三态驱动器，每个方向 8 个，在控制端 $\overline{G}$ 有效(低电平)时，由 DIR 端控制驱动方向。DIR 为 "1" 时方向从左到右(输出允许)，为 "0" 时方向从右到左(输入允许)。

当单片机的 I/O 口需要增加驱动能力时，可根据实际情况采用上述两种总线驱动器。一般而言，74LS245 的引脚排列对于电路连线来说较为方便，并且可进行双向驱动，故使用较多。

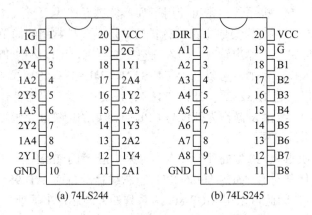

图 5.4　总线驱动器的引脚排列图

3. 3-8 译码器 74LS138

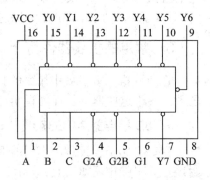

译码电路通常采用译码芯片，如 74LS139(双 2-4 译码器)、74LS138(3-8 译码器)及 74LS154(4-16 译码器)等，其中以 74LS138 最为常用。74LS138 的引脚排列如图 5.5 所示。图中，G1、G2A、G2B 为 3 个控制端，只有 G1 为 "1" 且 G2A、G2B 均为 "0" 时，译码器才能进行译码输出；否则其 8 个输出端全为高阻状态。

具体使用时，G1、G2A 与 G2B 既可直接接 +5 V 端或接地(常有效)，也可参与地址译码，但其译码关系必须为 "100"。必要时也可以通过反相器使输入信号符合要求。

图 5.5　74LS138 的引脚排列图

5.2　存储器的扩展

5.2.1　存储器扩展概述

MCS-51 及其兼容单片机的地址总线宽度为 16 位，因此最大可寻址的外部存储器空间为 64 KB，地址范围为 0000H～0FFFFH。

AT89S51 单片机内部具有 4 KB 程序存储器，当程序大小超过 4 KB 时，就需要进行程序存储器的扩展。另外，其片内数据存储器空间只有 128 B，如果片内的数据存储器不够用，则需进行数据存储器的扩展。

由于 MCS-51 及其兼容单片机对片外程序存储器和数据存储器的操作使用不同的指令和控制信号，所以允许两者的地址空间重叠，因此片外可扩展的程序存储器与数据存储器容量最大都可达到 64 KB。但是，为了配置外围设备而需要扩展的 I/O 口与片外数据存储器因采用统一编址方式，需使用相同的地址空间，故片外数据存储器与 I/O 口共同占用 64 KB 的扩展地址空间。

存储器扩展的核心问题是存储器的编址问题，即为存储单元分配地址的问题。存储器芯片种类繁多，容量不同，引脚数目也不同，但不论何种存储器芯片，其引脚都呈三总线结构，与单片机连接都是三总线对接(现在也有不少串行的存储器芯片，与单片机单线连接)。另外，电源引脚应接到对应的电源线上。

三总线的连接方法如下所述。

(1) 控制线：对于程序存储器，一般来说，具有读操作控制线($\overline{OE}$)，它与单片机的$\overline{PSEN}$相连。对于 EPROM 芯片，其编程状态线(READY/$\overline{BUSY}$)在单片机的查询输入/输出方式下，可与一根 I/O 口线相连；在单片机的中断工作方式下，可与一个外部中断信号输入线相连。

(2) 数据线：数据线的数目由芯片的字长决定。对于 AT89S51 单片机来说，其字长为 8 位，故需要利用 8 根数据线分别与单片机的数据总线(P0.0～P0.7)按由低位到高位的顺序依次相接。

(3) 地址线：地址线的数目由芯片的容量决定，容量(Q)与地址线数目(N)满足关系式：$Q=2^N$。存储器芯片的地址线与单片机的地址总线(A0～A15)按由低位到高位的顺序依次相接。一般来说，存储器芯片的地址线数目总是少于单片机地址总线的数目，单片机剩余的地址线一般可作为译码线，译码输出与存储器芯片的片选信号线相接。

存储器芯片有一根或几根片选信号线。访问存储器芯片时，片选信号必须有效，即选中存储器芯片。片选信号线与单片机系统的译码输出相接后，就决定了存储器芯片的地址范围。

存储器芯片的选择有两种方法：线选法和译码法。

1. 线选法

所谓线选法，就是直接以系统的地址线作为存储器芯片的片选信号，为此只需把用到的地址线与存储器芯片的片选端直接相连即可。线选法编址的优点是简单明了，不需要另外增加译码电路，成本低。但其缺点是浪费了大量的存储空间，因此只适用于存储容量不需要很大的小规模单片机系统。

2. 译码法

所谓译码法，就是使用地址译码器对系统的片外地址进行译码，以其译码输出作为存储器芯片的片选信号。这种方法能有效地利用存储空间，适用于大容量多芯片存储器的扩展。

译码法又有两种，即完全译码法和部分译码法。

(1) 完全译码。地址译码器使用了全部地址线，地址与存储单元一一对应，一个存储单元只占用一个地址。

(2) 部分译码。地址译码器仅使用了部分地址线，地址与存储单元不是一一对应的，而是一个存储单元占用多个地址。如未使用的地址线数为 n，则一个存储单元将占用 2^n 个地址。

使用部分译码法和使用线选法一样，都会浪费大量的存储空间，使存储器的实际容量降低，对于要求存储器容量较大的微机系统来说，通常不会采用。但对于单片机系统而言，由于实际需要的存储器容量大大低于所能提供的容量，并且这两种方法可以简化电路，因此使用较多。

在设计存储器扩展连接或分析扩展连接电路以确定存储器芯片的地址范围时，常采用地址译码关系图，即一种用简单的符号来表示全部地址译码关系的示意图，如图 5.6 所示。假定某存储器芯片进行扩展连接时具有如图 5.6 所示的译码地址线状态，我们以此为例来分析其扩展的地址范围。

A15	A14	A13	A12	A11	A10	A9	A8	A7	A6	A5	A4	A3	A2	A1	A0
·	0	1	0	0	×	×	×	×	×	×	×	×	×	×	×

图 5.6　地址译码关系图

图中，与存储器芯片连接的低 11 位地址线(A0～A10)的地址变化范围为全"0"～全"1"，用"×"表示。参加译码的 4 根地址线(A11～A14)的状态是唯一确定的。A15 位地址线未连接，不参与译码，故其为"0"或者为"1"均可选中该芯片，用"·"表示。

如 A15 为 0，则占用的地址为 0010000000000000B～0010011111111111B，即 2000H～27FFH(最小地址)。

如 A15 为 1，则占用的地址为 1010000000000000B～1010011111111111B，即 A000H～A7FFH(最大地址)。

这样，该存储器芯片共占用了两组地址，这两组地址在使用中同样有效。同时，我们还可以知道，该芯片的存储容量为 2 KB。

3．扩展存储器所需芯片数目的确定

若所选存储器芯片字长与单片机字长一致，则只需扩展容量。所需芯片数目按下式确定：

$$芯片数目 = \frac{系统扩展容量}{存储器芯片容量}$$

若所选存储器芯片字长与单片机字长不一致，则不仅需进行容量扩展，还需进行字长扩展。所需芯片数目按下式确定：

$$芯片数目 = \frac{系统扩展容量}{存储器芯片容量} \times \frac{系统字长}{存储器芯片字长}$$

5.2.2　程序存储器的扩展

在单片机应用系统的扩展中，经常要进行 ROM 的扩展。其扩展方法较为简单，这是由单片机优良的扩展性能决定的。单片机的地址总线为 16 位，扩展的片外 ROM 最大容量为 64 KB，地址为 0000H～0FFFFH。扩展的片外 RAM 的最大容量也为 64 KB，地址也为 0000H～0FFFFH。由于单片机采用不同的控制信号和指令(CPU 对 ROM 的读操作由 $\overline{PSEN}$ 控制，指令用 MOVC 类；CPU 对 RAM 的读操作用 $\overline{RD}$ 控制，指令用 MOVX 类)，因此尽管 ROM 与 RAM 的地址是重叠的，也不会发生混乱。另外，单片机对片内和片外 ROM 的访问使用相同的指令，两者的选择是由硬件实现的：当 $\overline{EA}$ =0 时，选择片外 ROM；当 $\overline{EA}$ =1 时，先片内后片外。

在单片机应用系统中，片外 ROM 和 RAM 共享数据总线和地址总线。片外 ROM 的操作时序如图 5.7 所示。

由图可见，地址锁存控制信号 ALE 上升为高电平后，P2 口输出高 8 位地址 PCH，P0 口输出低 8 位地址 PCL；ALE 下降为低电平后，P2 口信息保持不变，而 P0 口将用来读取片外 ROM 中的指令。因此，低 8 位地址必须在 ALE 降为低电平之前由外部地址锁存器锁存起来。在 $\overline{PSEN}$ 输出负跳变选通片外 ROM 后，P0 口转为输入状态，读入片外 ROM 的指令字节。

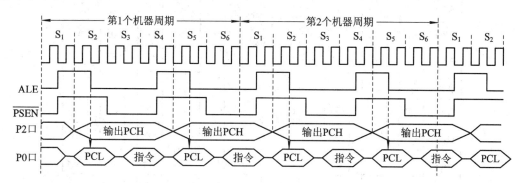

图 5.7　片外 ROM 的操作时序

从图中还可以看出，单片机在访问片外 ROM 的一个机器周期内，信号 ALE 出现两次 (正脉冲)，ROM 选通信号 $\overline{PSEN}$ 也两次有效。这说明在一个机器周期内，CPU 两次访问片外 ROM，即在一个机器周期内可以处理两个字节的指令代码。所以，在指令系统中有很多单周期双字节指令。

单片机系统片外 ROM 扩展通常使用 EPROM 芯片。常用的 EPROM 芯片有 2732、2764、27128、27256、27512 等。它们的容量和引脚都有所区别，但用法类似。这几种 EPROM 芯片的引脚定义如图 5.8 所示。

图 5.8 中相关引脚的功能如下：

- A0～A15：地址线。此线与单片机的地址总线对应相连。
- Q0～Q7：数据线。此线与单片机的数据总线对应相连。
- $\overline{CE}$：片选信号。该信号低电平有效。
- $\overline{OE}$：输出允许。当 $\overline{OE}$ =0 时，输出缓冲器打开，被寻址单元的内容才能被读出。
- VPP：编程电源。当芯片编程时，该引脚加编程电压(不同厂家的芯片其编程电压不一样)；正常使用时，该引脚加+5 V 电源。
- $\overline{PGM}$：编程脉冲输入端。使用时先输入需编程的单元地址，在数据线上加上要写入的数据，使 $\overline{CE}$ 保持低电平，$\overline{OE}$ 为高电平。当上述信号稳定后，在 $\overline{PGM}$ 端加上(50±5)ms 的负脉冲，即可将 1 个字节的数据写到相应的地址单元中。
- NC：不接。在 2764 中，该引脚不用。

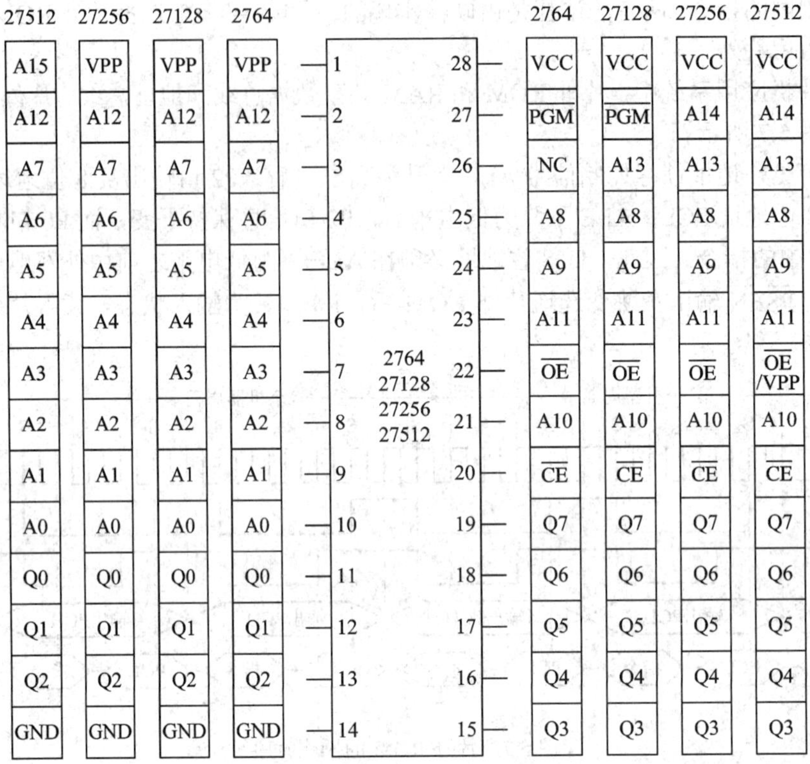

27512	27256	27128	2764			2764	27128	27256	27512
A15	VPP	VPP	VPP	1	28	VCC	VCC	VCC	VCC
A12	A12	A12	A12	2	27	PGM	PGM	A14	A14
A7	A7	A7	A7	3	26	NC	A13	A13	A13
A6	A6	A6	A6	4	25	A8	A8	A8	A8
A5	A5	A5	A5	5	24	A9	A9	A9	A9
A4	A4	A4	A4	6	23	A11	A11	A11	A11
A3	A3	A3	A3	7	22	$\overline{OE}$	$\overline{OE}$	$\overline{OE}$	$\overline{OE}$/VPP
A2	A2	A2	A2	8	21	A10	A10	A10	A10
A1	A1	A1	A1	9	20	$\overline{CE}$	$\overline{CE}$	$\overline{CE}$	$\overline{CE}$
A0	A0	A0	A0	10	19	Q7	Q7	Q7	Q7
Q0	Q0	Q0	Q0	11	18	Q6	Q6	Q6	Q6
Q1	Q1	Q1	Q1	12	17	Q5	Q5	Q5	Q5
Q2	Q2	Q2	Q2	13	16	Q4	Q4	Q4	Q4
GND	GND	GND	GND	14	15	Q3	Q3	Q3	Q3

中间区标注: 2764 27128 27256 27512

图 5.8　几种 EPROM 芯片的引脚定义

下面我们通过一个例子来简单说明一下单片机扩展程序存储器的具体方法。

例 5.1　要求用 2764 芯片来扩展 AT89S51 的片外程序存储器空间，采用完全译码法，分配的地址范围为 0000H～3FFFH。

解　本例采用完全译码法，即所有地址线全部连接，每个单元只占用一个地址。

① 确定片数。题目要求的地址范围为 16 KB，而一片 2764 的地址容量为 8 KB，显然需要两片 2764。

也可按照 5.2.1 节所述的公式计算：

$$芯片数目 = \frac{系统扩展容量}{存储器芯片容量} \times \frac{系统字长}{存储器芯片字长} = \frac{16\,KB}{8\,KB} \times \frac{8\,bit}{8\,bit} = 2$$

② 分配地址范围。根据①的分析，两片 2764 应平均分担 16 KB 的地址，每片 8 KB，故第 1 片 2764 所占用的地址范围为 0000H～1FFFH；第 2 片 2764 所占用的地址范围为 2000H～3FFFH。

③ 画出地址译码关系图。

第 1 片：

P2.7 (A15)	P2.6 (A14)	P2.5 (A13)	P2.4 (A12)					P2.0 (A8)	P0.7 (A7)						P0.0 (A0)
0	0	0	×	×	×	×	×	×	×	×	×	×	×	×	×

第 2 片：

0	0	1	×	×	×	×	×	×	×	×	×	×	×	×	×

图中打"×"部分为片内译码(与单片机地址线对应相连)。对于 2764 来说有 13 位，其地址变化范围为从全"0"变到全"1"，其余部分为片外译码(由单片机剩余的高位地址线与译码器输入相连)。

④ 设计片外译码电路。片外译码电路可采用 74LS138 构成。片外译码只有三根线，即 P2.7、P2.6 和 P2.5，分别接至译码器的 C、B 和 A 输入端。控制端 G1、$\overline{G2A}$ 和 $\overline{G2B}$ 不参与译码，可接成常有效。当 P2.7P2.6P2.5=000 时，输出 $\overline{Y0}$ 有效，选中第 1 片 2764；当 P2.7P2.6P2.5=001 时，输出 $\overline{Y1}$ 有效，选中第 2 片 2764。

⑤ 画出存储器扩展连接图(采用地址译码器的扩展存储器如图 5.9 所示)。

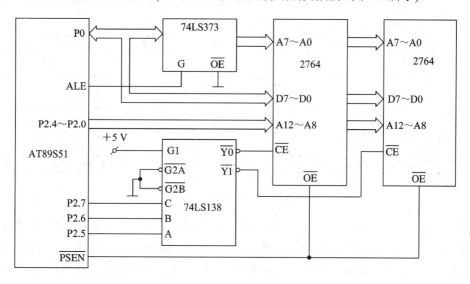

图 5.9　采用地址译码器的扩展存储器连接图

图 5.9 中，74LS138 只用了两个译码输出端，未用的输出端可以保留，以便于今后系统升级使用。

根据实际的应用系统容量要求选择 EPROM 芯片时，应用系统电路应尽可能简化。在满足容量要求的前提下，应尽可能选择大容量、高集成度的芯片，以减少芯片使用数量。

5.2.3　数据存储器的扩展

由于 AT89S51 单片机片内 RAM 仅 128 B，因此系统要求较大容量的数据存储时，就需要扩展片外 RAM，最大可扩展 64 KB。

扩展 RAM 和扩展 ROM 类似，由 P2 口提供高 8 位地址，P0 口分时提供低 8 位地址和 8 位双向数据。片外 RAM 的读和写由单片机的 $\overline{RD}$ 和 $\overline{WR}$ 信号控制，所以，虽然与 ROM 的地址重叠，但不会发生混乱。CPU 对扩展的片外 RAM 进行读和写的操作时序如图 5.10 和图 5.11 所示。

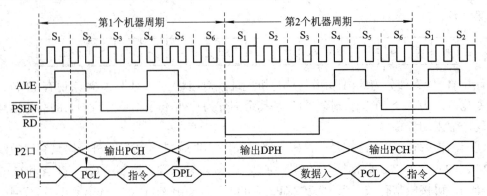

图 5.10 片外 RAM 读时序

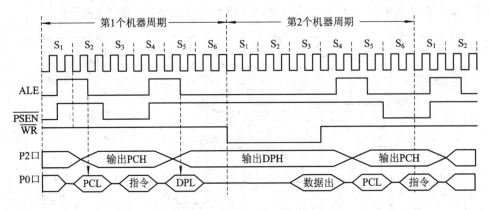

图 5.11 片外 RAM 写时序

由图可知，P2 口输出片外 RAM 的高 8 位地址(DPH)，P0 口输出片外 RAM 的低 8 位地址(DPL)，并由 ALE 的下降沿锁存在地址锁存器中。若接下来是读操作，则 P0 口变为数据输入方式，在读信号 $\overline{RD}$ 有效时，片外 RAM 中相应单元的内容出现在 P0 口上，由 CPU 读入到累加器 A 中；若接下来是写操作，则 P0 口变为数据输出方式，在写信号 $\overline{WR}$ 有效时，将 P0 口上出现的累加器 A 中的内容写入到相应的片外 RAM 单元中。

单片机通过 16 根地址线可分别对片外(最大)64 KB 的 ROM 及 RAM 寻址。在对片外 ROM 操作的整个取指令周期里，$\overline{PSEN}$ 为低电平，以选通片外 ROM，而 $\overline{RD}$ 或 $\overline{WR}$ 始终为高电平，此时片外 RAM 不能进行读/写操作；在对片外 RAM 操作的周期内，$\overline{RD}$ 或 $\overline{WR}$ 为低电平，$\overline{PSEN}$ 为高电平，所以对片外 ROM 不能进行读操作，只能对片外 RAM 进行读/写操作。

单片机系统片外 RAM 扩展通常使用 SRAM 芯片。常用的 SRAM 芯片有 6264、62128、62256 等。与 EPROM 类似，它们的容量和引脚数都不相同，但用法类似。几种 RAM 芯片的引脚定义如图 5.12 所示。

图 5.12 中相关引脚的功能如下：

- A0～A14：地址输入线。
- D0～D7：三态双向数据线。
- $\overline{CE}$：片选(使能)信号输入线，低电平有效。

- $\overline{\text{OE}}$：读选通信号输入线，低电平有效。
- $\overline{\text{WE}}$：写选通信号输入线，低电平有效。
- CS：6264 的片选信号输入线，高电平有效，可用于掉电保护。

用 6264 扩展 8 KB 的 RAM 的电路图如图 5.13 所示。

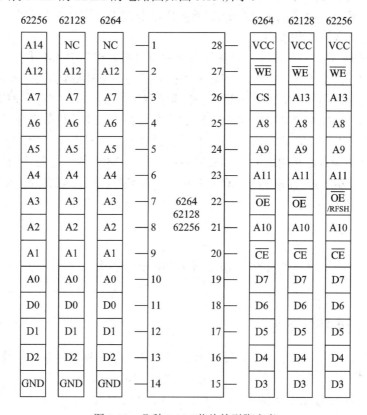

图 5.12　几种 RAM 芯片的引脚定义

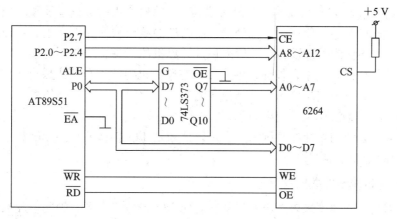

图 5.13　6264 的扩展电路

图 5.13 中利用 P2.7 控制 $\overline{\text{CE}}$ 使能。当 P2.7 为低电平时，6264 被选中，此时，片外 RAM 的地址为 0000H～1FFFH(可利用地址译码关系图得到)。因为只有一片 6264，所以其片选线 CS 接高电平，保持一直有效状态，并可以进行掉电保护。

此外，存储器扩展还经常用到 E^2PROM。E^2PROM 具有 ROM 的非易失性，同时又具有 RAM 的随机存取特性，每个单元可以重复进行 1 万次改写，保留信息的时间长达 20 年。所以，既可以作为 ROM，也可以作为 RAM。

E^2PROM 对硬件电路无特殊要求，操作简便。早期的 E^2PROM 需依靠片外高压电源(约 20 V)进行擦写，现在大多数的 E^2PROM 已将高压电源集成在芯片内，可以直接使用单片机系统的 5 V 电源在线擦除和改写。

利用 E^2PROM 的特点，在单片机应用系统中可以将其作为 RAM 进行扩展。E^2PROM 作为 RAM 时，使用 RAM 的地址、控制信号及操作指令。与 RAM 相比，其擦写时间较长，故在应用中，应根据芯片的要求采用等待、中断或查询的方法来满足擦写时间的要求(一般为 9～15 ms)。作为 RAM 使用时，E^2PROM 的数据可直接与单片机数据总线相连，也可以通过扩展 I/O 与之相连。E^2PROM 的数据改写次数有限，且写入速度慢，不宜用于改写频繁、存取速度高的场合。常用的 E^2PROM 芯片有 2817、2864 等，在芯片的引脚设计上，8 KB 的 E^2PROM 2864 与同容量的 EPROM 2764 和 SRAM 6264 是兼容的，给用户的硬件设计和调试带来了极大的方便。不同型号的 E^2PROM 的引脚说明及具体的扩展电路可参见相关资料。

5.3　I/O 接口技术概述

5.3.1　I/O 接口电路的作用

一个完整的计算机系统除了 CPU、存储器外，还必须有外部设备。计算机系统中共有两类数据传送操作：一类是 CPU 和存储器之间的数据读/写操作；另一类则是 CPU 和外部设备之间的数据输入/输出(I/O)操作。CPU 和存储器之间的数据读/写操作在上文中已述及，这里不再赘述。此处讨论 CPU 和外部设备之间的 I/O 操作。

计算机通过输入/输出设备与外界进行通信。计算机所用的数据以及现场采集的各种信息都要通过输入设备送到计算机进行处理；而处理的结果和计算机产生的各种控制信号又需要通过输出设备送到外部设备。一般来说，计算机的三条总线并不直接和外部设备相连接，而是通过各种接口电路和外部设备连接。在单片机内部本身就集成有一定数量的 I/O 接口电路，可以满足一些简单场合外部设备的需要。但对于一些复杂的系统，单片机内部的 I/O 不够用时，就必须对 I/O 接口进行扩展了。

单片机应用系统的设计在某种意义上可以认为是 I/O 接口芯片的选配和驱动软件的设计。I/O 接口的功能主要有以下几点。

1. 对单片机输出的数据锁存

就对数据的处理速度来讲，单片机往往要比 I/O 设备快得多。因此单片机对 I/O 设备的访问时间大大小于 I/O 设备对数据的处理时间。I/O 接口的数据端口要锁存数据线上瞬间出现的数据，以解决单片机与 I/O 设备的速度协调问题。

2. 对输入设备的三态缓冲

单片机系统的数据总线是双向总线,是所有 I/O 设备分时复用的。设备传送数据时要占用总线,不传送数据时必须对总线呈高阻状态。利用接口的三态缓冲功能,可以实现 I/O 设备与总线的隔离,便于其他设备的总线挂接。

3.信号转换

由于 I/O 设备的多样性,必须利用 I/O 接口实现单片机与 I/O 设备间信号类型(模拟或数字、电流或电压)、信号电平(高或低、正或负)、信号格式(并行或串行)等的转换。

4.时序协调

单片机输入数据时,只有在确知输入设备已向 I/O 接口提供了有效的数据后,才能进行读操作。输出数据时,只有在确知输出设备已做好了接收数据的准备后,才能进行写操作。不同的 I/O 设备的定时与控制逻辑是不同的,与 CPU 的时序往往也是不一致的,这就需要 I/O 接口进行时序的协调。

5.3.2　接口与端口

"接口"的英文是"Interface",具有界面、相互联系等含义。接口这个术语在计算机领域中应用十分广泛。本章所述的接口则特指计算机与外设之间在数据传送方面的联系。其功能主要通过电路来实现,因此也称为接口电路,简称接口。

为了实现接口电路在数据 I/O 传送中的界面功能,在接口电路中应该包含数据寄存器、状态寄存器和命令寄存器,以保存输入/输出数据、状态信息和来自 CPU 的有关数据传送的控制命令。由于在数据的 I/O 传送中,CPU 需要对这些寄存器进行读/写操作,因此这些寄存器都是可读/写的编址寄存器,对它们像存储单元一样进行编址。我们通常把接口电路中这些已编址并能进行读或写操作的寄存器称为端口(Port),简称口。

一个接口电路中可能包含有多个端口,例如保存数据的数据口、保存状态的状态口和保存命令的命令口等,因此一个接口电路就对应着多个口地址。口是供用户使用的,用户在编写有关数据输入/输出程序时,可能会用到接口电路中的各个口,因此要知道它们的设置和编址情况。

从应用的角度来看,接口问题的重点就是如何正确地使用端口。

5.3.3　I/O 的编址方式

在计算机中,凡需进行读/写操作的设备都存在着编址的问题。具体来说,在计算机中有两种需要编址的器件:一种是存储器;另一种就是接口电路。存储器是对存储单元进行编址,而接口电路则是对其中的端口进行编址。对端口编址是为 I/O 操作而进行的,因此也称为 I/O 编址。常用的 I/O 编址有两种方式:独立编址和统一编址。

1.独立编址方式

所谓独立编址,就是把 I/O 和存储器分开进行编址。这样,在一个计算机系统中就形成了两个独立的地址空间:存储器地址空间和 I/O 地址空间,这样,存储器的读/写操作和 I/O 的读/写操作就是针对两个不同存储空间的数据操作。因此在使用独立编址方式的计算机指令系统中,除存储器读/写指令之外,还有专门的 I/O 指令进行数据的输入/输出操作。此外,在硬件上还需在计算机中定义一些专用信号,以便对存储器访问和 I/O 操作进行硬件控制。8086/8088 微处理器组成的计算机系统就是采用的独立编址方式，在其指令系统中具有专门的 I/O 指令(IN 和 OUT)。

独立编址方式的优点是不占用存储器的地址空间，不会减少内存的实际容量；缺点是需用专门的 I/O 指令和控制信号，从而增加了系统的软、硬件复杂性。

2．统一编址方式

统一编址就是把系统中的 I/O 和存储器统一进行编址。在这种编址方式中，把端口当作存储单元来对待，也就是让端口占用存储器单元地址。这种编址又称为存储器映像(Memory Mapped)编址方式。采用这种编址方式的计算机只有一个统一的地址空间，这个空间既供存储器编址使用，也供 I/O 编址使用。

MCS-51 系列单片机就使用这种编址方式，因此在接口电路中的 I/O 编址也采用 16 位地址，和片外 RAM 单元的地址长度一样，而片内的四个 I/O 端口则与片内 RAM 统一编址。

统一编址方式的优点是不需要专门的 I/O 指令，可直接使用存储器指令进行 I/O 操作，不但简单方便、功能强，而且 I/O 地址范围不受限制。其缺点是端口地址占用了一部分存储器地址空间，使存储器的有效容量减少。另外，16 位的端口地址会使地址译码变得复杂，寻址指令长且执行速度慢。

5.3.4　I/O 的传送方式

不同的 I/O 设备需用不同的数据传送方式。在计算机系统中，实现数据的输入/输出传送常用四种控制方式：无条件传送方式、查询传送方式、中断传送方式及直接存储器存取(DMA)方式。CPU 可以用这些方式与 I/O 设备进行数据交换。

1．无条件传送方式

无条件传送也称为同步程序传送，类似于 CPU 和存储器之间的数据传送。这种传送方式不测试 I/O 设备的状态，只在规定的时间到来时，单片机用输入或输出指令来进行数据的输入或输出，即通过程序来定时同步传送数据。无条件传送方式适用于以下两类外设的输入/输出：

(1) 外设的工作速度非常快，足以和 CPU 同步工作。例如，当与计算机的数/模转换器 DAC 之间进行数据传送时，由于 DAC 并行工作，速度很快，因此 CPU 可以随时向其传送数据。

(2) 具有不变的或变化缓慢的数据信号的外设。例如，机械开关、指示灯、发光二极管、数码管等，可以认为它们是随时为输入/输出数据做好准备的。

2．查询传送方式

查询传送又称为条件传送，即数据的传送是有条件的。单片机在执行输入/输出指令前，首先要检测 I/O 接口的状态及端口的状态，以了解外设是否已为数据输入/输出做好了准备。只有在确认外设已"准备就绪"的情况下，CPU 才能执行数据输入/输出操作。通常把通过程序对外设状态的检测称之为"查询"，所以这种方式又称为程序查询方式。查询传送方式与前述无条件的同步传送不同，是有条件的异步传送。

为了实现查询方式的数据传送，需要由接口电路提供外设状态，并以软件方法进行状态测试，因此这是一种软、硬件相结合的数据传送方式。

当单片机工作任务较轻时，应用查询状态传送方式可以较好地协调中、低速 I/O 设备与单片机之间的工作，并且其电路简单、通用性强，查询软件的编制也不复杂，因此适用于各种外部设备的数据传送。其主要缺点是：单片机必须执行程序循环等待，不断测试 I/O 设备的状态，直到 I/O 设备为数据传送准备就绪为止。在等待过程中，由于 CPU 不能进行其他操作，因此会浪费大量的等待时间，工作效率比较低，一般只适用于规模比较小的计算机系统。

3．中断传送方式

由于在查询传送方式中，CPU 主动要求传送数据，而它又不能控制外设的工作速度，因此只能用等待的方法来解决 CPU 和外设工作速度的匹配问题。而在一般的控制系统中，往往有大量的 I/O 设备，有些 I/O 设备还要求单片机为它们进行实时服务。如果采用查询传送方式，除浪费等待时间外，还很难及时地响应 I/O 设备的请求。这时，可以采用中断传送方式。

由于 CPU 的工作速度很快，传送一次数据所需的时间很短，对外设来讲，似乎是对 CPU 发出请求的瞬间，CPU 就实现了相应的功能；对主程序来讲，虽然中断了一个瞬间，但由于时间很短，也不会有什么影响。

中断方式完全取消了 CPU 在查询方式中的等待过程，大大提高了 CPU 的工作效率。在高速计算机系统中，由于采用中断方式，可以将多个外设同时接到 CPU 上去，实现单片机与外设的并行工作。

4．直接存储器存取(DMA)方式

利用中断传送方式，虽然可以提高单片机的工作效率，但它仍需由单片机通过执行程序来传送数据，并在处理中断时，还要进行"保护现场"和"恢复现场"等操作，而这些操作与数据传送没有直接的关系，却依然要占用一定的时间，这对于高速外设以及成组数据交换的场合还是显得较慢。

DMA(Direct Memory Access)方式是一种采用专用硬件电路执行输入/输出的传送方式，它使 I/O 设备可以直接与内存进行高速的数据传送，而不必经过 CPU 执行传送程序，这就不必进行保护现场之类的额外操作，实现了对存储器的直接存取。这种传送方式通常采用专门的硬件，即 DMA 控制器，如 Intel 公司的 8257 及 Motorola 公司的 MC6844等。也有一些单片机在片内集成了 DMA 通道，如 80C152J 或 83C152J 等，在需要时可供选用。

5.4　可编程并行 I/O 接口芯片 8255A

可供单片机进行 I/O 扩展的接口芯片很多，但按其所能实现的扩展功能又可分为两类：一类是只能实现简单扩展的中、小规模集成电路芯片；另一类则是能实现可编程 I/O 扩展的可编程接口芯片。

简单 I/O 扩展可利用 74LS 系列集成电路按照"输出锁存，输入三态"的原则构成，如

5.1.3 节中所述的 74LS244/245 可用于实现简单输入接口的扩展，利用 74LS377(具有使能控制端的 8D 锁存器)可实现简单输出接口的扩展。本节将重点讲述能实现可编程 I/O 扩展的并行接口芯片。这些芯片功能较强，其最大的特点在于工作方式的确定和改变是用程序实现的，因此称之为可编程接口芯片。

在单片机 I/O 扩展中常用的可编程接口芯片有可编程通用并行接口芯片 8255A、带 RAM 和定时/计数器的可编程并行接口芯片 8155 等。

8255A 接口芯片是 Intel 公司生产的标准外围接口电路。它采用 NMOS 工艺制造，用单一+5 V 电源供电，具有 40 条引脚，采用双列直插式封装。它有 A、B、C 三个端口共 24 条 I/O 线，可以通过编程的方法来设定端口的各种 I/O 功能。由于它功能较强，又能方便地与各种微机系统相接，而且在连接外部设备时，通常不需要再附加外部电路，因而得到了广泛的应用。

5.4.1　8255A 的内部结构与引脚

1. 8255A 的内部结构

8255A 的内部结构框图如图 5.14 所示。

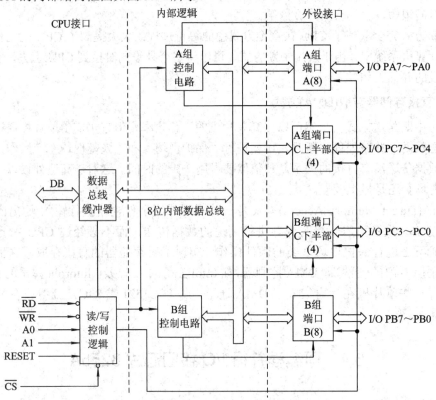

图 5.14　8255A 的内部结构框图

8255A 由以下几部分组成：

(1) 数据端口 A、B、C。8255A 有三个 8 位数据端口，即端口 A、端口 B 和端口 C。编程人员可以通过软件将它们分别作为输入端口或输出端口，这三个端口在不同的工作方式下有不同的功能及特点，如表 5.1 所示。

表 5.1　8255A 端口功能表

工作方式	A 口	B 口	C 口
0	基本输入/输出，输出锁存，输入三态	基本输入/输出，输出锁存，输入三态	基本输入/输出，输出锁存，输入三态
1	应答式输入/输出，输入/输出均锁存	应答式输入/输出，输入/输出均锁存	作为 A 口和 B 口的控制位及状态位
2	应答双向输入/输出，输入/输出均锁存	无方式 2	作为 A 口的控制及状态位

(2) A 组和 B 组控制电路。这是两组根据 CPU 的命令字控制 8255A 工作方式的电路。它们的控制寄存器先接收 CPU 送出的命令字，然后根据命令字分别决定两组的工作方式，也可根据 CPU 的命令字对端口 C 的每一位实现按位"复位"或"置位"。其中：

* A 组控制电路控制端口 A 和端口 C 的上半部(PC7～PC4)。
* B 组控制电路控制端口 B 和端口 C 的下半部(PC3～PC0)。

(3) 数据总线缓冲器。这是一个三态双向的 8 位数据缓冲器，可直接与系统的数据总线相连，以实现 CPU 和 8255A 之间的数据、控制字和状态信息等的传送。

(4) 读/写控制逻辑。读/写控制逻辑电路负责管理 8255A 的数据传输过程。它接收 $\overline{CS}$ 及来自系统地址总线的信号 A1、A0 和控制总线的信号 RESET、$\overline{WR}$、$\overline{RD}$，将这些信号进行组合后，得到对 A、B 两组控制部件的控制命令，并将命令发送给这两个部件，以完成对数据、状态信息和控制信息的传输。

2．8255A 的芯片引脚

8255A 的引脚图如图 5.15 所示。除电源(+5 V)和地外，其他信号可以分为两组：

(1) 与外设相连接的引脚。

* PA7～PA0：A 口数据线。
* PB7～PB0：B 口数据线。
* PC7～PC0：C 口数据线。

(2) 与 CPU 相连的引脚。

* D7～D0：8255A 的数据线，和系统数据总线相连。

* RESET：复位信号，高电平有效。当 RESET 有效时，所有内部寄存器都被清除，同时，三个数据端口被自动设为输入方式。

* $\overline{CS}$：片选信号，低电平有效。只有当 $\overline{CS}$ 有效时，芯片才被选中，允许 8255A 与 CPU 交换信息。

* $\overline{RD}$：读信号，低电平有效。当 $\overline{RD}$ 有效时，CPU 可以从 8255A 中读取输入数据。

* $\overline{WR}$：写信号，低电平有效。当 $\overline{WR}$ 有效时，CPU 可以往 8255A 中写入控制字或数据。

* A1、A0：端口选择信号。8255A 内部有三个数据端口和一个控制端口，当 A1A0=00 时选中端口 A；当 A1A0=01 时选中端口 B；当 A1A0=10 时选中端口 C；当 A1A0=11 时选中控制口。

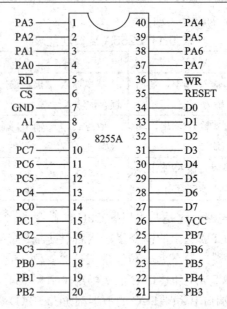

图 5.15　8255A 的引脚图

A1、A0 和 $\overline{\text{RD}}$、$\overline{\text{WR}}$ 及 $\overline{\text{CS}}$ 组合所实现的各种功能如表 5.2 所示。

表 5.2　8255A 端口选择表

A1	A0	$\overline{\text{RD}}$	$\overline{\text{WR}}$	$\overline{\text{CS}}$	操　作
0	0	0	1	0	A 口→数据总线
0	1	0	1	0	B 口→数据总线
1	0	0	1	0	C 口→数据总线
0	0	1	0	0	数据总线→A 口
0	1	1	0	0	数据总线→B 口
1	0	1	0	0	数据总线→C 口
1	1	1	0	0	数据总线→控制寄存器
×	×	×	×	1	数据总线为三态
1	1	0	1	0	非法状态
×	×	1	1	0	数据总线为三态

5.4.2　8255A 的工作方式

8255A 有三种工作方式，即方式 0、方式 1 和方式 2，这些工作方式可用软件编程来设定。

1. 方式 0(基本输入/输出方式)

这种工作方式不需要任何选通信号，A 口、B 口及 C 口的高 4 位和低 4 位都可以设定为输入或输出。作为输出口时，输出的数据均被锁存；作为输入口时，A 口的数据能锁存，B 口和 C 口的数据不能锁存。

在方式 0 下，外设随时可提供数据给微处理器，而外设也随时可接收微处理器送出的数据，数据传送前无需"选通"和"状态"信号，也不必等待中断请求信号，只要$\overline{RD}$或$\overline{WR}$信号有效，就能进行数据传送。另外，C 口的上 4 位、下 4 位在工作方式控制字中可以分别编程。但应注意 C 口的数据传送是以字节为单位进行的，不能单独地读/写上 4 位或者下 4 位。使用时应注意，不要在写一个 4 位口时，使另一个 4 位口的数据发生变化，为此编程时需加屏蔽位。

2．方式 1(选通输入/输出方式)

在这种工作方式下，A 口可由编程设定为输入口或输出口，C 口的三位用来作为输入/输出操作的控制和同步信号；B 口同样可由编程设定为输入口或输出口，C 口的另三位用来作为输入/输出操作的控制和同步信号。在方式 1 下，A 口和 B 口的输入/输出数据都能被锁存。

为了便于阐述问题，我们以 A 口、B 口均为输入或均为输出加以说明。

1) 方式 1 下 A 口、B 口均为输入

在方式 1 下，A 口和 B 口均工作在输入状态时，需利用 C 口的 6 条线作为控制和状态信号线，方式 1 下的信号定义如图 5.16(a)所示。

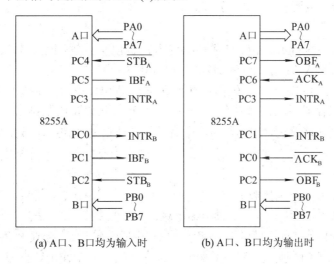

(a) A口、B口均为输入时　　　(b) A口、B口均为输出时

图 5.16　方式 1 下的信号定义

C 口所提供的用于输入的联络信号有：

● $\overline{STB}$(Strobe)：选通脉冲信号(输入)，低电平有效。当外设送来$\overline{STB}$信号时，输入数据装入 8255A 的输入锁存器。

● IBF(Input Buffer Full)：输入缓冲器满信号(输出)，高电平有效。该信号有效时，表明已有一个有效的外设数据锁存于 8255A 的口锁存器中，尚未被 CPU 取走，暂时不能向接口输入数据。这是一个状态信号。

● INTR(Interrupt Request)：中断请求信号(输出)，高电平有效。当 IBF 为高、$\overline{STB}$信号由低变高(后沿)时，该信号有效，向 CPU 发出中断请求。

数据输入过程为：当外设准备好数据输入后，发出$\overline{STB}$信号，输入的数据送入缓冲器。然后 IBF 信号有效(变为高电平)。如使用查询方式，则 IBF 作为状态信号供查询使用；如

使用中断方式，当$\overline{\text{STB}}$信号由低变高时，产生 INTR 信号，向单片机发出中断请求。单片机在响应中断后执行中断服务程序时产生$\overline{\text{RD}}$信号，将数据读入 CPU 中，$\overline{\text{RD}}$信号的下降沿使 INTR 信号变低(失效)，而$\overline{\text{RD}}$信号的上升沿使 IBF 信号变低(失效)，以此通知外设准备下一次数据输入。方式 1 下的输入时序如图 5.17 所示。

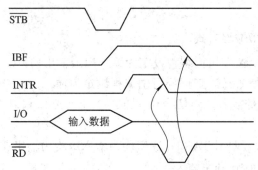

图 5.17　方式 1 下的输入时序

2) 方式 1 下 A 口、B 口均为输出

与输入时一样，也要利用 C 口的 6 根信号线，其定义如图 5.16(b)所示。用于输出的联络信号有：

● $\overline{\text{ACK}}$ (Acknowledge)：外设响应信号(输入)，低电平有效。该信号即当外设取走 CPU 输出的数据后向 8255A 发回的响应信号，并使$\overline{\text{OBF}}$为高电平(失效)。

● $\overline{\text{OBF}}$ (Output Buffer Full)：输出缓冲器满信号(输出)，低电平有效。当单片机把输出数据写入 8255A 锁存器后，该信号有效，并送去启动外设以接收数据。

● INTR：中断请求信号(输出)，高电平有效。当外设处理完一组数据后，$\overline{\text{ACK}}$信号变低。当$\overline{\text{OBF}}$信号变高，$\overline{\text{ACK}}$信号又变高后，使 INTR 有效，并向单片机申请中断，进入下一次输出过程。

数据输出过程为：外设接收并处理完一组数据后，发回$\overline{\text{ACK}}$信号。该信号使$\overline{\text{OBF}}$变高，表明输出缓冲器已空(实际上是表明输出缓冲器中的数据已无保留的必要)。如使用查询方式，则$\overline{\text{OBF}}$可作为状态信号供查询使用；如使用中断方式，则当$\overline{\text{ACK}}$信号结束时，INTR有效，向单片机发出中断请求。在中断服务过程中，把下一个输出数据写入 8255A 的输出缓冲器。写入后$\overline{\text{OBF}}$有效，表明输出数据已到，并以此信号启动外设工作，取走并处理 8255A 中的输出数据。方式 1 下的输出时序如图 5.18 所示。

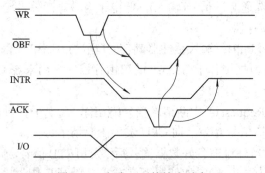

图 5.18　方式 1 下的输出时序

应当指出，当 8255A 的 A 口和 B 口同时为方式 1 的输入或输出时，需使用 C 口的 6 条线，C 口剩下的 2 条线还可以用程序来指定数据的传送方向是输入还是输出，而且也可以对它们实现置位或复位操作。当只有一个口工作在方式 1 时，则 C 口剩下的 5 条线也可按照上述情况工作。

3. 方式 2(双向数据传送方式)

8255A 只有 A 口具有这种双向输入/输出工作方式，实际上是在方式 1 下 A 口输入/输出的结合。在这种方式下，A 口为 8 位双向传输口，C 口的 PC7～PC3 用来作为输入/输出的同步控制信号。当 A 口工作于方式 2 下时，B 口和 PC2～PC0 只能编程为方式 0 或者方式 1 工作，而 C 口剩下的 3 条线可作为输入或输出线使用或用作 B 口在方式 1 下工作时的控制线。

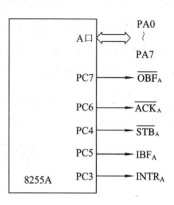

图 5.19　方式 2 下的信号定义

当 A 口工作于方式 2 时，方式 2 下的信号定义如图 5.19 所示(其中的控制信号与前述相同)。

在方式 2 下，其输入/输出的操作时序如图 5.20 所示。

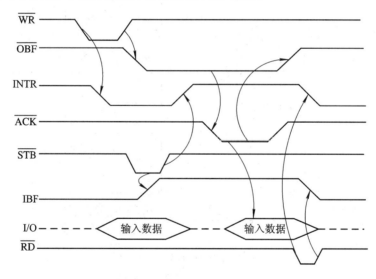

图 5.20　方式 2 下的时序

1) 输入操作

当外设向 8255A 送数据时，选通信号 $\overline{STB}$ 也同时送到，选通信号将数据锁存到 8255A 的输入锁存器中，从而使输入缓冲器满信号 IBF 成为高电平(有效)，告诉外设 A 口已收到数据。选通信号结束时，使中断请求信号为高，向 CPU 请求中断。

当 CPU 响应中断进行读操作时，会发出读信号 $\overline{RD}$。该信号有效后，将数据从 8255A 读到 CPU 中，于是 IBF 信号又变成低电平，且中断请求信号 INTR 也变为低电平。

2) 输出操作

CPU 响应中断，当用输出指令向 8255A 的 A 端口中写入一个数据时，会发出写脉冲信号 $\overline{WR}$。该信号一方面使中断请求信号 INTR 变低，另一方面使输出缓冲器满信号 $\overline{OBF}$ 变低，通知外设可从 A 口读取数据。当外设读取数据时，给 8255A 发出一个 $\overline{\text{ACK}}$ 信号，接通 A 口的三态门，将数据送至 8255A 与外设之间的数据连线上。$\overline{\text{ACK}}$ 信号同时也使 $\overline{\text{OBF}}$ 变为无效(高电平)，从而开始下一个数据的传输过程。

5.4.3　8255A 的控制字及初始化

8255A 是可编程接口芯片，以控制字形式对其工作方式以及 C 口各位的状态进行设置。因此它有两种控制字：工作方式控制字和 C 口置位/复位控制字。

1. 工作方式控制字

工作方式控制字用于确定各口的工作方式及数据的传送方向，8255A 工作方式控制字如图 5.21 所示。

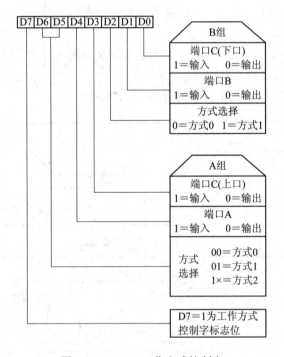

图 5.21　8255A 工作方式控制字

说明如下：

(1) A 口有三种工作方式，而 B 口只有两种工作方式。

(2) A 组包括 A 口与 C 口的高 4 位，B 组包括 B 口与 C 口的低 4 位。

(3) 在方式 1 或方式 2 下，将 C 口定义为输入或输出不影响作为联络线使用的 C 口各位的功能。

(4) 最高位(D7)是标志位，其值固定为 1，用于表明本字节是方式控制字。

2. C 口置位/复位控制字

在一些应用情况下，C 口用来定义控制信号和状态信号，因此 C 口的每一位都可以进行置位或复位。对 C 口各位的置位或复位是由置位/复位控制字进行控制的。C 口置位/复位控制字如图 5.22 所示。

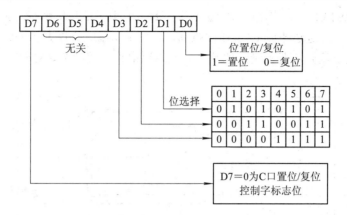

图 5.22　C 口置位/复位控制字

D7 位是该控制字的标志，其状态固定为 0。

在使用中，该控制字每次只能对 C 口中的一位进行置位或复位。应该注意的是，作为联络线使用的 C 口各位是不能采用置位/复位操作来使其置位或复位的，其数值应视现场的具体情况而定。

3．8255A 的初始化编程

对任何可编程的接口芯片，在使用前都必须对其进行初始化。8255A 的初始化就是向控制字寄存器写入工作方式控制字和 C 口置位/复位控制字。这两个控制字可按同一个地址写入且不受先后顺序限制。由于两个控制字标志位的状态不同，因此 8255A 能加以区分。

例如对 8255A 各口作如下设置：A 口方式 0 输入；B 口方式 1 输出；C 口高 4 位输出，低 4 位输入。设控制字寄存器地址为 3AH，则其工作方式控制字可设置为

- D0=1：C 口低 4 位输入。
- D1=0：B 口输出。
- D2=1：B 口方式 1。
- D3=0：C 口高 4 位输出。
- D4=1：A 口输入。
- D6D5=00：A 口方式 0。
- D7=1：工作方式控制字标志。

因此，工作方式控制字为：10010101B，即 95H。初始化程序段为

```
        MOV     R0，#3AH
        MOV     A，#95H
        MOVX    @R0，A
```

若要使端口 C 的 D3 置位，则控制字为 00000111B，即 07H；若要使 D3 复位，则控制字为 00000110B，即 06H。依上述方法，按同一个地址再写入一次即可。

5.4.4　8255A 与系统的连接方法

由于 8255A 是 Intel 公司专为其主机配套设计制造的标准化外围接口芯片，因此，它与 MCS-51 及其兼容单片机的连接比较简单方便。

单片机扩展的 I/O 接口均与片外 RAM 统一编址。由于单片机系统片外 RAM 的实际容量一般均不太大，远远达不到 64 KB 的范围，因此 I/O 接口芯片大多采用部分译码法或线选法。这种方法虽然要浪费大量的地址号，但译码电路比较简单。8255A 与单片机的连接如图 5.23 所示。

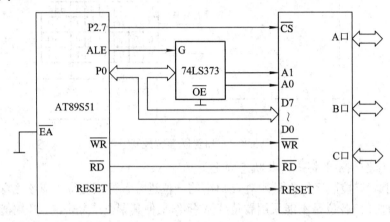

图 5.23　8255A 与单片机的连接

图 5.23 中，P0 口为地址/数据复用口。数据通过 P0 口直接传送，地址的低 8 位通过锁存器 74LS373 得到，而地址的高 8 位则由 P2 口传送。系统采用线选法，利用高 8 位地址线的 P2.7 作为线选信号，直接与 8255A 的片选端 $\overline{CS}$ 相连，而 A1、A0 则与地址的最末 2 位相连。由图 5.23 中所示接法，可得到 8255A 各个端口的地址如下：

- A 口：0000H。
- B 口：0001H。
- C 口：0002H。

控制口(控制寄存器)：0003H。

由于采用部分译码方法，尚有 13 根地址线未用，因此地址 0000H～0003H 只是所有可能地址中地址号最小的一组。当系统中接口芯片较多时，则应采用地址译码的方法。

5.5　A/D 转换器接口

在单片机测控应用系统中，被采集的实时信号有许多是连续变化的物理量，如温度、压力、速度、电流、电压等。由于计算机只能处理数字量，因此就需要将连续变化的物理量转换成数字量，即 A/D 转换。A/D 转换通常都由专门的电路完成，这就出现了单片机和 A/D 转换电路的接口问题。

5.5.1　A/D 转换器概述

A/D 转换器用以实现模拟量向数字量的转换。在设计 A/D 转换器与单片机接口之前，往往要根据 A/D 转换器的原理及技术指标选择 A/D 转换器。常用的 A/D 转换器按转换原理有计数式、双积分式、逐次逼近式及并行式等。

目前最常用的是双积分式和逐次逼近式。双积分式 A/D 转换器的主要优点体现为转换精度高、抗干扰性能好、价格便宜；缺点是转换速度较慢。因此，这种转换器主要用于速度要求不高的场合。常用的产品有 ICL7106/ICL7107/ICL7126 系列、MC14433 以及 ICL7135 等。逐次逼近式 A/D 转换器是一种速度较快、精度较高的转换器，其转换时间大约在几微秒到几百微秒之间。常用的这类芯片有 ADC0801～ADC0805、ADC0808/0809、ADC0816/0817 等 8 位 MOS 型 A/D 转换器及 AD574 快速 12 位 A/D 转换器等。

A/D 转换器的主要指标是量化间隔和量化误差。量化间隔可用下式表示：

$$\Delta = \frac{满量程输入电压}{2^n - 1} \approx \frac{满量程输入电压}{2^n}$$

其中，n 为 A/D 转换器的位数。

量化误差有两种表示方法，一种是绝对量化误差；另一种是相对量化误差。它们可分别由下列公式求得。

绝对量化误差：

$$\varepsilon = \frac{量化间隔}{2} = \frac{\Delta}{2}$$

相对量化误差：

$$\varepsilon = \frac{1}{2^{n+1}} \times 100\%$$

例如，当满量程电压为 5 V 时，采用 10 位 A/D 转换器的量化间隔、绝对量化误差、相对量化误差分别为

$$\Delta = \frac{5}{2^{10}} = 4.88 \text{ mV}$$

$$\varepsilon = \frac{\Delta}{2} = 2.44 \text{ mV}$$

$$\varepsilon = \frac{1}{2^{11}} = 0.000\,49 = 0.049\%$$

5.5.2　ADC0809 及其与系统的连接

A/D 转换器(ADC)与单片机接口具有硬、软件相依性。一般来说，A/D 转换器与单片机的接口主要考虑的是数字量输出线的连接、ADC 启动方式、转换结束信号处理方法以及时钟的连接等。

A/D 转换器数字量输出线与单片机的连接方法与其内部结构有关。对于内部带有三态锁存数据输出缓冲器的 ADC(如 ADC0809、AD574 等)，可直接与单片机相连。对于内部不带锁存器的 ADC，一般通过锁存器或并行 I/O 接口与单片机相连。在某些情况下，为了增强控制功能，那些带有三态锁存数据输出缓冲器的 ADC 也常采用 I/O 接口连接。还有，随着位数的不同，ADC 与单片机的连接方法也不同。对于 8 位 ADC，其数字输出可与 8 位单片机数据线对应相接。对于 8 位以上的 ADC，与 8 位单片机相接必须增加读取控制逻辑，把 8 位以上的数据分多次读取。为了便于连接，一些 ADC 产品内部已带有读取控制逻辑，而对于内部不包含读取控制逻辑的 ADC，在与 8 位单片机连接时，应增设三态缓冲器，以对转换后的数据进行锁存。

一个 ADC 开始转换时，必须要加一个启动转换信号，这一启动信号要由单片机提供。不同型号的 ADC，对于启动转换信号的要求也不同，一般分为脉冲启动和电平启动两种。对于脉冲启动型 ADC，只要给其启动控制端上加一个符合要求的脉冲信号即可，如 ADC0809、AD574 等，通常用 $\overline{\text{WR}}$ 和地址译码器的输出经一定的逻辑电路进行控制。对于电平启动型 ADC，当把符合要求的电平加到启动控制端上时，立即开始转换。在转换过程中，必须保持这一电平，否则会终止转换的进行。因此，在这种启动方式下，单片机的控制信号必须经过锁存器保持一段时间，一般采用 D 触发器、锁存器或并行 I/O 接口等来实现。AD570、AD571 等都属于电平启动型 ADC。

　　当 ADC 转换结束时，ADC 输出一个转换结束标志信号，通知单片机读取转换结果。单片机检查判断 A/D 转换结束的方法一般有中断和查询两种。对于中断方式，可将转换结束标志信号接到单片机的中断请求输入线上或允许中断的 I/O 接口芯片的相应引脚上，作为中断请求信号；对于查询方式，可把转换结束标志信号经三态门送到单片机的某一位 I/O 口线上，作为查询状态信号。

　　A/D 转换器的另一个重要连接信号是时钟，其频率是决定芯片转换速度的基准。整个 A/D 转换过程都是在时钟的作用下完成的。A/D 转换时钟的提供方法有两种：一种是由芯片内部提供(如 AD574)，一般不允许外加电路；另一种是由外部提供，有的用单独的振荡电路产生，更多的则把单片机输出时钟经分频后，送到 A/D 转换器的相应时钟端。这里只介绍 ADC0809 与单片机的接口方法。

1. ADC0809 芯片简介

　　ADC0809 是 8 位逐次比较式 A/D 转换芯片，具有 8 路模拟量输入通道，ADC0809 芯片的内部逻辑结构与引脚如图 5.24 所示。

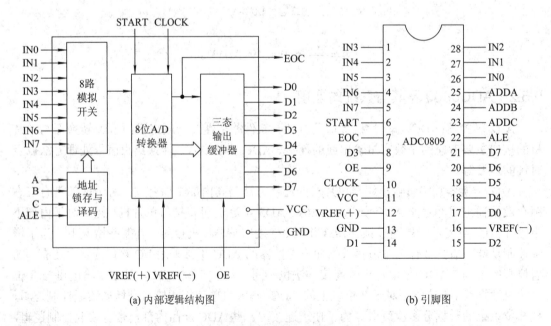

(a) 内部逻辑结构图　　　　　　　　　　　　　　　　(b) 引脚图

图 5.24　ADC0809 芯片的内部逻辑结构与引脚

　　图 5.24 中，8 路模拟开关可选通 8 个模拟量，允许 8 路模拟量分时输入，并共用一个

A/D 转换器进行转换。地址锁存与译码电路完成对 A、B、C 三个地址位进行锁存和译码的功能，其译码输出用于通道选择，如表 5.3 所示。8 位 A/D 转换器为逐次逼近式，由控制与时序电路、逐次逼近寄存器、树状开关及 256 个电阻梯形网络等组成。三态输出锁存器用于存放和输出转换得到的数字量。

表 5.3 ADC0809 通道选择表

C (ADDC)	B (ADDB)	A (ADDA)	选择的通道
0	0	0	IN0
0	0	1	IN1
0	1	0	IN2
0	1	1	IN3
1	0	0	IN4
1	0	1	IN5
1	1	0	IN6
1	1	1	IN7

ADC0809 芯片为 28 引脚双列直插式封装，其引脚简介如下：

• IN7～IN0：模拟量输入通道。ADC0809 对输入模拟量的主要要求有：信号单极性、电压范围为 0～5 V。如输入信号幅度过小还需进行放大。另外，输入模拟量在 A/D 转换过程中其值不应变化，如输入模拟量变化速度较快，则在输入前应增加采样保持器电路。

• ADDA、ADDB、ADDC：模拟通道地址线。这三根线用于对模拟通道进行选择，如表 5.3 所示。ADDA 为低地址，ADDC 为高地址。

• ALE：地址锁存信号。对应于 ALE 上跳沿时，ADDA、ADDB、ADDC 地址状态送入地址锁存器中。

• START：转换启动信号。在 START 信号上跳沿时，所有内部寄存器清 0；在 START 下跳沿时，开始进行 A/D 转换。在 A/D 转换期间，START 信号应保持低电平。

• D7～D0：数据输出线。该数据输出线为三态缓冲形式，可以与单片机的数据总线直接相连。

• OE：输出允许信号。它用于控制三态输出锁存器向单片机输出转换后的数据。OE=0 时输出数据线呈高阻状态；OE=1 时允许输出。

• CLK：时钟信号。ADC0809 的内部没有时钟电路，所需时钟信号由外界提供，通常使用 500 kHz 的时钟信号。

• EOC：转换结束状态信号。当 EOC=0 时，表示正在进行转换；当 EOC=1 时，表示转换结束。实际使用中，该信号既可作为查询的状态标志，也可作为中断请求信号。

• VCC：+5 V 电源。

• VREF：参考电压。参考电压作为逐次逼近的基准，并用来与输入的模拟信号进行比较。其典型值为+5 V(VREF(+)=+5 V、VREF(−)=0 V)。

2. ADC0809 与单片机的接口

电路的连接主要考虑两个问题：一是 8 路模拟信号的通道选择；二是 A/D 转换完成后

转换数据的传送。典型的 ADC0809 与单片机的连接如图 5.25 所示。

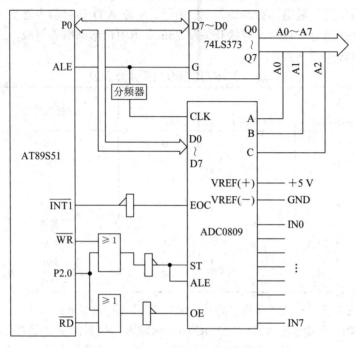

图 5.25　ADC0809 与单片机的连接

1) 8 路模拟通道的选择

图 5.25 中，ADC0809 的转换时钟由单片机的 ALE 提供。因 ADC0809 的典型转换频率在 640 kHz 以下，ALE 信号频率与晶振频率有关，如果晶振频率为 12 MHz，则 ALE 的频率为 2 MHz，所以 ADC0809 的时钟端 CLK 与单片机的 ALE 相连时，要考虑分频。ADDA、ADDB、ADDC 分别接系统地址锁存器提供的末 3 位地址，只要把 3 位地址写入 ADC0809 中的地址锁存器，就实现了模拟通道的选择。对系统来说，ADC0809 的地址锁存器是一个输出口，为了把 3 位地址写入，还要提供口地址。图 5.25 中使用线选法，口地址由 P2.0 确定，同时以 $\overline{WR}$ 作为写选通信号，$\overline{RD}$ 作为读选通信号。

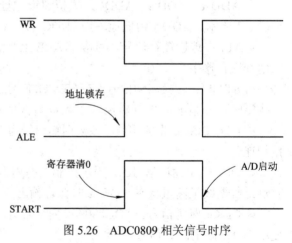

图 5.26　ADC0809 相关信号时序

从图 5.25 中可以看到，ALE 信号与 START(ST)信号连在一起，这样连接可以在信号的前沿写入地址信号，在其后沿便启动转换。ADC0809 相关信号时序如图 5.26 所示。

启动 A/D 转换只需使用一条 MOVX 指令。例如要选择 IN0 通道时，可采用如下指令：

```
MOV     DPTR，#0FE00H      ；送入 0809 的口地址
MOVX    @DPTR，A           ；启动 IN0 进行 A/D 转换
```

注意：此处的累加器 A 的内容与 A/D 转换无关，可为任意值。使用 MOVX 指令仅仅是为了让单片机输出一个有效的 $\overline{\text{WR}}$ 信号，以启动 A/D 转换。

2) 转换数据的传送

A/D 转换后得到的数据为数字量，这些数据应传送给单片机进行处理。数据传送的关键问题是如何确认 A/D 转换的完成，因为只有确认数据转换完成后，才能进行传送。通常可采用下述三种方式。

(1) 定时传送方式。对于一种 A/D 转换器来说，转换时间作为一项技术指标是已知和固定的。例如 ADC0809 的转换时间在时钟频率为 500 kHz 时约为 128 μs。可据此设计一个延时子程序，A/D 转换启动后即调用这个子程序，延迟时间一到，表明转换结束，即可进行数据传送。

(2) 查询方式。A/D 转换芯片有表示转换结束的状态信号，例如 ADC0809 的 EOC 端。因此可用软件测试 EOC 的状态，来判断转换是否结束，若转换结束则接着进行数据传送。

(3) 中断方式。如果把表示转换结束的状态信号 EOC 作为中断请求信号，那么，便可以中断方式进行数据传送。

不管使用上述哪种方式，一旦确认了转换结束，便可通过指令进行数据传送。所用的指令如下：

　　　　MOV　　　DPTR，#0FE00H
　　　　MOVX　　A，@DPTR

该指令在送出有效口地址的同时，发出 $\overline{\text{RD}}$ 有效信号，使 0809 的输出允许信号 OE 有效，从而打开三态门输出，使转换后的数据通过数据总线送入累加器 A 中。

这里需要说明的是，ADC0809 的三个地址端 ADDA、ADDB、ADDC 既可以如前所述与地址线相连，也可与数据线相连，例如与 D0～D2 相连，ADC0809 与系统的另一种连接方法如图 5.27 所示。这时启动 A/D 转换的指令与上述类似，只不过 A 的内容不能为任意值，而必须和所选输入通道号 IN0～IN7 相一致。

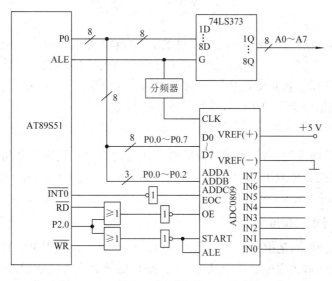

图 5.27　ADC0809 与系统的另一种连接方法

当 ADDA、ADDB、ADDC 分别与 D0、D1、D2 相连时，启动 IN7 的 A/D 转换指令如下：

```
MOV     DPTR，#0FE00H        ；送入 0809 的口地址
MOV     A，#07H              ；D2D1D0=111，选择 IN7 通道
MOVX    @DPTR，A             ；启动 A/D 转换
```

这里，由于 0809 没有与系统的地址线相连，因此第一条指令中的地址只需保证 P2.0 为"0"并且不与系统中其他 I/O 接口或者存储器地址冲突即可。

5.6　D/A 转换器接口

5.6.1　D/A 转换器的技术指标

D/A 转换器(DAC)是单片机应用系统与外部模拟对象之间的一种重要控制接口。单片机输出的数字信号必须经 D/A 转换器，变换为模拟信号后，才能对控制对象进行控制。这就涉及 D/A 转换接口的问题。

在设计 D/A 转换器与单片机接口之前，通常也要根据 D/A 转换器的技术指标选择 D/A 转换器芯片。有关 D/A 转换器的技术指标较多，例如绝对精度、相对精度、线性度、输出电压范围、温度系数、输入数字代码种类(二进制或 BCD 码)等。这里仅对部分技术指标作简要介绍。

1. 分辨率

分辨率是指输入数字量的最低有效位(LSB)发生变化时，所对应的输出模拟量(常为电压)的变化量。分辨率是 D/A 转换器对输入量变化敏感程度的描述，与输入数字量的位数有关。对于线性 D/A 转换器来说，如果其输入数字量的位数为 n，则其分辨率 Δ 可表示为

$$\Delta = \frac{\text{模拟量输出的满量程值}}{2^n}$$

这意味着 D/A 转换器能对大小为满刻度的 2^{-n} 的输入量做出反应。例如，8 位 D/A 的分辨率为满刻度的 1/256，10 位 D/A 的分辨率为满刻度的 1/1024 等。显然，输入的数字量的位数越多，分辨率就越高(数值越小)，也即 D/A 转换器对输入量变化的敏感程度也就越高。使用时，应根据分辨率的需要来选定转换器的位数。

2. 线性度

线性度(也称非线性误差)是实际转换特性曲线与理想的直线特性之间的最大偏差。通常以相对于满刻度的百分数来表示。如某 D/A 转换器的线性度为±1%，说明其实际输出值与理论值之差在满刻度的±1%以内。

3. 绝对精度与相对精度

绝对精度(简称精度)是指在整个刻度范围内，任一输入数码所对应的模拟量实际的输出值与理论值之间的最大误差。绝对精度是由 DAC 的增益误差(当输入数码为全 1 时，实际输出值与理想输出值之差)、零点误差(数码输入为全 0 时 DAC 的非零输出值)、非线性误

差和噪声等引起的。绝对精度(即最大误差)应小于 1 个 LSB。

相对精度用最大误差除以满刻度的百分比表示。

4．建立时间

建立时间是指输入的数字量发生满刻度变化时，输出模拟信号达到满刻度值的±1/2 个 LSB 所需的时间。这是描述 DAC 转换速率的一个动态指标。电流输出型 DAC 的建立时间短，电压输出型 DAC 的建立时间主要决定于运算放大器的响应时间。根据建立时间的长短，可以将 DAC 分成超高速(小于 1 μs)、高速(10～1 μs)、中速(100～10 μs)和低速(大于等于 100 μs)等。

应注意：精度和分辨率具有一定的联系，但概念不同。DAC 的位数较多时，分辨率会提高，相应地影响精度的量化误差会减小。但其他误差(如温度漂移、线性不良等)的影响仍会使 DAC 的精度变差。

5.6.2　DAC0832 及其与系统的连接

1．DAC0832 芯片简介

DAC0832 是一个典型的 8 位 D/A 转换器，采用单电源供电，电源电压在+5～+15 V 范围内均可正常工作。基准电压的范围为±10 V。电流输出时其电流建立时间约为 1 μs，当需要转换为电压输出时，可外接运算放大器。CMOS 工艺为低功耗设计，功耗约为 20 mW。

DAC0832 由一个 8 位输入寄存器、一个 8 位 DAC 寄存器和一个 8 位 D/A 转换器及逻辑控制电路组成。DAC0832 内部结构框图如图 5.28 所示。

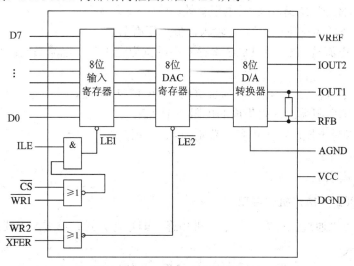

图 5.28　DAC0832 内部结构框图

由图 5.28 可见，输入寄存器和 DAC 寄存器构成了两级缓存，使用时，数据输入可以采用双缓冲形式、单缓冲形式和直通形式。由三个门电路组成寄存器输出控制电路，可直接进行数据锁存控制：当 $\overline{LE1}$(或 $\overline{LE2}$)= 0 时，输入数据被锁存；当 $\overline{LE1}$(或 $\overline{LE2}$)= 1 时，数据不锁存，锁存器的输出跟随输入变化。

DAC0832 为电流输出形式，其两个输出端电流的关系为

$$IOUT1 + IOUT2 = 常数$$

为了得到电压输出，可在电流输出端接一个运算放大器，如图 5.29 所示。在 DAC0832 内部已有反馈电阻 RFB，其阻值为 15 kΩ。若需加大阻值，则可外接反馈电阻。

DAC0832 为 20 脚双列直插封装，其引脚排列如图 5.30 所示。

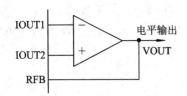

图 5.29　DAC0832 电压输出电路　　　　　图 5.30　DAC0832 引脚排列

图 5.30 的各引脚功能如下：

- D7～D0：换数据输入端。
- $\overline{CS}$：片选信号。输入，低电平有效。
- ILE：数据锁存允许信号。输入，高电平有效。
- $\overline{WR1}$：写信号 1。输入，低电平有效。
- $\overline{WR2}$：写信号 2。输入，低电平有效。
- $\overline{XFER}$：数据传送控制信号。输入，低电平有效。
- IOUT1：电流输出 1。当 DAC 寄存器中各位为全 1 时，电流最大；为全 0 时，电流为 0。
- IOUT2：电流输出 2。电路中保证 IOUT1+IOUT2=常数。
- RFB：反馈电阻端。片内集成的电阻为 15 kΩ。
- VREF：参考电压。可正可负，范围为 –10～+10 V。
- DGND：数字地。
- AGND：模拟地。

2．DAC0832 与单片机的接口

DAC0832 可以通过三种方式与单片机相连，即直通方式、单缓冲方式及双缓冲方式。

1) 直通方式

当 DAC0832 的片选信号 $\overline{CS}$，写信号 $\overline{WR1}$、$\overline{WR2}$ 及传送控制信号 $\overline{XFER}$ 的引脚全部接地，允许输入锁存信号 ILE 引脚接+5 V 时，其工作于直通方式，数字量一旦输入，就直接进入 DAC 寄存器，进行 D/A 转换，但由于直通方式不符合单片机接口"输出锁存、输入三态"的原则，不能直接与系统的数据总线相连，需另加锁存器，故较少应用。

2) 单缓冲方式

所谓单缓冲方式，就是使 DAC0832 的两个寄存器中有一个处于直通方式，而另一个处于受控的锁存方式，当然也可以使两个寄存器同时选通及锁存。因此，单缓冲方式有三

种不同的连接方法，DAC0832 的三种单缓冲连接方法如图 5.31 所示。在实际应用中，如果只有一路模拟量输出，或虽有几路模拟量输出但并不要求同步，就可以采用单缓冲方式。

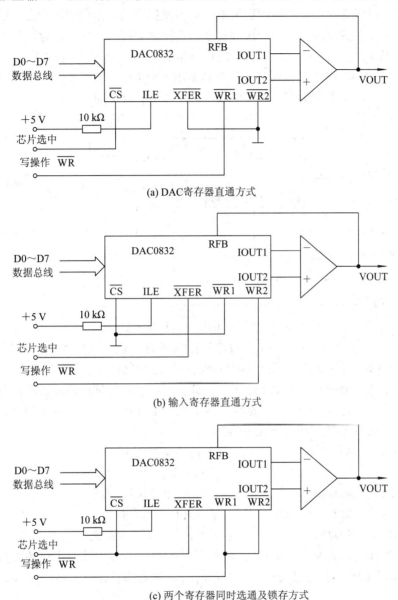

图 5.31 DAC0832 的三种单缓冲连接方法

在使用 DAC0832 时，应注意下述两点：第一是 $\overline{WR}$ 选通脉冲应有一定的宽度，通常要求大于 500 ns，尤其是选择+5 V 电源时更应满足此要求，如电源选+15 V，则 $\overline{WR}$ 的脉冲宽度只需大于 100 ns 就可以了，此时为器件最佳工作状态；第二是保持数据输入有效时间不小于 90 ns，否则将锁存错误数据。

3) 双缓冲方式

所谓双缓冲方式，就是把 DAC0832 的两个锁存器都接成受控锁存方式。由于芯片中

有两个数据寄存器，这样就可以将 8 位输入数据先保存在"输入寄存器"中，当需要 D/A
转换时，再将此数据从输入寄存器送至"DAC 寄存器"中锁存，并进行 D/A 转换输出。采
用这种方式，可以克服在输入数据更新期间输出模拟量随之出现的不稳定。这时，可以在
上一次模拟量输出的同时，将下一次要转换的数据事先存入"输入寄存器"中，一方面克
服了不稳定现象，另一方面提高了数据的转换速度。用这种方式还可以同时更新多个 D/A
转换器的输出。DAC0832 的双缓冲连接方式如图 5.32 所示，图中给出了采用线选法，利用
两位地址码进行两次输出操作完成数据的传送及转换的双缓冲方式。

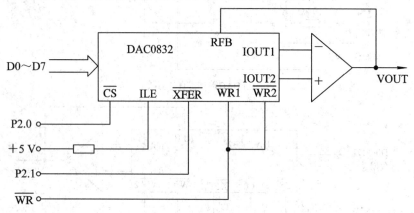

图 5.32　DAC0832 的双缓冲连接方式

第一次当 P2.0=0 时，完成将 D7～D0 数据线上的数据锁存入输入寄存器中的操作；第
二次当 P2.1=0 时，完成将输入寄存器中的内容锁存到 DAC 寄存器中的操作。

由于两个锁存器分别占据两个地址，因此在程序中需要使用两条传送指令，才能完成
一个数字量的模拟转换。假设输入寄存器地址为 0FEFFH，DAC 寄存器地址为 0FDFFH，
则完成一次 D/A 转换的程序段可如下编制：

```
    MOV     A，#DATA              ；转换数据送入 A
    MOV     DPTR，#0FEFFH         ；指向输入寄存器
    MOVX    @DPTR，A              ；转换数据送输入寄存器
    MOV     DPTR，#0FDFFH         ；指向 DAC 寄存器
    MOVX    @DPTR，A              ；数据进入 DAC 寄存器并进行 D/A 转换
```

最后一条指令，表面上看是把 A 中数据送 DAC 寄存器，实际上这种数据传送并不真
正进行。该指令的作用只是打开 DAC 寄存器，允许输入寄存器中的数进入，以后便可转换。

5.7　应 用 举 例

5.7.1　8255A 应用举例

8255A 在单片机控制系统中得到了广泛的应用，现举例加以说明。

例 5.2　要求通过 8255A 的 PC5 端向外输出一个正脉冲信号，已知 8255A 的 C 口和控
制口的地址分别为 0002H 和 0003H。

解　若要从 PC5 端输出一个正脉冲信号，可通过对 PC5 位的置位和复位控制来实现。由于每送一个控制字，只能对一位作一次置位或复位操作，因而产生一个正脉冲要对 PC5 位先送置位控制字，经过一定延时后(延时时间视脉宽而定)，再送复位控制字即能实现。程序编制如下：

```
        MOV     DPTR，#0003H     ；指向 8255A 的控制口
        MOV     A，#0BH          ；
        MOVX    @DPTR，A         ；对 PC5 置位 1
        LCALL   DELAY           ；调用延时子程序
        DEC     A               ；
        MOVX    @DPTR，A         ；对 PC5 置 0
```

例 5.3　完成 8255A 作为连接打印机的接口电路的程序编制。

解　8255A 连接打印机的接口电路如图 5.33 所示。

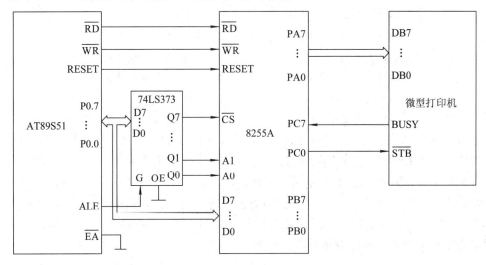

图 5.33　8255A 连接打印机的接口电路

图 5.33 中，数据传送采用查询方式，8255A 的地址译码采用线选法，将 P0.7 通过 74LS373 锁存后与 8255A 的 $\overline{CS}$ 端相连。根据图中的连接方法，可知各端口地址为：A 口：7CH；B 口：7DH；C 口：7EH；控制寄存器(控制口)：7FH。

打印机的数据端口接至 8255A 的端口 A，8255A 设置为工作方式 0。打印机的状态信号输入至 PC7，打印机忙时 BUSY=1。打印机的数据输入采用选通控制，将 PC0 接至打印机的 $\overline{STB}$ 端，当 $\overline{STB}$ 端有负跳变时数据被输入。

打印机的工作过程为：当单片机要向打印机输出字符时，先查询打印机忙信号 BUSY。如果打印机正在处理一个字符或正在打印一行字符，则 BUSY=1；反之则 BUSY=0。因此，当查询到 BUSY 信号为 0 时，则可通过 8255A 向打印机输出一个字符。此时，要将选通信号 $\overline{STB}$ 置成低电平，然后再使 $\overline{STB}$ 为高电平，这样，就相当于从 $\overline{STB}$ 端输出一个负脉冲(在初始状态，$\overline{STB}$ 也是高电平)，此负脉冲作为选通脉冲将字符选通到打印机的输入缓冲器中。

现编制打印 50 个字符的程序，该数据存于片内 RAM 从 20H 开始的 50 个连续单元中。程序如下：

```
          MOV      R0，#7FH        ; 指向 8255A 的控制口
          MOV      A，#88H         ; 取方式字：A 口输出，C 口低出高入
          MOVX     @R0，A          ; 送入方式字
          MOV      R1，#20H        ; R1 指向数据区首址
          MOV      R2，#32H        ; 送数据块长度
LP：      MOV      R0，#7EH        ; 指向 C 口
LOOP1：   MOVX     A，@R0          ; 读入 C 口信息
          JB       A.7，LOOP1      ; 若 BUSY=1，继续查询
          MOV      R0，#7CH        ; 指向 A 口
          MOV      A，@R1          ; 取 RAM 数据
          MOVX     @R0，A          ; 数据输出到 A 口
          INC      R1             ; 数据指针加 1
          MOV      R0，#7FH        ; 指向控制口
          MOV      A，#00H         ; C 口置位/复位命令字(PC0=0)
          MOVX     @R0，A          ; 产生STB̄的下降沿
          MOV      A，#01H         ; 改变 C 口置位/复位命令字(PC0=1)
          MOVX     @R0，A          ; 产生STB̄的上升沿
          DJNZ     R2，LP         ; 未完则反复
```

若设定 8255A 的 A 口为工作方式 1，则可以利用 8255A 的 C 口所提供的联络信号进行查询传送或中断传送。但要注意 8255A 提供的 $\overline{\text{OBF}}$ 信号为电平信号，而打印机需要的选通信号为负脉冲，因此不能直接用 $\overline{\text{OBF}}$ 来作为打印机的 $\overline{\text{STB}}$ 信号，而应设法产生一个驱动脉冲来命令打印机开始工作。另外，在中断方式时，可用打印机的 $\overline{\text{ACK}}$ 信号接到 8255A 的 PC6($\overline{\text{ACK}}_\text{A}$)，用 PC3(INTR$_\text{A}$)经反相器反相后加到单片机的外中断输入端 $\overline{\text{INT}}_\text{X}$。有关的初始化程序和中断服务程序可由读者自行编写。

5.7.2　A/D 应用举例

例 5.4　设有一个 8 路模拟量输入的巡回检测系统，使用中断方式采集数据，每次中断依次采集 8 路输入，并将转换结果对应存放在外部 RAM 的 30H～37H 单元中。采集完一遍以后即停止采集。

解　硬件电路可采用前述图 5.25，其数据采样的初始化程序和中断服务程序如下。

初始化程序：

```
          MOV      R0，#30H        ; 设立数据存储区指针
          MOV      R2，#08H        ; 8 路计数值
          SETB     IT1            ; 外部中断 1 边沿触发方式
          SETB     EA             ; CPU 开中断
          SETB     EX1            ; 允许外部中断 1 中断
          MOV      DPTR，#0FE00H   ; 送入口地址并指向 IN0
LOOP：    MOVX     @DPTR，A        ; 启动 A/D 转换
HERE：    SJMP     HERE           ; 等待中断
```

中断服务程序：

```
          MOVX    A，@DPTR           ；采样数据
          MOVX    @R0，A             ；存数
          INC     DPTR              ；指向下一个模拟通道
          INC     R0                ；指向数据存储区下一个单元
          DJNZ    R2，INT1          ；8 路未转换完，则继续
          CLR     EA                ；已转换完，则关中断
          CLR     EX1               ；禁止外部中断 1 中断
          RETI                      ；从中断返回
INT1:     MOVX    @DPTR，A          ；再次启动 A/D 转换
          RETI                      ；从中断返回
```

这里对程序作了部分简化处理，比如没有设置中断入口地址，并且一般来说，一个实用的系统通常不会让 8 路模拟量转换完成后就停止工作，而是会一直执行巡回检测，并按一定要求向上位机(如 PC 机或工作站)或其他系统传递数据。这些工作都可以在上述程序的基础上进行丰富、完善而得到。读者可以自行完成。

5.7.3　D/A 应用举例

D/A 转换器可以应用在许多场合，例如控制伺服电机或其他执行机构，也可以很方便地产生各种输出波形，如矩形波、三角波、阶梯波、锯齿波、梯形波、正弦波及余弦波等。这里介绍利用 D/A 转换器来产生波形的方法。

例 5.5　产生阶梯波。

解　阶梯波是在一定的时间范围内每隔一段时间，输出幅度递增一个恒定值的波形。如每隔 1 ms 输出幅度增长一个定值，经 10 ms 后重新循环。用 DAC0832 在单缓冲方式下可以输出这样的波形(单缓冲方式的连接方法可参考前述图 5.31)，这里假定 DAC0832 地址为 7FFFH。系统中所需的 1 ms 延时可以通过延时程序获得，也可以通过单片机内的定时器来定时。通过延时程序产生阶梯波的程序如下：

```
START:    MOV     A，#00H
          MOV     DPTR，#7FFFH       ；D/A 转换器地址送 DPTR
          MOV     R0，#0AH           ；台阶数为 10
LOOP:     MOVX    @DPTR，A           ；送数据至 D/A 转换器
          CALL    DELAY             ；调用延时程序，延时 1 ms
          DJNZ    R0，NEXT          ；不到 10 个台阶则转移，继续处理
          SJMP    START             ；否则重新开始下一个周期的波形
NEXT:     ADD A，#10                ；台阶增幅
          SJMP    LOOP              ；产生下一个台阶
DELAY:    MOV     20H，#249          ；开始 1 ms 延时
REPEAT:   NOP
          NOP                       ；时间补偿
          DJNZ    20H，REPEAT
```

RET

例 5.6　同步波形输出——同时输出 X 和 Y 波形到示波器。

解　在应用系统中，如果需要同时输出几路模拟信号，这时 D/A 转换器就必须采用双缓冲工作方式，两路 DAC0832 与单片机的接口电路如图 5.34 所示。

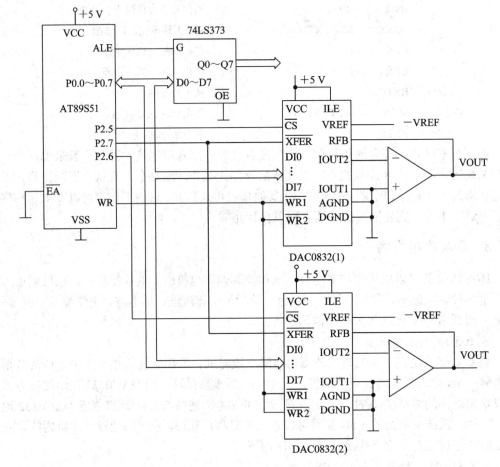

图 5.34　两路 DAC0832 与单片机的接口电路

　　图 5.34 中所示的是一个两路模拟信号同步输出的 D/A 转换电路。两片 DAC0832 的输入锁存器可被编址为 0DFFFH 和 0BFFFH，而这两片 DAC0832 的 DAC 寄存器作为一个数据端口，被编址为 7FFFH。采用这种双缓冲接法，数字量的输入锁存和 D/A 转换器的输出是分两步完成的，即单片机的数据总线分时向各路 D/A 转换器输入要转换的数字量并锁存在各自的输入锁存器中，然后单片机对所有的 D/A 转换器发出控制信号，使各个 D/A 转换器的输入寄存器中的数据输入 DAC 寄存器，从而实现同步输出。更多路接法可依此类推。

　　示波器显示波形时需要在 X 轴加上锯齿波电压，以产生光点的水平移动。为了得到稳定的显示波形，X 信号和 Y 信号的频率应保持一定的比例关系。为了便于波形显示的同步，或者为了显示更复杂的波形，可利用上图中两片 DAC0832 的输出同时产生周期相同的 X 和 Y 信号：X 为线性锯齿波；Y 为待显示的波形。

　　为了输出不规则的信号，可以把这些信号的取样值存在程序存储器中，然后用查表的方法取出这些取样值，送到 D/A 转换器转换后输出，同时往 X 轴上送出锯齿波。当然也可以用其他的方法来显示规则的波形，如正弦波等。假设待显示的信号分解为 100 个取样点，则程序如下：

```
START:      MOV     R1，#100          ; 100 个取样点
            MOV     DPTR，#D_TAB      ; Y 信号数据表首地址
            MOV     R2，#0            ; 锯齿波初值
LOOP:       MOV     DPTR，#0DFFFH     ; DAC0832(1)的输入寄存器地址
            MOV     A，R2            ;
            MOVX    @DPTR，A         ; 锯齿波送 DAC0832(1)
            MOV     DPTR，#0BFFFH     ; DAC0832(2)的输入寄存器地址
            MOVC    A，@A+DPTR       ; 查表取 Y 数据
            MOVX    @DPTR，A         ; 输出 Y 信号到 DAC0832(2)
            MOV     DPTR，#7FFFH      ; DAC 寄存器的地址
            MOV     @DPTR，A         ; X、Y 同时完成 D/A 转换
            INC     R2
            DJNZ    R1，LOOP
            SJMP    START
D_TAB:      DB      D1，D2，…        ; 100 个数据
            END
```

上述例子仅说明了单片机如何通过 D/A 转换器产生模拟波形。用这种方法产生信号波形时，由于受单片机本身工作速度的限制(12 MHz 晶振频率时，机器周期为 1 μs)，输出频率不可能太高。另一方面，为了有一定的显示质量，在信号的一个周期内取样点也不可能太少，这就进一步限制了信号的频率。但是，用单片机产生波形比较灵活，特别是可以产生各种不规则的波形，因此在一些要求不高的场合还存在着一定的应用。

5.7.4　集成温度传感器及其应用举例

智能仪器是单片机应用的一个很重要的方面，温度测量又是其中非常重要的部分。对于常用的中、低温度范围的测量，一般可使用热敏电阻、半导体温度传感器等。但利用这些器件构成的测温电路线性度不高、电路组成较复杂、往往需要使用 A/D 转换器等，使得系统成本增加、互换性差且不便于调试维护。因此，现在有很多公司设计制造了集成电路的温度传感器，使得芯片和单片机之间的连接相当简单。

在这些集成温度传感器中，以美国 Dallas 公司生产的 DS18B20 的性能较为突出。所以这里在简单介绍 DS18B20 原理的基础上，介绍温度测量电路的应用实例。

1．DS18B20 简介

DS18B20 是美国 Dallas 公司生产的最新的单线数字温度传感器，支持"1-Wire"接口。1-Wire 是一种简单的信号交换方式，它是指在主机与外围器件之间通过一条线路进行双向通信。多个 1-Wire 总线器件可以直接挂接在一条总线上，使用户可轻松地组建传感器网络。现场温度直接以 1-Wire 的数字方式传输，大大提高了系统的抗干扰性，适合于恶劣环境的

现场温度测量。

1) DS18B20 的主要特性

DS18B20 的主要特性如下所述：

(1) 单线接口，即仅需一根接口线与单片机连接。

(2) 每个器件的内部存储器中存储有该器件唯一的 64 位序列号。

(3) 无需外围元件即可实现温度测量。

(4) 可通过数据线供电，工作电压范围为 3.0～5.5 V。

(5) 测温范围为 –55℃～+125℃，在 –10℃～+85℃范围内精度为±0.5℃。

(6) 用户可以选择 9～12 位的分辨率，其中 9 位分辨率转换时间为 93.75 ms，12 位分辨率转换时间为 750 ms。

(7) 用户可自行设定温度报警的上、下限，其值在断电后仍可保存，利用报警搜索命令可识别超限报警的器件。

2) DS18B20 的引脚及功能

DS18B20 的引脚排列如图 5.35 所示，各引脚功能如下：

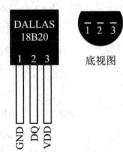

图 5.35　DS18B20 的引脚排列

- GND：地。
- DQ：数据输入/输出引脚，为开漏单总线接口引脚，当被用在寄生电源下时，也可以向器件提供电源。
- VDD：可选择的电源引脚。当工作于寄生电源时，此引脚必须接地。

3) DS18B20 的工作原理

DS18B20 的内部结构框图如图 5.36 所示。

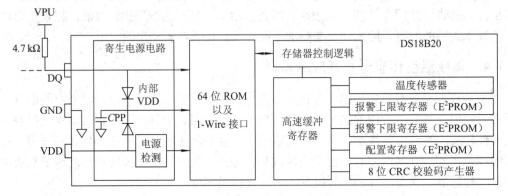

图 5.36　DS18B20 的内部结构框图

DS18B20 内部结构主要由六部分组成：电源电路、64 位光刻 ROM 及 1-Wire 接口、温度传感器、非易失的温度报警触发器 TH 和 TL、配置寄存器和 CRC 校验码产生器。

光刻 ROM 中的 64 位序列号是出厂前被固化好的，它可以看做是该芯片的地址序列号。

DS18B20 高速缓冲寄存器包含了 9 个连续字节，DS18B20 内部 E²PROM 与高速寄存器的映射关系如图 5.37 所示。第 1 字节的内容是温度的低 8 位；第 2 字节是温度的高 8 位；第 3、4 字节是温度设定上限 TH 和下限 TL 的易失性拷贝，第 5 字节是配置寄存器的易失性拷贝，这 3 个字节的内容在每次上电复位时被刷新；第 6、7、8 字节用于内部计算；第

9 字节是冗余校验字节。

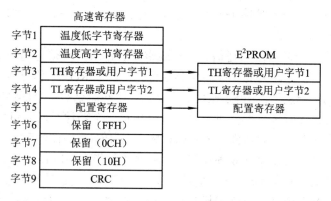

图 5.37 DS18B20 内部 E²PROM 与高速寄存器的映射关系

配置寄存器的结构框图如图 5.38 所示。低 5 位固定为 1，TM 是测试模式位，用于设置 DS18B20 在工作模式还是测试模式，该位出厂时被设置为 0，用户一般不要去改动。R1 和 R0 用来设置分辨率，如表 5.4 所示。

bit7	bit6	bit5	bit4	bit3	bit2	bit1	bit0
TM	R1	R0	1	1	1	1	1

图 5.38 配置寄存器的结构框图

表 5.4 DS18B20 分辨率设置表

R1	R0	分辨率	温度最大转换时间/ms
0	0	9 位	93.75
0	1	10 位	187.5
1	0	11 位	375
1	1	12 位	750

DS18B20 中的温度传感器可完成对温度的测量，以 12 位转换为例：用 16 位符号扩展的二进制补码形式提供，以 0.0625℃/LSB 形式表达，DS18B20 温度传感器的数据格式如图 5.39 所示。

bit15	bit14	bit13	bit12	bit11	bit10	bit9	bit8	bit7	bit6	bit5	bit4	bit3	bit2	bit1	bit0
S	S	S	S	S	2^6	2^5	2^4	2^3	2^2	2^1	2^0	2^{-1}	2^{-2}	2^{-3}	2^{-4}

|←————————— MSB —————————|————————— LSB —————————→|

图 5.39 DS18B20 温度传感器的数据格式

图 5.39 是 12 位 A/D 转换后得到的 12 位数据，存储在 DS18B20 的两个 8 位的 RAM 中。其中，"S" 为符号扩展位。如果测得的温度大于 0，这 5 位为 0，则只要将测得的数值乘以 0.0625 即可得到实际温度；如果温度小于 0，这 5 位为 1，则测得的数值需要求补后再乘以 0.0625 即为实测温度。例如，+125℃的数字输出为 07D0H；+25.0625℃的数字输出为 0191H；−25.0625℃的数字输出为 0FF6FH；−55℃的数字输出为 0FC90H。

根据 DS18B20 的通信协议，主机控制 DS18B20 完成温度转换必须经过三个步骤：每一次读/写之前都要对 DS18B20 进行复位，复位成功后发送一条 ROM 指令，最后发送 RAM

指令，这样才能对 DS18B20 进行预定的操作。复位要求 CPU 将数据线下拉 500 μs，然后释放，DS18B20 收到信号后等待 16～60 μs，发出 60～240 μs 的低脉冲，CPU 收到此信号则表示复位成功。

DS18B20 依靠一个单线端口通信。在单线端口条件下，必须先建立 ROM 操作协议，才能进行存储和控制操作。因此，控制器必须首先提供读 ROM、匹配 ROM、搜索 ROM、跳过 ROM 及报警搜索这五个 ROM 操作命令之一。这些命令对每个器件的 ROM 部分进行操作，在单线总线上挂有多个器件时，可以区分出每一个器件，同时可以向总线控制器指明有多少器件或是什么型号的器件。成功执行完一条 ROM 操作序列后，即可进行存储器和控制器操作，控制器可以提供 6 条存储器和控制操作指令中的任一条。

一条控制操作命令指示 DS18B20 完成一次温度测量，测量结果放在 DS18B20 的缓冲器里，用一条读缓冲器内容的存储器操作命令可以把缓冲器中的数据读出。温度报警触发器 TH 和 TL 各由一个 E^2PROM 字节构成。如果没有对 DS18B20 使用报警搜索命令，这些寄存器可以作为一般用途的用户存储器使用。可以用一条存储器操作指令对 TH 和 TL 进行写入，而对这些寄存器的读出需要通过缓冲器。

单线总线的空闲状态是高电平。无论任何理由需要暂停某一执行过程时，如果还想恢复执行的话，总线必须停留在空闲状态。在恢复期间，如果单线总线处于非活动(高电平)状态，位与位间的恢复时间可以无限长。如果总线停留在低电平的时间超过 480 μs，总线上的所有器件都将被复位。

2. DS18B20 的应用示例

DS18B20 的 1-Wire 总线可以很方便地与单片机进行连接，只需将其 DQ 端与单片机的一条 I/O 线相接即可，且多个 DS18B20 可以同时挂接在同一根总线上，多个 DS18B20 与单片机的连接如图 5.40 所示。

三片 DS18B20 都接到单片机的一个 I/O 口时，注意上拉电阻不能太大，否则 DS18B20 可能工作不正常。当 DS18B20 工作于寄生供电方式时，为保证提供足够的工作电流，可用一个 MOSFET 管来完成对总线的上拉，DS18B20 温度转换期间的强上拉供电如图 5.41 所示。

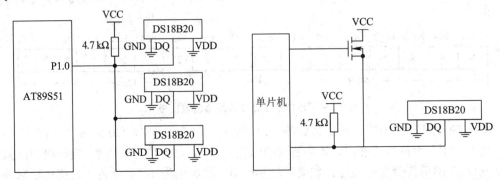

图 5.40　多个 DS18B20 与单片机的连接　　　图 5.41　DS18B20 温度转换期间的强上拉供电

需要注意的是，由于 DS18B20 的时序要求相当严格，如果程序中有较多的中断处理，则操作芯片时产生中断后会破坏时序，造成测量结果混乱；如果硬件连接时不注意连接线，当连接线很长时会造成 DS18B20 波形的畸变，同样会造成测量结果混乱。这一点在使用时必须注意，同时，这也使得该芯片的使用受到了一定的限制。

5.7.5　液晶显示模块及其应用举例

液晶显示器(LCD)是近年来飞速发展的一种显示器件。LCD 通常都是作为一个整体模块用于设备中的，这是因为液晶器件的特殊性以及连接和装配需要专用的工具，且操作技术的难度较大等原因。生产厂家将液晶显示屏幕、连接件、驱动电路的 PCB 电路板、背光灯(视型号而定)等元器件封装在一起，只留有背光灯插头(视型号而定)和驱动信号输入插座，这种组件被称为液晶显示模块。

液晶显示模块根据其显示的形式不同，可以分为段位式 LCD、字符式 LCD、点阵式 LCD、图形式 LCD 等。其中，段位式 LCD 和字符式 LCD 只能显示一些简单的字符和数字，不能满足复杂图形、曲线和汉字的显示，但它可以实现屏幕上、下、左、右滚动以及动画、分区开窗口、反转、闪烁等功能。另外，液晶显示模块具有体积小、功耗低、超薄轻巧等优点，在袖珍式仪表和低功耗应用系统中得到了越来越广泛的应用。现在，字符式液晶显示模块已经是单片机应用设计中最常用的信息显示器件了。本部分内容将对常用的液晶模块 LCD1602 及其与单片机的接口电路等作简单介绍。

1. LCD1602 简介

LCD1602 是一种字符式液晶显示模块，它可以显示两行，每行 16 个字符，相当于 32 个 LED 数码管，而且比数码管显示的信息还要丰富。LCD1602 采用单一 +5 V 电源供电，外围电路配置简单，价格便宜，具有较高的性价比。LCD1602 的引脚排列如图 5.42 所示，主要引脚功能如下：

- VSS：接地端。
- VDD：+5 V 电源。
- V0：液晶显示器对比度调整端。接正电源时对比度最弱；接地时对比度最高。对比度过高时会产生重影，使用时可以通过一个 5 kΩ 左右的电位器进行调整。
- RS：寄存器选择输入端。高电平时选择数据寄存器；低电平时选择指令寄存器。
- R/$\overline{W}$：读/写信号输入端。高电平时进行读操作；低电平时进行写操作。当 RS 和 R/$\overline{W}$ 共同为低电平时，可以写入指令或者显示地址；当 RS 为高电平、R/$\overline{W}$ 为低电平时可以写入数据。
- E：使能端。当 E 端由高电平跳变成低电平时，液晶模块可执行相应命令。
- DB0～DB7：三态数据总线。
- LEDA：背光+5 V 电源端，输入。
- LEDB：背光地，输入。

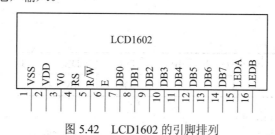

图 5.42　LCD1602 的引脚排列

LCD1602 有 11 个控制指令，其功能如表 5.5 所示。

表 5.5 LCD1602 的控制指令

指　　令	功　　能
清屏	清 DDRAM 和 AC 值
归位	AC=0，光标、画面回 HOME 位
输入方式设置	设置光标、画面移动方式
显示开关控制	设置显示、光标及闪烁开、关
光标、画面位移	光标、画面移动，不影响 DDRAM
功能设置	工作方式设置(初始化命令)
CGRAM 地址设置	设置 CGRAM 地址，A5～A0=0～3FH
DDRAM 地址设置	设置 DDRAM 地址
读 BF 及 AC 值	读忙标志 BF 值和地址计数器 AC 值
写数据	将数据写入 DDRAM 或 CGRAM 内
读数据	从 DDRAM 或 CGRAM 内读出数据

其中，常用的命令格式及其功能简介如下。

(1) 清屏：

RS	R/$\overline{\text{W}}$	DB7	DB6	DB5	DB4	DB3	DB2	DB1	DB0
0	0	0	0	0	0	0	0	0	1

(2) 显示开关控制：

RS	R/$\overline{\text{W}}$	DB7	DB6	DB5	DB4	DB3	DB2	DB1	DB0
0	0	0	0	0	0	1	D	C	B

- D 为显示开关：D=1 为开，D=0 为关。
- C 为光标开关：C=1 为开，C=0 为关。
- B 为闪烁开关：B=1 为开，B=0 为关。

(3) 光标、画面位移：

RS	R/$\overline{\text{W}}$	DB7	DB6	DB5	DB4	DB3	DB2	DB1	DB0
0	0	0	0	0	1	S/C	R/L	*	*

- S/C=1：画面平移一个字符位。
- S/C=0：光标平移一个字节位。
- R/L=1：右移。
- R/L=0：左移。

(4) 功能设置：

RS	R/$\overline{\text{W}}$	DB7	DB6	DB5	DB4	DB3	DB2	DB1	DB0
0	0	0	0	1	DL	N	F	*	*

- DL=1：8 位数据接口。
- DL=0：4 位数据接口。

- N=1：两行显示。
- N=0：一行显示。
- F=1：5×10 点阵字符。
- F=0：5×7 点阵字符。

2．LCD1602 应用示例

LCD1602 与单片机连接的典型电路如图 5.43 所示。

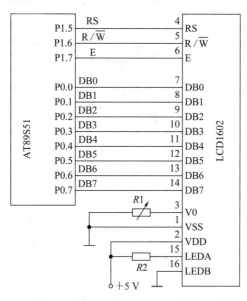

图 5.43　LCD1602 与单片机连接的典型电路

图 5.43 中，数据 DB0～DB7 直接与单片机的数据总线(P0 口)对应相连；三条控制线分别接到 P1.5～P1.7(也可以根据具体的硬件电路将这几条线连到其他 I/O 引脚上)；电阻 $R1$ 用来调节液晶显示的对比度，可以用一个 5 kΩ 的电位器来调节；电阻 $R2$ 用来设置背光的亮度，一般接一个 1 kΩ 的电阻就可以了，当然也可以接电位器以调节显示亮度。

一般来说，在设计单片机控制系统时，很少将液晶显示模块直接做到系统电路板上，而是通过接插件连接。如可以在系统板上留出一个 16 孔的单排插孔，在液晶模块上引出来一排 16 引脚的插针，用的时候直接对应接上就行了。当然也可以用排线进行连接。

习　题　5

1．什么是单片机最小应用系统？

2．MCS-51 系列单片机如何访问外部 ROM 及外部 RAM？

3．试说明存储器的容量与芯片的地址线和数据线之间的关系。

4．当单片机应用系统中数据存储器 RAM 地址和程序存储器 EPROM 地址重叠时，是否会发生数据冲突？为什么？

5．在 AT89S51 单片机应用系统中，P0 口和 P2 口是否可以直接作为输入/输出而连接开关、指示灯等外围设备？为什么？

6．试用 Intel 2764(8K×8bit)和 6116(2K×8bit)为 AT89S51 单片机设计一个外部存储器系统，它具有 8KB 的程序存储器(地址为 0000H～1FFFH)和 8KB 的数据存储器(地址为 0000H～1FFFH)。画出该存储器系统的硬件连接图。

7．采用线选法在 AT89S51 单片机上扩展两片 2764EPROM 芯片，试连接三总线及根据连线确定两芯片的地址空间。

8．采用线选法在 AT89S51 单片机上扩展两片 6264RAM 芯片，试连接三总线及根据连线确定两芯片的地址空间。

9．数据存储器的扩展与程序存储器的扩展有哪些主要区别？

10．I/O 编址方式有哪几种？各有什么优缺点？

11．I/O 接口和 I/O 端口有什么区别？I/O 接口的功能是什么？

12．I/O 数据传送有哪几种传送方式？分别在哪些场合下使用？

13．简要说明单片机 I/O 口扩展的特点及应注意的事项。

14．8255A 共有几种工作方式？怎样进行选择？各种方式分别适用于什么场合？

15．8255A 的方式控制字和 C 口按位置位/复位控制字都可以写入 8255A 的同一控制寄存器。请问 8255A 是如何区分这两个控制字的？

16．试编程对 8255A 进行初始化。设 A 口为选通输出，B 口为基本输入，C 口作为控制联络口，并启动定时/计数器按方式 1 工作，定时时间为 10 ms，定时器计数脉冲频率为单片机时钟频率的 24 分频，$f_{\rm osc}=12$ MHz。

17．现用 AT89S51 单片机扩展一片 8255A，若把 8255A 的 B 口用做输入，B 口的每一位接一个开关，A 口用作输出，A 口每一位接一个发光二极管，请画出电路原理图，并编写出 B 口某一位接高电平时，A 口相应位发光二极管被点亮的程序。

18．单片机系统硬件连接如图 5.44 所示，系统采用 12 MHz 的晶体振荡器，扩展了一片数据存储器 6264 和一片 8255A，并通过 8255A 的 PA 端口驱动 8 个发光二极管，各发光二极管的阴极一起连接到地(GND)。要求：

(1) 写出数据存储器 6264 的地址范围。

(2) 写出 8255A 各端口地址。

(3) 编程实现连接在 8255A 的 PA 端口上的发光二极管循环闪亮的控制程序。要求循环闪亮的时间间隔为 50 ms，采用定时中断的方式来实现。

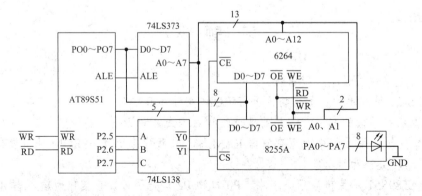

图 5.44　第 18 题图

19．用 8255A 扩展电路设计四路抢答器。要求 A 口输入四路抢答信号，B 口输出四路抢答指示(用 LED 发光二极管)和声音提示。

20．编写程序，采用 8255A 的 C 口按位置位/复位控制字，将 PC7 置 0，PC4 置 1(已知 8255A 各端口的地址为 7FFCH ~ 7FFFH)。

21．在一个 AT89S51 应用系统中扩展一片 2764、一片 8255 和一片 6264。试画出系统电路连接图，并指出所扩展的各个芯片的地址范围。

22．在 A/D 转换中，哪些情况下可以不用采样保持器？哪些情况下必须使用采样保持器？

23．根据图 5.25 所示电路，若要从 ADC0809 的模拟通道 IN1 连续采样三个数据，然后用平均值法进行滤波，以消除干扰，并将最终结果送至片内 RAM 暂存，试编写相应的汇编程序。

24．A/D 转换器与 D/A 转换器各有哪些主要技术指标？各指标的含义如何？

25．试述 DAC0832 芯片的输入寄存器和 DAC 寄存器二级缓冲的优点。

26．DAC0832 有几种工作方式？各用于什么场合？如何应用？

27．设计 AT89S51 与 DAC0832 的接口电路，并编制程序，输出如图 5.45 所示的波形(图中，ΔU 和 Δt 的值可自行确定)。

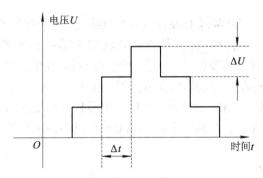

图 5.45 第 27 题图

28．利用 DAC0832 芯片，采用单缓冲方式，口地址为 F8FFH，试画出电路连接图，并编制利用该电路产生阶梯波的程序。设台阶数为 20，最上边的台阶对应于满值电压。

29．若想利用 DAC0832 芯片输出正弦波，可采用什么方法？试编制相应的程序。

第6章　高性能微处理器

　　本章对目前市场上几款主流的、比较具有代表性的 8 位、16 位和 32 位高性能微处理器的功能、结构、特点做了简单的介绍。通过对这些芯片的介绍，希望使大家从这一角度了解单片机的发展现状，扩大对单片机技术的进一步认识，这将有利于今后进行单片机应用系统的设计和开发。

6.1　8 位高性能微处理器 C8051F040

6.1.1　C8051F040 单片机简介

　　C8051F040 单片机是完全集成的混合信号系统级芯片，具有与 8051 兼容的微控制器内核，与 MCS-51 指令集完全兼容。除了具有标准 8052 的数字外设部件之外，片内还集成了数据采集和控制系统中常用的模拟部件和其他数字外设及功能部件。MCU 中的外设或功能部件包括模拟多路选择器、可编程增益放大器、ADC、DAC、电压比较器、电压基准、温度传感器、SMBus/I^{2}C、CAN、UART、SPI、可编程计数/定时器阵列(PCA)、定时器、数字 I/O 端口、电源监视器、看门狗定时器(WDT)和时钟振荡器等。

　　C8051F040 的特征如下：

- 25 MIPS 8051 CPU；
- 4352 B 的 RAM；
- 外部数据存储接口；
- 5 个 16 位定时器，可编程计数器阵列(PCA)；
- 12 位 ADC：100 kb/s，8 位 ADC：500 kb/s；
- 12 位 DAC；
- JTAG 非侵入式在系统调试；
- 64 KB Flash；
- CAN 2.0B，32 个目标信息；
- 两个 UART，SPI，SMBus/I^{2}C；
- 64 个 I/O 口；
- 60 V 输入的 PGA；
- 有比较器、电压基准、温度传感器；
- 工作温度为 −40℃～+85℃，采用 TQFP-100 封装。

C8051F040 单片机的内部结构框图和引脚图如图 6.1 所示，各引脚的定义如表 6.1 所示。

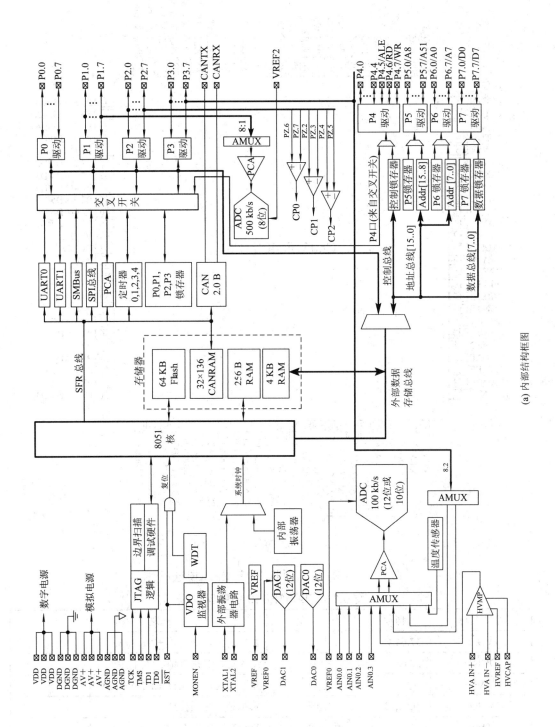

(a) 内部结构框图

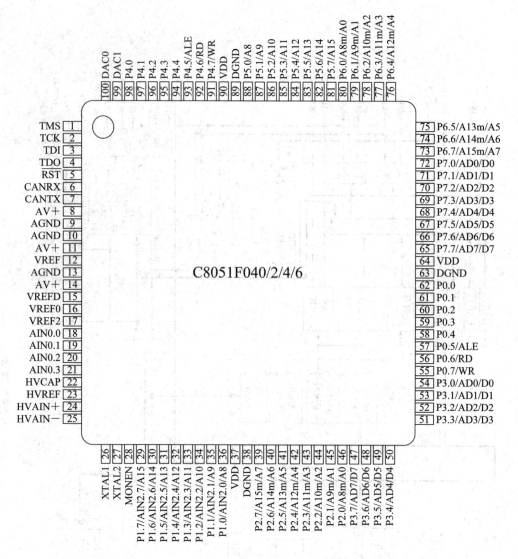

(b) 引脚图

图 6.1　C8051F040 单片机的内部结构框图和引脚图

表 6.1　C8051F040 引脚定义表

引脚名称	引脚号	类　型	说　　　　明
VDD	37,64,90	电源	数字电源，必须接 +2.7～+3.6 V
DGND	38,63,89	电源	数字地，必须接地
AV+	8,11,14	电源	模拟电源，必须接 +2.7～+3.6 V
AGND	9,10,13	电源	模拟地，必须接地
TMS	1	数字输入	JTAG 测试模式选择，带内部上拉
TCK	2	数字输入	JTAG 测试时钟，带内部上拉

续表一

引脚名称	引脚号	类　型	说　明
TDI	3	数字输入	JTAG 测试数据输入，带内部上拉。TDI 在 TCK 上升沿被锁存
TDO	4	数字输出	JTAG 测试数据输出，带内部上拉。数据在 TCK 的下降沿从 TDO 引脚输出。TDO 输出是一个三态驱动器
$\overline{\text{RST}}$	5	数字 I/O	器件复位。内部 VDD 监视器的漏极开路输出。当 $V_{DD}<V_{RST}$ 且 MONEN 为高时被驱动为低电平。一个外部源可以通过将该引脚置为低电平启动系统复位
XTAL1	26	模拟输入	晶体输入。该引脚为晶体或陶瓷谐振器的内部振荡器电路的反馈输入。为了得到一个精确的内部时钟，可以在 XTAL1 和 XTAL2 之间接上一个晶体或陶瓷谐振器。如果被一个外部 CMOS 时钟驱动，则该引脚提供系统时钟
XTAL2	27	模拟输出	晶体输出。该引脚是晶体或陶瓷谐振器的激励驱动器
MONEN	28	数字输入	VDD 监视器使能。该引脚接高电平时允许内部 VDD 监视器工作，当 $V_{DD}<V_{RST}$ 时强制系统复位。该引脚接低电平时内部 VDD 监视器被禁止。在大多数应用中，该引脚应直接连接 VDD
VREF	12	模拟 I/O	带隙电压基准输出
VREFD	15	模拟输入	DAC 的电压基准输入
VREF0	16	模拟输入	ADC0 的电压基准输入
VREF2	17	模拟输入	ADC2 的电压基准输入
AIN0.0	18	模拟输入	ADC0 输入通道 0 (详见 ADC0 说明)
AIN0.1	19	模拟输入	ADC0 输入通道 1 (详见 ADC0 说明)
AIN0.2	20	模拟输入	ADC0 输入通道 2 (详见 ADC0 说明)
AIN0.3	21	模拟输入	ADC0 输入通道 3 (详见 ADC0 说明)
HVCAP	22	模拟 I/O	高压差分放大器电容
HVREF	23	模拟输入	高压差分放大器基准
HVAIN+	24	模拟输入	高压差分放大器正信号输入
HVAIN−	25	模拟输入	高压差分放大器负信号输入
CANTX	7	数字输出	控制器局域网发送输出
CANRX	6	数字输入	控制器局域网接收输入
DAC0	100	模拟输出	数/模转换器 0 的电压输出
DAC1	99	模拟输出	数/模转换器 1 的电压输出

续表二

引脚名称	引脚号	类　型	说　明
P0.0	62	数字 I/O	P0.0 详见输入/输出端口部分
P0.1	61	数字 I/O	P0.1 详见输入/输出端口部分
P0.2	60	数字 I/O	P0.2 详见输入/输出端口部分
P0.3	59	数字 I/O	P0.3 详见输入/输出端口部分
P0.4	58	数字 I/O	P0.4 详见输入/输出端口部分
P0.5/ALE	57	数字 I/O	外部存储器地址总线 ALE 选通(复用方式)。P0.5 详见输入/输出端口部分
P0.6/$\overline{RD}$	56	数字 I/O	外部存储器接口的 $\overline{RD}$ 选通。P0.6 详见输入/输出端口部分
P0.7/$\overline{WR}$	55	数字 I/O	外部存储器接口的 $\overline{WR}$ 选通。P0.7 详见输入/输出端口部分
P1.0/AIN2.0/A8	36	模拟输入	ADC2 输入通道 0(详见 ADC2 说明)。外部存储器地址总线位 8(非复用方式)。P1.0 详见输入/输出端口部分
P1.1/AIN2.1/A9	35	模拟输入数字 I/O	P1.1 详见输入/输出端口部分
P1.2/AIN2.2/A10	34	模拟输入数字 I/O	P1.2 详见输入/输出端口部分
P1.3/AIN2.3/A11	33	模拟输入数字 I/O	P1.3 详见输入/输出端口部分
P1.4/AIN2.4/A12	32	模拟输入数字 I/O	P1.4 详见输入/输出端口部分
P1.5/AIN2.5/A13	31	模拟输入数字 I/O	P1.5 详见输入/输出端口部分
P1.6/AIN2.6/A14	30	模拟输入数字 I/O	P1.6 详见输入/输出端口部分
P1.7/AIN2.7/A15	29	模拟输入数字 I/O	P1.7 详见输入/输出端口部分
P2.0/A8m/A0	46	数字 I/O	外部存储器地址总线位 8 (复用方式)。外部存储器地址总线位 0 (非复用方式)。P2.0 详见输入/输出端口部分
P2.1/A9m/A1	45	数字 I/O	P2.1 详见输入/输出端口部分
P2.2/A10m/A2	44	数字 I/O	P2.2 详见输入/输出端口部分
P2.3/A11m/A3	43	数字 I/O	P2.3 详见输入/输出端口部分
P2.4/A12m/A4	42	数字 I/O	P2.4 详见输入/输出端口部分
P2.5/A13m/A5	41	数字 I/O	P2.5 详见输入/输出端口部分
P2.6/A14m/A6	40	数字 I/O	P2.6 详见输入/输出端口部分
P2.7/A15m/A7	39	数字 I/O	P2.7 详见输入/输出端口部分
P3.0/AD0/D0	54	数字 I/O	外部存储器地址/数据总线位 0 (复用方式)。外部存储器数据总线位 0 (非复用方式)。P3.0 详见输入/输出端口部分
P3.1/AD1/D1	53	数字 I/O	P3.1 详见输入/输出端口部分
P3.2/AD2/D2	52	数字 I/O	P3.2 详见输入/输出端口部分

续表三

引脚名称	引脚号	类　型	说　明
P3.3/AD3/D3	51	数字 I/O	P3.3 详见输入/输出端口部分
P3.4/AD4/D4	50	数字 I/O	P3.4 详见输入/输出端口部分
P3.5/AD5/D5	49	数字 I/O	P3.5 详见输入/输出端口部分
P3.6/AD6/D6	48	数字 I/O	P3.6 详见输入/输出端口部分
P3.7/AD7/D7	47	数字 I/O	P3.7 详见输入/输出端口部分
P4.0	98	数字 I/O	P4.0 详见输入/输出端口部分
P4.1	97	数字 I/O	P4.1 详见输入/输出端口部分
P4.2	96	数字 I/O	P4.2 详见输入/输出端口部分
P4.3	95	数字 I/O	P4.3 详见输入/输出端口部分
P4.4	94	数字 I/O	P4.4 详见输入/输出端口部分
P4.5/ALE	93	数字 I/O	外部存储器地址总线 ALE 选通(复用方式)。P4.5 详见输入/输出端口部分
P4.6/$\overline{\text{RD}}$	92	数字 I/O	外部存储器接口的 $\overline{\text{RD}}$ 选通。P4.6 详见输入/输出端口部分
P4.7/$\overline{\text{WR}}$	91	数字 I/O	外部存储器接口的 $\overline{\text{WR}}$ 选通。P4.7 详见输入/输出端口部分
P5.0/A8	88	数字 I/O	外部存储器地址总线位 8 (非复用方式)。P5.0 详见输入/输出端口部分
P5.1/A9	87	数字 I/O	P5.1 详见输入/输出端口部分
P5.2/A10	86	数字 I/O	P5.2 详见输入/输出端口部分
P5.3/A11	85	数字 I/O	P5.3 详见输入/输出端口部分
P5.4/A12	84	数字 I/O	P5.4 详见输入/输出端口部分
P5.5/A13	83	数字 I/O	P5.5 详见输入/输出端口部分
P5.6/A14	82	数字 I/O	P5.6 详见输入/输出端口部分
P5.7/A15	81	数字 I/O	P5.7 详见输入/输出端口部分
P6.0/A8m/A0	80	数字 I/O	外部存储器地址总线位 8(复用方式)。外部存储器地址总线位 0(非复用方式)。P6.0 详见输入/输出端口部分
P6.1/A9m/A1	79	数字 I/O	P6.1 详见输入/输出端口部分
P6.2/A10m/A2	78	数字 I/O	P6.2 详见输入/输出端口部分
P6.3/A11m/A3	77	数字 I/O	P6.3 详见输入/输出端口部分
P6.4/A12m/A4	76	数字 I/O	P6.4 详见输入/输出端口部分
P6.5/A13m/A5	75	数字 I/O	P6.5 详见输入/输出端口部分
P6.6/A14m/A6	74	数字 I/O	P6.6 详见输入/输出端口部分
P6.7/A15m/A7	73	数字 I/O	P6.7 详见输入/输出端口部分

引脚名称	引脚号	类　型	说　　　明
P7.0/AD0/D0	72	数字 I/O	外部存储器地址/数据总线位 0 (复用方式)。外部存储器数据总线位 0 (非复用方式)。P7.0 详见输入/输出端口部分
P7.1/AD1/D1	71	数字 I/O	P7.1 详见输入/输出端口部分
P7.2/AD2/D2	70	数字 I/O	P7.2 详见输入/输出端口部分
P7.3/AD3/D3	69	数字 I/O	P7.3 详见输入/输出端口部分
P7.4/AD4/D4	68	数字 I/O	P7.4 详见输入/输出端口部分
P7.5/AD5/D5	67	数字 I/O	P7.5 详见输入/输出端口部分
P7.6/AD6/D6	66	数字 I/O	P7.6 详见输入/输出端口部分
P7.7/AD7/D7	65	数字 I/O	P7.7 详见输入/输出端口部分

6.1.2　C8051F 处理器特性

1. CIP-51 内核

C8051F040 单片机采用流水线结构，机器周期由标准的 12 个系统时钟周期降为 1 个系统时钟周期，处理能力大大提高，峰值性能可达 25MIPS(百万条指令/秒)。C8051F040 单片机是真正能独立工作的片上系统(SOC)。MCU 能有效地管理模拟和数字外设，可以关闭单个或全部外设以节省功耗。

CIP-51 内核 70%的指令执行是在一个或两个系统时钟周期内完成的，只有 4 条指令的执行需 4 个以上时钟周期。

CIP-51 指令与 MCS-51 指令系统全兼容，共有 111 条指令。表 6.2 为指令数所对应的时钟周期数。

表 6.2　指令数所对应的时钟周期数

指令数	26	50	5	16	7	3	1	2	1
时钟周期	1	2	2/3	3	3/4	4	4/5	5	8

图 6.2 是几个典型 MCU 指令的执行速度对照图。

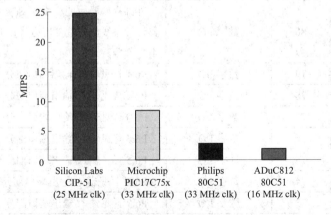

图 6-2　MCU 指令的执行速度

2. 运行模式

CIP-51 有两种可软件编程的电源管理方式：空闲和停机。在空闲方式，CPU 停止运行，而外设和时钟处于活动状态。在停机方式，CPU 停止运行，所有的中断和定时器(时钟丢失检测器除外)都处于非活动状态，系统时钟停止。由于在空闲方式下时钟仍然运行，因此功耗与进入空闲方式之前的系统时钟频率和处于活动状态的外设数目有关。停机方式消耗最少的功率。

虽然 CIP-51 具有空闲和停机两种电源管理方式(与任何标准 8051 结构一样)，但最好禁止不需要的外设，以使整个 MCU 的功耗最小。每个模拟外设在不用时都可以被禁止，使其进入低功耗方式。

(1) 空闲方式：将空闲方式选择位(PCON.0)置 1 将使 CIP-51 停止 CPU 运行并进入空闲方式，在执行完对该位置 1 的指令后，MCU 立即进入空闲方式。在空闲方式下，所有内部寄存器和存储器都保持原来的数据不变。所有模拟和数字外设在空闲方式期间都可以保持活动状态。

(2) 停机方式：将停机方式选择位(PCON.1)置 1 将使 CIP-51 进入停机方式，在执行完对该位置 1 的指令后，MCU 立即进入停机方式。在停机方式，CPU 和振荡器都被停止，实际上所有的数字外设都停止工作。在进入停机方式之前，必须关闭每个模拟外设，只有内部或外部复位能结束停机方式。复位时，CIP-51 进行正常的复位过程并从地址 0x0000 开始执行程序。

3. 中断系统

标准的 8051 只有 5 个中断源。C8051F040 单片机扩展了中断处理，这对于实时多任务系统的处理是很重要的。扩展的中断系统向 CIP-51 提供了 20 个中断源，允许大量的模拟和数字外设中断。一个中断处理需要较少的 CPU 干预，却有更高的执行效率。表 6.3 为中断一览表。

表 6.3　中断一览表

中断源	中断向量	优先级	中断标志	位寻址	硬件消除	SFR 页	使能位	优先级控制
复位	0x0000	最高	无	N/A	N/A	0	始终使能	总是最高
外部中断 0($\overline{\text{INT0}}$)	0x0003	0	IE0(TCON.1)	Y	Y	0	EX0(IE.0)	PX0(IP.0)
定时器 0 溢出	0x000B	1	TF0(TCON.5)	Y	Y	0	ET0(IE.1)	PT0(IP.1)
外部中断 1($\overline{\text{INT1}}$)	0x0013	2	IE1(TCON.3)	Y	Y	0	EX1(IE.2)	PX1(IP.2)
定时器 1 溢出	0x001B	3	TF1(TCON.7)	Y	Y	0	ET1(IE.3)	PT1(IP.3)
UART0	0x0023	4	RI0(SCON0.0) TI0(SCON0.1)	Y		0	ES0(IE.4)	PS0(IP.4)
定时器 2	0x002B	5	TF2 (TMR2CN.7)	Y		0	ET2(IE.5)	PT2(IP.5)
串行外设接口	0x0033	6	SPIF(SPI0CN.7) WCOL(SPI0CN.6) MODF(SPI0CN.5) RXOVRN (SPI0CN.4)	Y		0	ESPI0 (EIE1.0)	PSPI0 (EIP1.0)

续表

中断源	中断向量	优先级	中断标志	位寻址	硬件消除	SFR 页	使能位	优先级控制
SMBus 接口	0x003B	7	SI(SMB0CN.3)	Y		0	ESMB0 (EIE1.1)	PSMB0 (EIP1.1)
ADC0 窗口比较	0x0043	8	AD0WINT (ADC0CN.2)	Y		0	EWADC0 (EIE1.2)	PWADC0 (EIP1.2)
可编程计数器阵列	0x004B	9	CF(PCA0CN.7) CCFn(PCA0CN.n)	Y		0	EPCA0 (EIE1.3)	PPCA0 (EIP1.3)
比较器 0	0x0053	10	CP0FIF/CP0RIF (CPT0CN.4/.5)			1	CP0IE (EIE1.4)	PCP0 (EIP1.4)
比较器 1	0x005B	11	CP1FIF/CP1RIF (CPT1CN.4/.5)			2	CP1IE (EIE1.5)	PCP1 (EIP1.5)
比较器 2	0x0063	12	CP2FIF/CP2RIF (CPT2CN.4/.5)			3	CP2IE (EIE1.6)	PCP2 (EIP1.6)
定时器 3	0x0073	14	TF3 (TMR3CN.7)			1	ET3 (EIE2.0)	PT3 (EIP2.0)
ADC0 转换结束	0x007B	15	ADC0INT (ADC0CN.5)	Y		0	EADC0 (EIE2.1)	PADC0 (EIP2.1)
定时器 4	0x0083	16	TF4 (TMR4CN.7)			2	ET4 (EIE2.2)	PT4 (EIP2.2)
ADC2 窗口比较	0x0093	17	AD2WINT (ADC2CN.0)			2	EWADC2 (EIE2.3)	PWADC2 (EIP2.3)
ADC2 转换结束	0x008B	18	ADC2INT (ADC1CN.5)			2	EADC1 (EIE2.4)	PADC1 (EIP2.4)
CAN 中断	0x009B	19	CAN0CN.7		Y	1	ECAN0 (EIE2.5)	PCAN0 (EIP2.5)
UART1	0x00A3	20	RI1 (SCON1.0) TI1 (SCON1.1)			1	ES1 (EIE2.6)	PS1 (EIP2.6)

6.1.3 存储器组织结构

1. 数据存储器

CIP-51 具有标准 8051 的程序和数据地址配置。片内存储器组织图如图 6.3 所示，包括 256 B 的 RAM，其中高 128 B 只能用直接寻址访问的 SFR 地址空间方式访问；低 128 B 可用直接或间接寻址方式访问，前 32 B 为四个通用工作寄存器区，接下来的 16 B 既可以按字节寻址也可以按位寻址。C8051F040 除了内部可扩展 4 KB 数据 RAM 外，片外还可扩展至 64 KB 数据 RAM。

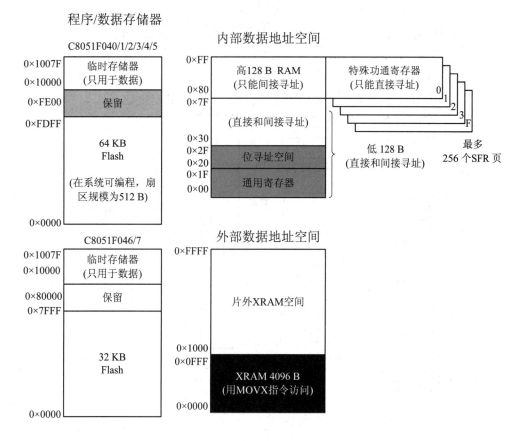

图 6.3 片内存储器组织图

2．程序存储器

C8051F040 单片机程序存储器为 64 KB 的 Flash 存储器，该存储器可按 512 B 为一扇区编程，也可以在线编程，且不需在片外提供编程电压。该程序存储器未用到的扇区均可由用户按扇区作为非易失性数据存储器使用。

6.1.4 外围设备

1．交叉开关

交叉开关功能框图如图 6.4 所示。C8051F040 单片机具有标准的 8051 I/O 口。除 P0、P1、P2 和 P3 之外还有更多扩展的 8 位 I/O 口(P4～P7)，每个端口 I/O 引脚都可以设置为推挽或漏极开路输出，这为低功耗应用提供了进一步节电的能力。端口 I/O、$\overline{\text{RST}}$ 和 JTAG 引脚都容许 5 V 的输入信号电压。

C8051F040 最为独特的是增加了"Digtal Crossbar"(数字交叉)开关，它可将内部数字系统资源定向到 P0、P1 和 P2 端口的 I/O 引脚，并可将定时器、串行总线、外部中断源、AD 输入转换、比较器输出等通过设置 Crossbar 开关控制寄存器定向到 P0、P1 和 P2 的 I/O 口。这就允许用户根据自己的特定应用选择通用 I/O 端口和所需数字资源的组合。

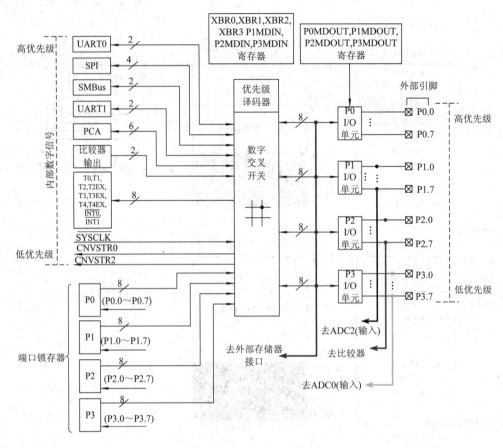

图 6.4　交叉开关功能框图

2. 定时器

　　C8051F040 MCU 内部有 5 个计数/定时器。其中，定时器 0、定时器 1 和定时器 2 与标准 8052 中的计数/定时器兼容。定时器 3 和定时器 4 是 16 位自动重装载并具有捕捉功能的定时器，可用于 ADC、DAC、方波发生器或作为通用定时器使用。这些计数/定时器可以用于测量时间间隔，对外部事件计数或产生周期性的中断请求。定时器 0 和定时器 1 几乎完全相同，有四种工作方式。定时器 2、定时器 3 和定时器 4 完全相同，不但提供了自动重装载和捕捉功能，还具有在外部端口引脚上产生 50%占空比方波的能力。

　　图 6.5 所示为定时器 0 和定时器 1 的功能框图；图 6.6 所示为定时器 2、定时器 3 和定时器 4 的功能框图。

3. 比较器

　　C8051F040 内部有三个电压比较器，比较器功能框图如图 6.7 所示。每个比较器的响应时间和回差电压都是可编程的。每个比较器的输出都可以经 I/O 交叉开关连到外部引脚。当被分配了封装引脚时，每个比较器输出都可以被编程为工作在漏极开路或推挽方式。比较器输入引脚应被配置为模拟输入。比较器 0 还可以被配置为复位源。比较器的输出可以被软件查询，可以作为中断源，可以作为复位源，还可以连到端口引脚。每个比较器可以被单独使能或禁止(关断)。

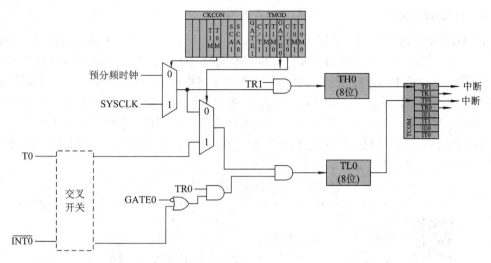

图 6.5　定时器 0 和定时器 1 的功能框图

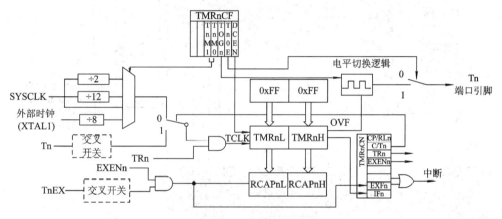

图 6.6　定时器 2、定时器 3 和定时器 4 的功能框图

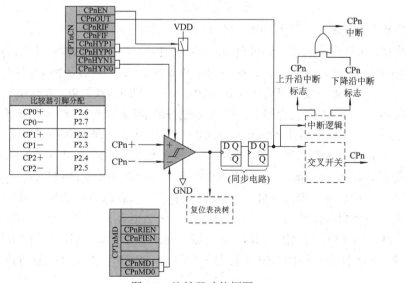

图 6.7　比较器功能框图

4．模/数转换器

C8051F040 具有一个 12 位模/数转换器 ADC0 和一个 8 位模/数转换器 ADC2。其中，ADC0 子系统包括一个 9 通道的可编程模拟多路选择器(AMUX0)，一个可编程增益放大器(PGA0)和一个 100 ks/s、12 位分辨率的逐次逼近寄存器型 ADC，ADC 中集成了跟踪保持电路和可编程窗口检测器。AMUX0、PGA0、数据转换方式及窗口检测器都可用软件通过特殊功能寄存器来控制。只有当 ADC0 控制寄存器中的 AD0EN 位被置 1 时 ADC0 子系统(ADC0、跟踪保持器和 PGA0)才被允许工作。当 AD0EN 位为 0 时，ADC0 子系统处于低功耗关断方式。ADC0 功能框图如图 6.8 所示。

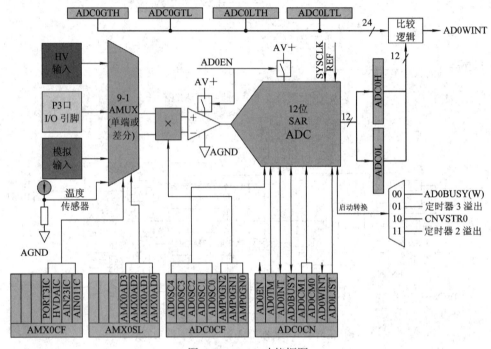

图 6.8　ADC0 功能框图

可编程增益放大器接在模拟多路选择器之后，增益可以用软件设置，从 0.5 到 16，以 2 的整数次幂递增。A/D 转换可以有四种启动方式：软件命令(AD0BUSY 位写 1)、定时器 2 溢出(Timer 2 Overflow)、定时器 3 溢出(Timer 3 Overflow)或外部信号输入(CNVSTR0)。一次转换完成后可以产生一个中断，或者用软件查询一个状态位来判断转换结束。在转换完成后，转换结果数据字被锁存到特殊功能寄存器中。可以用软件控制结果数据字为左对齐或右对齐格式。

除了 12 位的 ADC 子系统 ADC0 之外，C8051F040 还有一个 8 位 ADC 子系统，即 ADC2，它有一个 8 通道输入多路选择器和可编程增益放大器。该 ADC 工作在 500 ks/s 的最大采样速率时可提供真正的 8 位精度。ADC2 的电压基准可以在模拟电源电压(AV+)和外部 VREF 引脚之间选择。用户可以通过软件将 ADC2 置于关断状态以节省功耗。ADC2 的可编程增益放大器的增益可以被编程为 0.5、1、2 或 4。ADC2 也有灵活的转换控制机制，允许用软件命令(AD2BUSY 位写 1)、定时器(Timer 2 或 Timer 3)溢出或外部信号输入(CNVSTR)启动 ADC2 转换；用软件命令(AD0BUSY 位写 1)可以使 ADC2 与 ADC0 同步转换，ADC2 功能框图如图 6.9 所示。

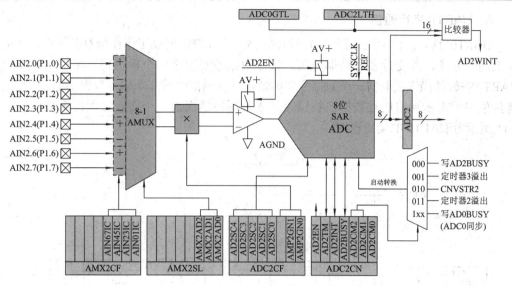

图 6.9 ADC2 功能框图

5. 数/模转换器

C8051F040 内部有两个 12 位电压输出的 DAC，12 位 DAC 功能框图如图 6.10 所示。MCU 可以将任何一个 DAC 置于低功耗关断方式。C8051F040 的 DAC 有灵活的输出更新机制，允许用软件命令(写 DACnH)和定时器 2、定时器 3 及定时器 4 的溢出信号更新 DAC 输出。DAC 在作为比较器的参考电压或为 ADC 差分输入提供偏移电压时非常有用。

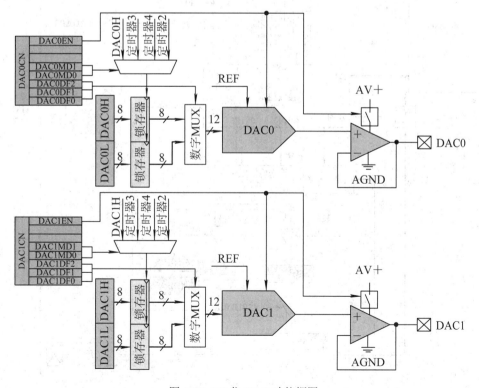

图 6.10 12 位 DAC 功能框图

6. UART0 串行通信

UART0 具有硬件地址识别和错误检测功能。UART0 可以工作在全双工异步方式或半双工同步方式，并支持多处理器通信。接收数据被暂存于一个保持寄存器中，这就允许 UART0 在软件尚未读取前一个数据字节的情况下开始接收第二个输入数据字节。一个接收覆盖位用于指示新的接收数据已被锁存到接收缓冲器而前一个接收数据尚未被读取。图6.11 所示为 UART0 的功能框图。

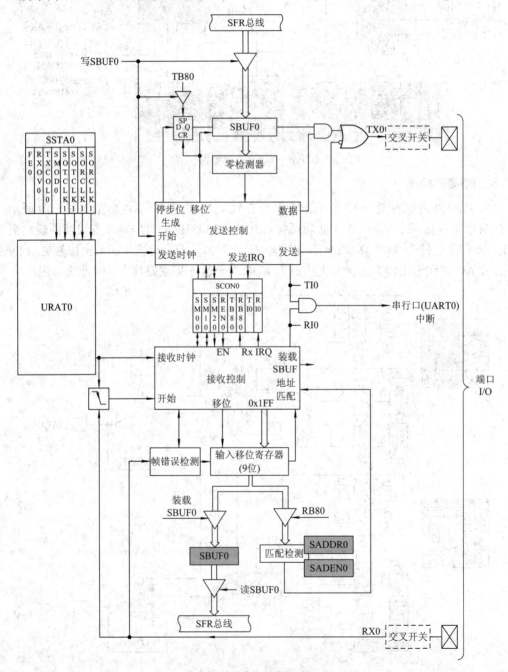

图 6.11 UART0 的功能框图

7. UART1 串行通信

UART1 是一个异步、全双工串口，它提供标准 8051 串行口的方式 1 和方式 3。UART1 具有增强的波特率发生器电路，多个时钟源可用于产生标准波特率。接收数据缓冲机制允许 UART1 在软件尚未读取前一个数据字节的情况下开始接收第二个输入数据字节。

图 6.12 所示为 UART1 的功能框图。

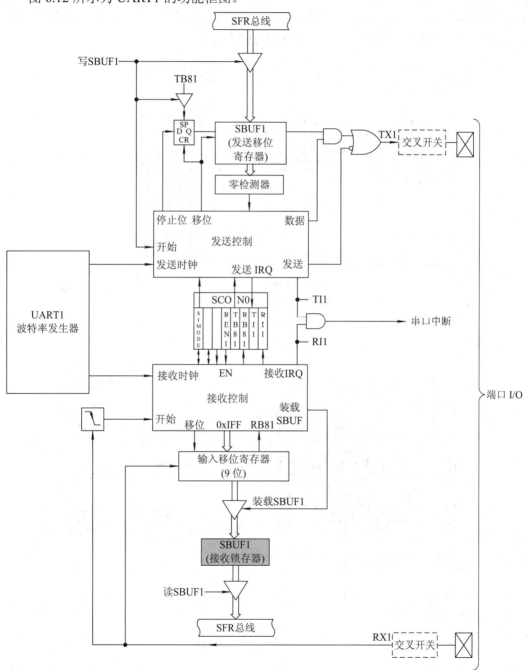

图 6.12　UART1 的功能框图

8．SPI 总线

　　串行外设接口(SPI0)提供了一个可灵活访问的全双工串行总线。SPI0 可以作为主器件或从器件，有 3 线工作方式和 4 线工作方式，并支持在同一总线上连接多个主器件和从器件。从选择信号(NSS)可以被配置为输入，以选择从方式下的 SPI0，或在多主环境中禁止主器件方式操作，以避免两个以上主器件试图同时进行数据传输时产生冲突。NSS 还可以被配置为主方式下的片选输出，或在 3 线操作时被禁止。在主方式下，可以用通用端口 I/O引脚选择多个从器件。图 6.13 所示为 SPI0 的功能框图。

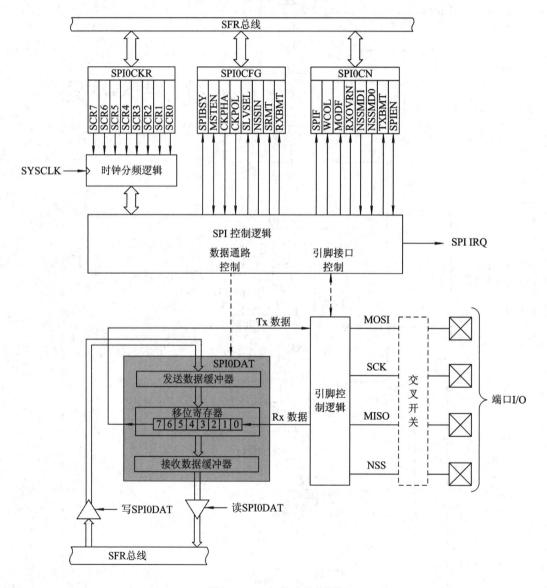

图 6.13　SPI0 的功能框图

9．SMBus 总线

SMBus I/O 接口是一个双线双向的串行总线。与 I^2C 串行总线兼容并完全符合系统管理总线规范 1.1 版。系统控制器对总线的读/写操作都是以字节为单位的，由 SMBus 接口控制数据的串行传输。可以采用延长时钟低电平时间的方法协调同一总线上不同速度的器件。图 6.14 所示为 SMBus 的功能框图。

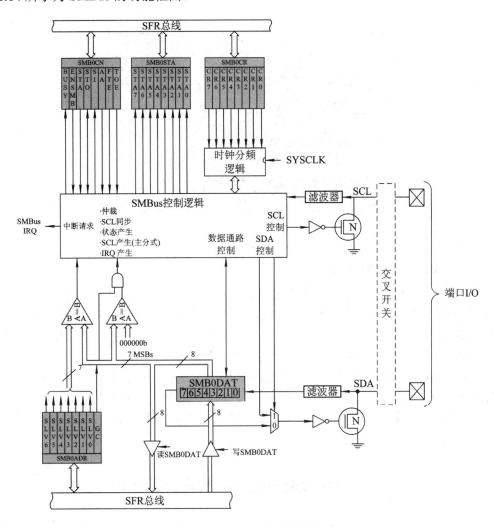

图 6.14　SMBus 的功能框图

10. CAN 总线控制器

C8051F040 具有控制器局域网(CAN)控制器，用 CAN 协议进行串行通信。Silicon LabsCAN 控制器符合 Bosch 规范 2.0A(基本 CAN)和 2.0B(全功能 CAN)，方便了在 CAN 网络上的通信。CAN 控制器包含一个 CAN 核、消息 RAM(独立于 CIP-51 的 RAM)、消息处理状态机和控制寄存器。Silicon Labs CAN 是一个协议控制器，不提供物理层驱动器(即收发器)。

Silicon Labs CAN 的工作位速率可达 1 Mb/s，实际速率可能受 CAN 总线上所选择的传输数据的物理层的限制。CAN 处理器有 32 个消息对象，可以被配置为发送或接收数据。输入数据、消息对象及其标识掩码存储在 CAN 的消息 RAM 中。所有数据发送和接收过滤的协议处理全部由 CAN 控制器完成,不用 CIP-51 干预。这就使得用于 CAN 通信的 CPU 带宽最小。CIP-51 通过特殊功能寄存器配置 CAN 控制器,读取接收到的数据和写入待发送的数据。图 6.15 所示为 CAN 的功能框图。

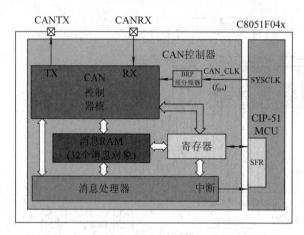

图 6.15　CAN 的功能框图

11．JTAG 调试和边界扫描

由于所用芯片的引脚多,元器件体积小,板的密度特别大,根本没有办法进行下探针测试。于是产生了一种新的测试技术——联合测试行为组织(Joint Test Action Group,JTAG)。这种新的测试方法即边界扫描(Boundary Scan)测试规范,简称 JTAG 标准。JTAG 主要应用于电路的边界扫描测试和可编程芯片的在线系统编程。

C8051F040 的片内 JTAG 调试支持功能允许使用安装在最终应用系统上的 MCU 进行非侵入式(不占用片内资源)、全速的在系统调试。该调试系统支持观察和修改存储器与寄存器,支持断点、单步、运行和停机命令。在使用 JTAG 调试时,所有的模拟和数字外设都可全功能运行。

6.2　16 位微处理器 MSP430F149

6.2.1　MSP430F14x 系列单片机简介

德州仪器公司的 MSP430 系列是一种超低功耗微控制器系列,由针对各种不同应用模块组合特性的多种型号单片机组成,可适应不同应用层次的需求。在硬件架构上,MSP430 提供了五种低功耗模式,可最大限度地延长手持设备的电池寿命。MSP430 系列采用 16 位精简指令集 CPU,并集成了 16 个通用寄存器和常数发生器,极大地提高了代码的执行效率。它的数字可控振荡器(DCO)可在 6 μs 内由低功耗模式切换到活动模式。MSP430F14x 系列是由 2 个内置的 16 位定时器、1 个快速的 12 位 ADC、1 个或 2 个通用 USART 和 48 个 I/O 端口构造而成的微处理器。其典型应用为传感器系统,它可把模拟信号转换成数字信号,处理并发送数据到主系统。定时器令 MCU 配置适合于数字电机控制、EE 仪表、手持仪表等工业控制的应用。硬件乘法器增强了 MSP430 系列的性能,并提供一个代码与硬件广泛兼容的系列解决方案。

MSP430F149 的特征如下：

- 低电源电压范围：1.8～3.6 V。
- 超低功耗：

  待机模式：1.6 μA；

  关闭模式(RAM 保持)：0.1 μA；

  活动模式：280 μA(1 MHz，2.2 V 下)。
- 五种省电模式。
- 6μs 内从待机模式唤醒。
- 16 位 RISC 结构，125 ns 指令周期。
- 带内部参考电源以及采样保持和自动扫描特性的 12 位 ADC。
- 有 7 个捕获/比较寄存器的 16 位定时器 Timer_B；

  有 3 个捕获/比较寄存器的 16 位定时器 Timer_A。
- 片内集成比较器。
- 串行在线编程，无需外部编程电压，安全熔丝可编程代码保护。
- 2 个串行通信接口 USART0 和 USART1。
- 器件系列包括：

  MSP430F147，MSP430F1471：32 KB + 256B 闪速存储器，1 KB 的 RAM；

  MSP430F148，MSP430F1481：48 KB + 256B 闪速存储器，2 KB 的 RAM；

  MSP430F149，MSP430F1491：60 KB + 256B 闪速存储器，2 KB 的 RAM。
- 可用封装：QFP-64 封装、QFN-64 封装。
- MSP430F149 单片机内部结构框图和引脚图如图 6.16 所示，各引脚的定义如表 6.4 所示。

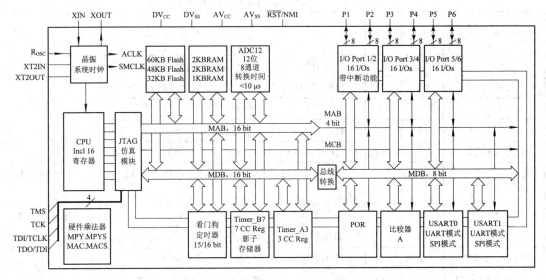

(a) 内部结构框图

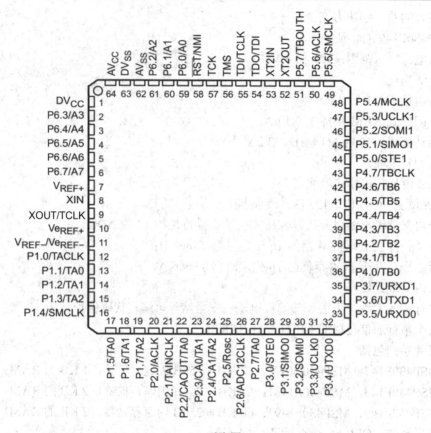

(b) 引脚图

图 6.16　MSP430F149 单片机内部结构框图和引脚图

表 6.4　MSP430F149 引脚定义表

引　　脚		I/O	说　　明
名称	编号		
AV$_{CC}$	64		模拟电源，正端，仅供给模/数转换器的模拟部分
AV$_{SS}$	62		模拟电源，负端，仅供给模/数转换器的模拟部分
DV$_{CC}$	1		数字电源，正端，供给所有数字部分
DV$_{SS}$	63		数字电源，负端，供给所有数字部分
P1.0/TACLK	12	I/O	通用数字 I/O 引脚/Timer_A，时钟信号 TACLK 输入
P1.1/TA0	13	I/O	通用数字 I/O 引脚/Timer_A，捕获：CCI0A 输入，比较：Out0 输出/BSL 发送
P1.2/TA1	14	I/O	通用数字 I/O 引脚/Timer_A，捕获：CCI1A 输入；比较：Out1 输出
P1.3/TA2	15	I/O	通用数字 I/O 引脚/Timer_A，捕获：CCI2A 输入；比较：Out2 输出
P1.4/SMCLK	16	I/O	通用数字 I/O 引脚/SMCLK 信号输出
P1.5/TA0	17	I/O	通用数字 I/O 引脚/Timer_A，比较：Out0 输出
P1.6/TA1	18	I/O	通用数字 I/O 引脚/Timer_A，比较：Out1 输出
P1.7/TA2	19	I/O	通用数字 I/O 引脚/Timer_A，比较：Out2 输出

续表一

引脚		I/O	说　　明
名称	编号		
P2.0/ACLK	20	I/O	通用数字 I/O 引脚/ACLK 输出
P2.1/TAINCLK	21	I/O	通用数字 I/O 引脚/Timer_A，时钟信号 INCLK
P2.2/CAOUT/TA0	22	I/O	通用数字 I/O 引脚/Timer_A，捕获：CCI0B 输入/比较器_A 输出/BSL 接收
P2.3/CA0/TA1	23	I/O	通用数字 I/O 引脚/Timer_A，比较：Out1 输出/比较器_A 输入
P2.4/CA1/TA2	24	I/O	通用数字 I/O 引脚/Timer_A，比较：Out2 输出/比较器_A 输入
P2.5/R_{OSC}	25	I/O	通用数字 I/O 引脚，定义 DCO 标称频率的外部电阻输入
P2.6/ADC12CLK	26	I/O	通用数字 I/O 引脚，12 位 ADC 转换时钟
P2.7/TA0	27	I/O	通用数字 I/O 引脚/Timer_A，比较：Out0 输出
P3.0/STE0	28	I/O	通用数字 I/O 引脚/从发送使能—USART0/SPI 方式
P3.1/SIMO0	29	I/O	通用数字 I/O 引脚/USART0/SPI 方式的从输入/主输出
P3.2/SOMI0	30	I/O	通用数字 I/O 引脚/USART0/SPI 方式的从输出/主输入
P3.3/UCLK0	31	I/O	通用数字 I/O 引脚/USART0 时钟：外部输入—UART 或 SPI 方式，输出—SPI 方式
P3.4/UTXD0	32	I/O	通用数字 I/O 引脚/发送数据输出—USART0/UART 方式
P3.5/URXD0	33	I/O	通用数字 I/O 引脚/接收数据输入—USART0/UART 方式
P3.6/UTXD1	34	I/O	通用数字 I/O 引脚/发送数据输出—USART1/UART 方式
P3.7/URXD1	35	I/O	通用数字 I/O 引脚/接收数据输入—USART1/UART 方式
P4.0/TB0	36	I/O	通用数字 I/O 引脚/Timer_B，捕获：CCI0A 或 CCI0B 输入；比较：Out0 输出
P4.1/TB1	37	I/O	通用数字 I/O 引脚/Timer_B，捕获：CCI1A 或 CCI1B 输入；比较：Out1 输出
P4.2/TB2	38	I/O	通用数字 I/O 引脚/Timer_B，捕获：CCI2A 或 CCI2B 输入；比较：Out2 输出
P4.3/TB3	39	I/O	通用数字 I/O 引脚/Timer_B，捕获：CCI3A 或 CCI3B 输入；比较：Out3 输出
P4.4/TB4	40	I/O	通用数字 I/O 引脚/Timer_B，捕获：CCI4A 或 CCI4B 输入；比较：Out4 输出
P4.5/TB5	41	I/O	通用数字 I/O 引脚/Timer_B，捕获：CCI5A 或 CCI5B 输入；比较：Out5 输出
P4.6/TB6	42	I/O	通用数字 I/O 引脚/Timer_B，捕获：CCI6A 或 CCI6B 输入；比较：Out6 输出
P4.7/TBCLK	43	I/O	通用数字 I/O 引脚/Timer_B，时钟信号 TBCLK 输入
P5.0/STE1	44	I/O	通用数字 I/O 引脚，从发送使能—USART1/SPI 方式
P5.1/SIMO1	45	I/O	通用数字 I/O 引脚，USART1/SPI 方式的从输入/主输出

引　脚		I/O	说　　明
名称	编号		
P5.2/SOMI1	46	I/O	通用数字 I/O 引脚，USART1/SPI 方式的从输出/主输入
P5.3/UCLK1	47	I/O	通用数字 I/O 引脚，USART1 时钟：外部输入—UART 或 SPI 方式，输出—SPI 方式
P5.4/MCLK	48	I/O	通用数字 I/O 引脚，主系统时钟 MCLK 输出
P5.5/SMCLK	49	I/O	通用数字 I/O 引脚，次主系统时钟 SMCLK 输出
P5.6/ACLK	50	I/O	通用数字 I/O 引脚，辅助时钟 ACLK 输出
P5.7/TBOUTH	51	I/O	通用数字 I/O 引脚，切换所有 PWM 输出端口到高阻—Timer_B7：TB0 到 TB6
P6.0/A0	59	I/O	通用数字 I/O 引脚，模拟输入 a0–12 位 ADC
P6.1/A1	60	I/O	通用数字 I/O 引脚，模拟输入 a1–12 位 ADC
P6.2/A2	61	I/O	通用数字 I/O 引脚，模拟输入 a2–12 位 ADC
P6.3/A3	2	I/O	通用数字 I/O 引脚，模拟输入 a3–12 位 ADC
P6.4/A4	3	I/O	通用数字 I/O 引脚，模拟输入 a4–12 位 ADC
P6.5/A5	4	I/O	通用数字 I/O 引脚，模拟输入 a5–12 位 ADC
P6.6/A6	5	I/O	通用数字 I/O 引脚，模拟输入 a6–12 位 ADC
P6.7/A7	6	I/O	通用数字 I/O 引脚，模拟输入 a7–12 位 ADC
$\overline{RST}$/NMI	58	I	复位输入，非屏蔽中断输入端口，或引导装载程序启动(Flash 器件)
TCK	57	I	测试时钟，TCK 是用于器件编程测试和引导装载程序启动(Flash 器件)的时钟输入端口
TDI/TCLK	55	I	测试数据输入或测试时钟输入，器件保护熔丝连接 TDI/TCLK
TDO/TDI	54	I/O	测试数据输出端口，TDO/TDI 数据输出或编程数据输入端子
TMS	56	I	测试模式选择，TMS 用作一个器件编程和测试的输入端口
Ve_{REF^+}	10	I	ADC 外部参考电压输入
V_{REF^+}	7	O	ADC 内参考电压正端输出
V_{REF^-}/Ve_{REF^-}	11	I	内部 ADC 参考电压和外部施加的 ADC 参考电压的负端
XIN	8	I	晶体振荡器 XT1 的输入端口．可以连接标准晶体或手表晶体
XOUT/TCLK	9	O	晶体振荡器 XT1 的输出端或测试时钟输入
XT2IN	53	I	晶体振荡器 XT2 的输入端口，只能连接标准晶体
XT2OUT	52	O	晶体振荡器 XT2 输出端
QFN Pad	NA	NA	建议连接至 DV_{SS}(此引脚图上不便标出，为中间的功能特点)

6.2.2　MSP430 处理器特性

1．CPU

MSP430 处理单元具有 16 位 RISC 结构，这种结构对应用程序开发高度透明。除了程序流程控制指令之外的所有操作都需通过寄存器操作来执行，寄存器作为源操作数时具有七种寻址方式，作为目的操作数时具有四种寻址方式。

MSP430 处理器内部寄存器如图 6.17 所示，CPU 由 16 个寄存器结合构成，它们能够帮助缩短指令执行时间。寄存器到寄存器操作执行时间被减少到处理器频率的一个周期。R0～R3 一共 4 个寄存器被专门用作程序计数器、堆栈计数器、状态寄存器和常数发生器。其余的寄存器可用作通用寄存器。外设利用一个数据地址和控制总线连接到 CPU，并能容易利用内存处理指令操作。

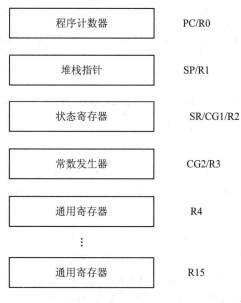

图 6.17　MSP430 处理器内部寄存器

2．指令集

指令集为这种寄存器结构提供了一种强大和易用的汇编语言。这个指令集由三种格式和七种寻址方式的 51 条指令组成，表 6.5 给出了三类指令格式的总结和例子，寻址方式在表 6.6 中列出。

表 6.5　指令字格式

双操作数，源-目的	例如：ADD　R4, R5	R4+R5→R5
单操作数，仅目的	例如：CALL　R8	PC→(TOS)，R8→PC
相对跳转，无/有条件	例如：JNE	不相等，跳转

大多数指令能够对字和字节数据进行操作，字节操作由后缀 B 标识。

例：　　　　　　　　字操作指令　　　　　字节操作指令

　　　　　MOV　　EDE，TONI　　　　　MOV.B　　EDE，TONI

　　　　　ADD　　#235h，&MEM　　　　ADD.B　　#35h，&MEM

　　　　　PUSH　R5　　　　　　　　　PUSH.B　R5

　　　　　SWPB　R5　　　　　　　　　—

表 6.6　寻址方式说明

寻址方式	s	d	语　法	例　子	操　作
寄存器	√	√	MOV Rs，Rd	MOV R10，R11	R10→R11
索引	√	√	MOV X(Rn)，Y(Rm)	MOV 2(R5)，6(R6)	M(2 + R5) → M(6 + R6)
符号(PC 相对)	√	√	MOV EDE，TONI		M(EDE) → M(TONI)
绝对	√	√	MOV &MEM，TCDAT		M(MEM) → M(TCDAT)
间接	√		MOV @Rn，Y(Rm)	MOV @R10，Tab(R6)	M(R10) → M(Tab + R6)
间接自动增量	√		MOV @Rn+，RM	MOV @R10+，R11	M(R10)→R11，R10 + 2→R10
直接	√		MOV #X，TONI	MOV #45，TONI	#45→ M(TONI)

注：s = 源操作数；d = 目的操作数。

3．运行模式

MSP430 具有一种程序运行模式和五种软件可选的低功耗运行模式。一个中断事件可以将芯片从五种低功耗模式中的任何一种唤醒为请求服务并在从中断程序返回时恢复低功耗模式。

下列六种运行模式由软件配置：

● 程序运行模式 AM：所有时钟活动；

● 低功耗模式 0(LPM0)：CPU 关闭，ACLK 和 SMCLK 保持运行，MCLK 关闭；

● 低功耗模式 1(LPM1)：CPU 关闭，ACLK 和 SMCLK 保持运行，MCLK 关闭，如果 DCO 在程序运行模式中没有使用，DCO 的直流发生器将关闭；

● 低功耗模式 2(LPM2)：CPU 关闭，MCLK 和 SMCLK 关闭，DCO 的直流发生器保持运行，ACLK 保持运行；

● 低功耗模式 3(LPM3)：CPU 关闭，MCLK 和 SMCLK 关闭，DCO 的直流发生器关闭，ACLK 保持运行；

● 低功耗模式 4(LPM4)：CPU 关闭，ACLK 关闭，MCLK 和 SMCLK 关闭，DCO 的直流发生器关闭，晶体振荡器停止。

4．中断向量地址

如表 6.7 所示，中断向量和上电启动地址位于存储器中 0FFFFh-0FFE0h 的地址范围内，各向量包含相应中断处理程序指令序列的 16 位地址。

表 6.7 中断向量说明

中断源	中断标志	系统中断	字地址	优先级
上电 外部复位 看门狗 闪速存储器	WDTIFG KEYV (见注 1)	复位	0FFFEH	15，最高级
NMI 振荡器故障 闪速存储器访问违例	NMIIFG(见注 1、4) OFIFG(见注 1、4) ACCIVFG(见注 1、4)	(非)屏蔽 (非)屏蔽 (非)屏蔽	0FFFCH	14
Timer_B7	TBCCR0 CCIFG(见注 2)	可屏蔽	0FFFAH	13
Timer_B7	TBCCR1 到 6 的 CCIFG TBIFG(见注 1、2)	可屏蔽	0FFF8H	12
比较器_A	CAIFG	可屏蔽	0FFF6H	11
看门狗定时器	WDTIFG	可屏蔽	0FFF4H	10
USART0 接收	URXIFG0	可屏蔽	0FFF2H	9
USART0 发送	UTXIFG0	可屏蔽	0FFF0H	8
ADC	ADCIFG(见注 1、2)	可屏蔽	0FFEEH	7
Timer_A3	TACCR0 CCIFG(见注 2)	可屏蔽	0FFECH	6
Timer_A3	TACCR1 CCIFG TACCR2 CCIFG TAIFG(见注 1、2)	可屏蔽	0FFEAH	5
I/O 端口 P1(8 个标志)	P1IFG0 到 P1IFG7(见注 1、2)	可屏蔽	0FFE8H	4
USART1 接收	URXIFG1	可屏蔽	0FFE6H	3
USART1 发送	UTXIFG1	可屏蔽	0FFE4H	2
I/O 端口 P2(8 个标志)	P2IFG0 到 P2IFG7(见注 1、2)	可屏蔽	0FFE2H	1
			0FFE0H	0，最低级

注：1. 多源标志。

2. 中断标志位于模块中。

3. 非屏蔽：既非独立的也非通用的中断允许位能够禁止中断事件。

4. (非)屏蔽：独立中断允许位能够禁止中断事件，但通用中断允许位不能禁止。

5. 特殊功能寄存器

大多数中断和模块的使能位被集中于最低地址空间，有分配功能用途的特殊功能寄存器位在物理上并不存在于器件中，这种安排可提供简单的软件访问。

1) 中断使能寄存器 1 和 2

中断使能寄存器 1 各位定义如下：

地址	7	6	5	4	3	2	1	0
00h	UTXIE0	URXIE0	ACCVIE	NMIIE			OFIE	WDTIE
	rw-0	rw-0	rw-0	rw-0			rw-0	rw-0

WDTIE：看门狗定时器中断使能。

OFIE：　振荡器故障中断使能。

NMIIE：非屏蔽中断使能。

ACCVIE：FLASH 访问违例中断使能。

URXIE0：USART0 模块的 UART 和 SPI 接收中断使能。

UTXIE0：USART0 模块的 UART 和 SPI 发送中断使能。

中断使能寄存器 2 各位定义如下：

地址	7	6	5	4	3	2	1	0
01h			UTXIE1	URXIE1				
			rw-0	rw-0				

URXIE1：USART1 模块的 UART 和 SPI 接收中断使能。

UTXIE1：USART1 模块的 UART 和 SPI 发送中断使能。

2) 中断标志寄存器 1 和 2

中断使能寄存器 1 各位定义如下：

地址	7	6	5	4	3	2	1	0
02h	UTXIFG0	URXIFG0		NMIIFG			OFIFG	WDTIFG
	rw-1	rw-0		rw-0			rw-1	rw-0

WDTIFG：溢出，或安全键违例，或 VCC 上电复位或 $\overline{RST}$/NMI 有复位条件时置位。

OFIFG：振荡器发生故障时标志置位。

NMIIFG：通过 $\overline{RST}$/NMI 引脚置位。

URXIFG0：USART0 模块的 UART 和 SPI 接收标志。

UTXIFG0：USART0 模块的 UART 和 SPI 发送标志。

中断使能寄存器 2 各位定义如下：

地址	7	6	5	4	3	2	1	0
03h			UTXIFG1	URXIFG1				
			rw-1	rw-0				

URXIFG1：USART1 模块的 UART 和 SPI 接收标志。

UTXIFG1：USART1 模块的 UART 和 SPI 发送标志。

3) 模块使能寄存器 1 和 2

中断使能寄存器 1 各位定义如下：

地址	7	6	5	4	3	2	1	0
04h	UTXE0	URXE0 USPIE0						
	rw-0	rw-0						

URXE0：USART0 模块的 UART 接收使能。

UTXE0：USART0 模块的 UART 发送使能。

USPIE0：USART0 模块的 SPI(同步外设接口)发送和接收使能。

中断使能寄存器 2 各位定义如下：

地址	7	6	5	4	3	2	1	0
05h			UTXE0	URXE0 USPIE0				
			rw-0	rw-0				

URXE1：USART1 模块的 UART 接收使能。

UTXE1：USART1 模块的 UART 发送使能。

USPIE1：USART1 模块的 SPI(同步外设接口)发送和接收使能。

6.2.3　存储器组织结构

1．存储器组织

存储器地址空间及功能的组织结构如表 6.8 所示。

表 6.8　存储器组织说明

		MSP430F147 MSP430F1471	MSP430F148 MSP430F1481	MSP430F149 MSP430F1491
Memory Main:interrupt vector Main:code memory	Size Flash Flash	32 KB 0FFFFh～0FFE0h 0FFFFh～08000h	48 KB 0FFFFh～0FFE0h 0FFFFh～04000h	60 KB 0FFFFh～0FFE0h 0FFFFh～01100h
Information memory	Size Flash	256 B 010FFh～01000h	256 B 010FFh～01000h	256 B 010FFh～01000h
Boot memory	Size ROM	1 KB 0FFFh～0C00h	1 KB 0FFFh～0C00h	1 KB 0FFFh～0C00h
RAM	Size	1 KB 05FFh～0200h	2 KB 09FFh～0200h	2 KB 09FFh～0200h
Peripherals	16 bit 8 bit 8 bit SFR	01FFh～0100h 0FFh～010h 0Fh～00h	01FFh～0100h 0FFh～010h 0Fh～00h	01FFh～0100h 0FFh～010h 0Fh～00h

2．引导装载程序(BootStrap Loader，BSL)

MSP430 的引导装载程序允许用户通过 UART 接口对闪速存储器或 RAM 进行编程。各种写、读和擦除操作需要正确的下载环境，具体如下：

BSL 功能	PM、PAG 和 RTD 封装引脚
数据发送	13-P1.1
数据接收	22-P2.2

3．闪速存储器

闪速存储器可通过 JTAG 接口、BSL 或者微处理器内核 CPU 进行访问。闪速存储器的特征包含如下几点：

- 闪速存储器有 n 段主存储器和每段 128 B 的两段信息存储器(A 和 B)，主存储器每个段长为 512 B。

- 段 0 到 n 可以一步擦除，也可以每段分别擦除。

- 段 A 和 B 可以分别擦除，或与段 0 到 n 作为一组擦除；段 A 和 B 也可称作信息存储器。

- 由于生产测试的需要，新出厂器件的信息存储器可能存在被写入一些数据的可能，所以用户在初次使用前应先对存储器进行一次擦除。

6.2.4　外围设备

MSP430 的片内外围设备通过数据总线、地址总线和控制总线与 CPU 相连，用户可通过内存操作指令对其进行操作。

1. 数字 I/O

有 6 个 8 位端口，即 P1 到 P6，其功能如下：

- 所有单个 I/O 口均可独立编程；
- 任何输入、输出和中断条件的组合都是可能的；
- 端口 P1 和 P2 的所有 8 位都支持外部事件的中断处理；
- 支持所有指令对端口控制寄存器的读/写访问。

2. 振荡器和系统时钟

MSP430F14x 系列微处理器的时钟系统由一个 32768 Hz 的晶体振荡器和一个内部DCO及一个高频晶体振荡器与几个基本时钟模块组成。基本时钟模块是为了满足低系统成本和低功耗的要求而设计的。内部 DCO 提供了一个可快速开启的时钟源，稳定时间小于 6 μs。

基本时钟模块提供了以下时钟信号：

- 辅助时钟(ACLK)，由 32768 Hz 晶振或高频晶振产生；
- 主时钟(MCLK)，提供 CPU 的系统时钟；
- 次主时钟(SMCLK)，提供外围设备模块的子系统时钟。

3. 看门狗定时器

看门狗定时器(WDT)模块的主要功能是在软件发生混乱之后执行一次受控系统重启，如果选定的时间间隔到期，将发生一次系统复位。如果应用中不需要看门狗功能，则看门狗定时器模块也可以作为一个定时器使用。

4. 硬件乘法器

乘法操作由一个专门的外围模块支持，模块执行 16×16、16×8、8×16、8×8 位操作，模块能够支持有符号和无符号乘法以及有符号和无符号的乘加操作，在操作数装载到外设寄存器以后，操作结果能够被立即访问，无需另外的时钟周期。

5. USART0 和 USART1

在 MSP430F14x 中有两个 USART 外设：USART0 和 USART1。两者具有相同的功能，它们用不同的引脚通信，用不同的寄存器控制模块。相同功能的寄存器具有不同的地址。

通用同步/异步接口是一个用于串行通信的专门的外设模块，利用双缓冲的发送和接收通道，USART 支持同步 SPI(3 或 4 个脚)和异步 UART 通信协议，7 位或 8 位长度的数据流能够按一个由程序或外部时钟确定的速率传送。UART 模块选项允许仅接收一个完整帧的第一个字节，然后应用软件来判决是否成功处理了数据。

6. 比较器_A

比较器模块的主要功能是支持 A/D 应用中的精密斜率转换、电池电压监管和外部模拟信号监控。比较器被连接到端口引脚 P2.3(正端)和 P2.4(负端)上。比较器通过 CACTL 寄存器中的 8 个位控制。

7．ADC12

ADC12 模块支持快速 12 位模/数转换，它由一个 12 位逐次逼近转换技术内核、采样选择控制、参考输出和 16 位的转换与控制缓冲区构成。这个转换和控制缓冲区允许多达 16 个独立 ADC 采样样本被转换并存储，采样过程不需要任何 CPU 介入。

8．定时器_A3

定时器_A3 模块提供一个 16 位计数器和 3 个捕获/比较寄存器。定时器_A3 可以支持多个捕获/比较、PWM 输出和间隔定时。定时器_A3 还具有扩展中断的功能。计数器溢出和每一个捕获/比较寄存器都可能产生中断。

9．定时器_B7

定时器_B7 模块提供一个 16 位计数器和 7 个捕获/比较寄存器。定时器_B7 可以支持多个捕获/比较、PWM 输出和间隔定时。定时器_B7 还具有扩展中断的功能。计数器溢出和每一个捕获/比较寄存器都可能产生中断。

6.3　32 位微处理器 STM32F103

6.3.1　STM32F103xx 系列单片机简介

STM32F103xx 增强型系列单片机使用高性能的 ARM® Cortex™-M3 32 位的 RISC 内核，工作频率为 72 MHz，内置高速存储器(高达 512 KB 的闪存和 64 KB 的 SRAM)，丰富的增强 I/O 端口和连接到两条 APB 总线的外设。所有型号的器件都包含 3 个 12 位的 ADC、4 个通用 16 位定时器和 2 个 PWM 定时器，还包含标准和先进的通信接口：多达 2 个 I^2C 接口、3 个 SPI 接口、2 个 I^2S 接口、1 个 SDIO 接口、5 个 USART 接口、1 个 USB 接口和 1 个 CAN 接口。

STM32F103xx 大容量增强型系列工作于 −40°C～+105°C 的温度范围，供电电压为 2.0～3.6 V，一系列的省电模式可以保证低功耗应用的要求。

STM32F103xx 大容量增强型系列产品提供包括从 64 脚至 144 脚的六种不同封装形式；根据不同的封装形式，器件中的外设配置不尽相同。

这些丰富的外设配置，使得 STM32F103xx 大容量增强型系列微控制器适合于多种应用场合，包括电机驱动和应用控制、医疗和手持设备、PC 游戏外设和 GPS 平台，以及可编程控制器(PLC)、变频器、打印机、扫描仪、警报系统、视频对讲、暖气通风空调系统等。

STM32F103xx 的特征如下：

- 内核：ARM 32 位的 Cortex™-M3 CPU：
  ——最高 72 MHz 工作频率，在存储器的 0 等待周期访问时可达 1.25DMips/MHz(Dhrystone 2.1)；
  ——单周期乘法和硬件除法。
- 存储器：
  ——256～512 KB 的闪存程序存储器；
  ——高达 64 KB 的 SRAM。
- 时钟、复位和电源管理：
  ——2.0～3.6 V 供电和 I/O 引脚；

——上电/断电复位(POR/PDR)、可编程电压监测器(PVD)；

　　　　——4~16 MHz 晶体振荡器；

　　　　——内嵌经出厂调校的 8 MHz 的 RC 振荡器；

　　　　——内嵌带校准的 40 kHz 的 RC 振荡器和 32 kHz 的 RTC 振荡器。

● 低功耗：

　　　　——睡眠、停机和待机模式；

　　　　——V_{BAT} 为 RTC 和后备寄存器供电。

● 3 个 12 位模/数转换器，1 μs 转换时间(多达 21 个输入通道)。

● 2 通道 12 位 D/A 转换器。

● DMA：12 通道 DMA 控制器。其支持的外设有：定时器、ADC、DAC、SDIO、I^2S、SPI、I^2C 和 USART。

● 调试模式：

　　　　——串行单线调试(SWD)和 JTAG 接口；

　　　　——Cortex-M3 内嵌跟踪模块(ETM)。

● 多达 112 个快速 I/O 端口：

　　　　——51/80/112 个多功能双向的 I/O 口，所有 I/O 口可以映像到 16 个外部中断；

　　　　——几乎所有端口均可接收 5 V 信号。

● 多达 11 个定时器：

　　　　——多达 4 个 16 位定时器，每个定时器有多达 4 个用于输入捕获/输出比较/PWM 或脉冲计数的通道和增量编码器输入；

　　　　——2 个 16 位带死区控制和紧急刹车、用于电机控制的 PWM 高级控制定时器；

　　　　——2 个看门狗定时器(独立的和窗口型的)；

　　　　——系统时间定时器：24 位自减型计数器；

　　　　——2 个 16 位基本定时器用于驱动 DAC。

● 多达 13 个通信接口：

　　　　——多达 2 个 I^2C 接口(支持 SMBus/PMBus)；

　　　　——多达 5 个 USART 接口(支持 ISO7816、LIN、IrDA 接口和调制解调控制)；

　　　　——多达 3 个 SPI 接口(18 Mb/s)，2 个可复用的 I^2S 接口；

　　　　——CAN 接口(2.0B 主动)；

　　　　——USB 2.0 全速接口；

　　　　——SDIO 接口。

● CRC 计算单元，96 位的芯片唯一代码。

● ECOPACK®封装。

● 器件型号列表如下：

参考	基本型号
STM32F103xC	STM32F103RC、STM32F103VC、STM32F103ZC
STM32F103xD	STM32F103RD、STM32F103VD、STM32F103ZD
STM32F103xE	STM32F103RE、STM32F103ZE、STM32F103VE

STM32F103RE 单片机内部结构框图和引脚图如图 6.18 所示，各引脚的定义如表 6.9 所示。

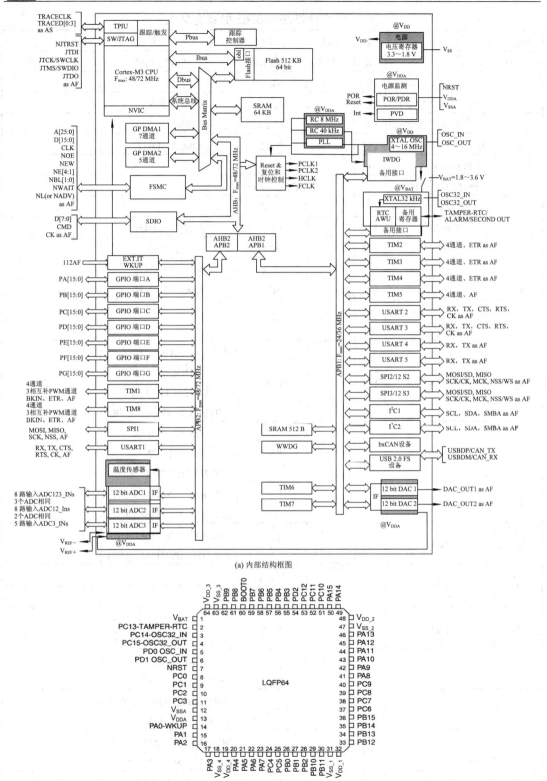

图 6.18 STM32F103RE 单片机内部结构框图和引脚图

表6.9　STM32F103RE 引脚定义表

脚位 LQFP64	引脚名称	类型	I/O 电平	主功能 (复位后)	可选的复用功能 默认复用功能	可选的复用功能 重定义功能
1	V_{BAT}	S		V_{BAT}		
2	PC13-TAMPER-RTC	I/O		PC13	TAMPER-RTC	
3	PC14-OSC32_IN	I/O		PC14	OSC32_IN	
4	PC15-OSC32_OUT	I/O		PC15	OSC32_OUT	
5	PD0 OSC_IN	I		OSC_IN		
6	PD1 OSC_OUT	O		OSC_OUT		
7	NRST	I/O		NRST		
8	PC0	I/O		PC0	ADC123_IN10	
9	PC1	I/O		PC1	ADC123_IN11	
10	PC2	I/O		PC2	ADC123_IN12	
11	PC3	I/O		PC3	ADC123_IN13	
12	V_{SSA}	I/O		V_{SSA}		
13	V_{DDA}	S		V_{DDA}		
14	PA0-WKUP	I/O		PA0	WKUP/USART2_CTS(7) ADC123_IN0 TIM2_CH1_ETR TIM5_CH1/TIM8_ETR	
15	PA1	I/O		PA1	USART2_RTS ADC123_IN1/ TIM5_CH2/TIM2_CH2	
16	PA2	I/O		PA2	USART2_TX/TIM5_CH3 ADC123_IN2/TIM2_CH3	
17	PA3	I/O		PA3	USART2_RX/TIM5_CH4 ADC123_IN3/TIM2_CH4	
18	V_{SS_4}	S		V_{SS_4}		
19	V_{DD_4}	S		V_{DD_4}		
20	PA4	I/O		PA4	SPI1_NSS/USART2_CK DAC_OUT1/ADC12_IN4	
21	PA5	I/O		PA5	SPI1_SCK DAC_OUT2/ADC12_IN5	
22	PA6	I/O		PA6	SPI1_MISO/TIM8_BKIN ADC12_IN6/TIM3_CH1	
23	PA7	I/O		PA7	SPI1_MOSI/TIM8_CH1N ADC12_IN7/TIM3_CH2	
24	PC4	I/O		PC4	ADC12_IN14	
25	PC5	I/O		PC5	ADC12_IN15	

续表一

脚位 LQFP64	引脚名称	类型	I/O 电平	主功能(复位后)	可选的复用功能 默认复用功能	重定义功能
26	PB0	I/O		PB0	ADC12_IN8/TIM3_CH3 TIM8_CH2N	
27	PB1	I/O		PB1	ADC12_IN9/TIM3_CH4 TIM8_CH3N	
28	PB2	I/O	FT	PB2/BOOT1		
29	PB10	I/O	FT	PB10	I^{2}C2_SCL/USART3_TX	TIM2_CH3
30	PB11	I/O	FT	PB11	I^{2}C2_SDA/USART3_RX	TIM2_CH4
31	V$_{SS\_1}$	S		V$_{SS\_1}$		
32	V$_{DD\_1}$	S		V$_{DD\_1}$		
33	PB12	I/O	FT	PB12	SPI^2_NSS/I^{2}S2_WS/ I^{2}C2_SMBA/USART3_CK TIM1_BKIN	
34	PB13	I/O	FT	PB13	SPI^2_SCK/I^{2}S2_CK USART3_CTS/ TIM1_CH1N	
35	PB14	I/O	FT	PB14	SPI^2_MISO/TIM1_CH2N USART3_RTS	
36	PB15	I/O	FT	PB15	SPI^2_MOSI/I^{2}S2_SD TIM1_CH3N	
37	PC6	I/O	FT	PC6	I^{2}S2_MCK/TIM8_CH1 SDIO_D6	TIM3_CH1
38	PC7	I/O	FT	PC7	I^{2}S3_MCK/TIM8_CH2 SDIO_D7	TIM3_CH2
39	PC8	I/O	FT	PC8	TIM8_CH3/SDIO_D0	TIM3_CH3
40	PC9	I/O	FT	PC9	TIM8_CH4/SDIO/D1	TIM3_CH4
41	PA8	I/O	FT	PA8	USART1_CK TIM1_CH1/MCO	
42	PA9	I/O	FT	PA9	USART1_TX/ TIM1_CH2	
43	PA10	I/O	FT	PA10	USART1_RX/ TIM1_CH3	
44	PA11	I/O	FT	PA11	USART1_CTS/USBDM CAN_RX/TIM1_CH4	
45	PA12	I/O	FT	PA12	USART1_RTS/USBDP/ CAN_TX/TIM1_ETR	
46	PA13	I/O	FT	JTMS/ SWDIO		PA13

续表二

脚位 LQFP64	引脚名称	类型	I/O 电平	主功能 (复位后)	可选的复用功能	
					默认复用功能	重定义功能
47	V_{SS_2}	S		V_{SS_2}		
48	V_{DD_2}	S		V_{DD_2}		
49	PA14	I/O	FT	JTCK/ SWCLK		PA14
50	PA15	I/O	FT	JTDI	SPI3_NSS/I2S3_WS	TIM2_CH1_ETR PA15/SPI1_NSS
51	PC10	I/O	FT	PC10	USART4_TX/SDIO_D2	USART3_TX
52	PC11	I/O	FT	PC11	USART4_RX/SDIO_D3	USART3_RX
53	PC12	I/O	FT	PC12	USART5_TX/SDIO_CK	USART3_CK
54	PD2	I/O	FT	PD2	TIM3_ETR USART5_RX/SDIO_CMD	
55	PB3	I/O	FT	JTDO	SPI3_SCK / I2S3_CK	PB3/TRACESWO TIM2_CH2/ SPI1_SCK
56	PB4	I/O	FT	NJTRST	SPI3_MISO	PB4/TIM3_CH1/ SPI1_MISO
57	PB5	I/O	FT	PB5	I2C1_SMBA/ SPI3_MOSI I2S3_SD	TIM3_CH2/ SPI1_MOSI
58	PB6	I/O	FT	PB6	I2C1_SCL/TIM4_CH1	USART1_TX
59	PB7	I/O	FT	PB7	I2C1_SDA/FSMC_NADV TIM4_CH2	USART1_RX
60	BOOT0	I		BOOT0		
61	PB8	I/O	FT	PB8	TIM4_CH3/SDIO_D4	I2C1_SCL/ CAN_RX
62	PB9	I/O	FT	PB9	TIM4_CH4/SDIO_D5	I2C1_SDA/ CAN_TX
63	V_{SS_3}	S		V_{SS_3}		
64	V_{DD_3}	S		V_{DD_3}		

注: 1. I = 输入,O = 输出,S = 电源,Hi Z = 高阻。

2. FT:可容忍 5 V。

3. 有些功能仅在部分型号芯片中支持。

4. PC13、PC14 和 PC15 引脚通过电源开关进行供电,而这个电源开关只能够吸收有限的电流(3 mA)。因此这三个引脚作为输出引脚时有以下限制:在同一时间只有一个引脚能作为输出,作为输出脚时只能工作在 2 MHz 模式下,最大驱动负载为 30 pF,并且不能作为电流源(如驱动 LED)。

5. 这些引脚在备份区域第一次上电时处于主功能状态下,之后即使复位,这些引脚的状态由备份区域寄存器控制(这些寄存器不会被主复位系统所复位)。关于如何控制这些 I/O 口的具体信息,可参考

STM32F10xxx 参考手册的电池备份区域和 BKP 寄存器的相关章节。

6. 与 LQFP64 的封装不同，在 WLCSP 封装上没有 PC3，但提供了 V_{REF+}引脚。

7. 此类复用功能能够由软件配置到其他引脚上(如果相应的封装型号有此引脚)，详细信息可参考 STM32F10xxx 参考手册的复用功能 I/O 章节和调试设置章节。

8. LQFP64 封装的引脚 5 和引脚 6 在芯片复位后默认配置为 OSC_IN 和 OSC_OUT 功能脚。软件可以重新设置这两个引脚为 PD0 和 PD1 功能。但对于 LQFP100/BGA100 封装和 LQFP144/BGA144 封装，由于 PD0 和 PD1 为固有的功能引脚，因此没有必要再由软件进行重映像设置。更多详细信息可参考 STM32F10xxx 参考手册的复用功能 I/O 章节和调试设置章节。

9. LPFP64 封装的产品没有 FSMC 功能。

6.3.2　STM32F103xx 器件一览

表 6.10 给出了 STM32F103xC、STM32F103xD 和 STM32F103xE 器件功能与配置说明。

表 6.10　STM32F103xC、STM32F103xD 和 STM32F103xE 器件功能和配置

外设		STM32F103Rx			STM32F103Vx			STM32F103Zx		
闪存(KB)		256	384	512	256	384	512	256	384	512
SRAM(KB)		48	64		48	64		48	64	
FSMC(静态存储器控制器)		无			有			有		
定时器	通用	4 个(TIM2、TIM3、TIM4、TIM5)								
	高级控制	2 个(TIM1、TIM8)								
	基本	2 个(TIM6、TIM7)								
通信接口	SPI(I^2S)	3 个(SPI1、SPI2、SPI3)，其中 SPI2 和 SPI3 可作为 I^2S 通信								
	I^2C	2 个(I^2C1、I^2C2)								
	USART/UART	5 个(USART1、USART2、USART3、UART4、UART5)								
	USB	1 个(USB 2.0 全速)								
	CAN	1 个(2.0B 主动)								
	SDIO	1 个								
GPIO 端口		51			80			112		
12 位 ADC 模块(通道数)		3(16)			3(16)			3(21)		
12 位 DAC 转换器(通道数)		2(2)								
CPU 频率		72 MHz								
工作电压		2.0~3.6 V								
工作温度		环境温度：-40℃~+85℃/-40℃~+105℃								
		结温度：-40℃~+125℃								
封装形式		LQFP64，WLCSP64			LQFP100，BGA100			LQFP144，BGA144		

注：1. 对于 LQFP100 和 BGA100 封装，只有 FSMC 的 Bank1 和 Bank2 可以使用。Bank1 只能使用 NE1 片选支持多路复用 NOR/PSRAM 存储器，Bank2 只能使用 NCE2 片选支持一个 16 位或 8 位的 NAND 闪存存储器。因为没有端口 G，故不能使用 FSMC 的中断功能。

2. SPI2 和 SPI3 接口能够灵活地在 SPI 模式和 I^2S 音频模式间切换。

6.3.3　系列之间的全兼容性

STM32F103xx 是一个完整的系列，其成员之间是完全地脚对脚兼容，软件和功能上也兼容。在参考手册中，STM32F103x4 和 STM32F103x6 被归为小容量产品，TM32F103x8 和 STM32F103xB 被归为中等容量产品，STM32F103xC、STM32F103xD 和 STM32F103xE 被归为大容量产品。

小容量和大容量产品是中等容量产品(STM32F103x8/B)的延伸，分别在对应的数据手册中介绍：STM32F103x4/6 数据手册和 STM32F103xC/D/E 数据手册。小容量产品具有较小的闪存存储器、RAM 空间和较少的定时器与外设。而大容量的产品则具有较大的闪存存储器、RAM 空间和更多的片上外设，如 SDIO、FSMC、I^{2}S 和 DAC 等，同时保持与其他同系列的产品兼容。

STM32F103x4、STM32F103x6、STM32F103xC、STM32F103xD 和 STM32F103xE 可直接替换中等容量的 STM32F103x8/B 产品，为用户在产品开发中尝试使用不同的存储容量提供了更大的自由度。表 6.11 详细介绍了 STM32F103xx 系列产品的相关信息。

表 6.11　STM32F103xx 系列

引脚数目	小容量产品		中等容量产品		大容量产品		
	16KB 闪存	32KB 闪存	64KB 闪存	128KB 闪存	256KB 闪存	384KB 闪存	512KB 闪存
	6KB RAM	10KB RAM	20KB RAM	20KB RAM	48KB 或 64KB RAM	64KB RAM	64KB RAM
144					3 个 USART+2 个 UART 4 个 16 位定时器、2 个基本定时器 3 个 SPI、2 个 I^{2}S、2 个 I^{2}C USB、CAN、2 个 PWM 定时器 3 个 ADC、1 个 DAC、1 个 SDIO FSMC(100 和 144 脚封装)		
100			3 个 USART 3 个 16 位定时器 2 个 SPI、2 个 I^{2}C、USB、CAN、1 个 PWM 定时器 1 个 ADC				
64	2 个 USART 2 个 16 位定时器 1 个 SPI、1 个 I^{2}C、USB、CAN、1 个 PWM 定时器 2 个 ADC						
48							
36							

6.3.4　ARM® 的 Cortex™-M3 处理器特性

1．CPU

ARM 的 Cortex™-M3 处理器是最新一代的嵌入式 ARM 处理器，它为实现 MCU 的需要提供了低成本的平台，缩减了引脚数目，降低了系统功耗，同时提供了卓越的计算性能和先进的中断系统响应。

ARM 的 Cortex™-M3 是 32 位的 RISC 处理器，提供额外的代码效率，在通常 8 和 16 位系统的存储空间上发挥了 ARM 内核的高性能。

STM32F103xC、STM32F103xD 和 STM32F103xE 增强型系列拥有内置的 ARM 核心，因此它与所有的 ARM 工具和软件兼容。

2．CRC(循环冗余校验)计算单元

CRC(循环冗余校验)计算单元使用一个固定的多项式发生器，从一个 32 位的数据字产生一个 CRC 码。在众多的应用中，基于 CRC 的技术被用于验证数据传输或存储的一致性。在 EN/IEC 60335-1 标准的范围内，它提供了一种检测闪存存储器错误的手段，CRC 计算单元可以用于实时地计算软件的签名，并与在链接和生成该软件时产生的签名对比。

3．时钟与启动

系统时钟的选择是在启动时进行的，复位时内部 8 MHz 的 RC 振荡器被选为默认的 CPU 时钟，随后可以选择外部的、具有失效监控的 4～16 MHz 时钟；当检测到外部时钟失效时，它将被隔离，系统将自动地切换到内部的 RC 振荡器，如果使能了中断，软件可以接收到相应的中断。同样，在需要时可以采取对 PLL 时钟完全的中断管理(如当一个间接使用的外部振荡器失效时)。

多个预分频器用于配置 AHB 的频率、高速 APB(APB2)和低速 APB(APB1)区域。AHB 和高速 APB 的最高频率是 72 MHz，低速 APB 的最高频率为 36 MHz。

4．自举模式

在启动时，通过自举引脚可以选择三种自举模式中的一种，包括从程序闪存存储器自举，从系统存储器自举以及从内部 SRAM 自举，自举加载程序(Bootloader)存放于系统存储器中，可以通过 USART1 对闪存重新编程。

5．供电方案

ARM 的 Cortex^{TM}—M3 处理器电源引脚连接方案如图 6.19 所示。

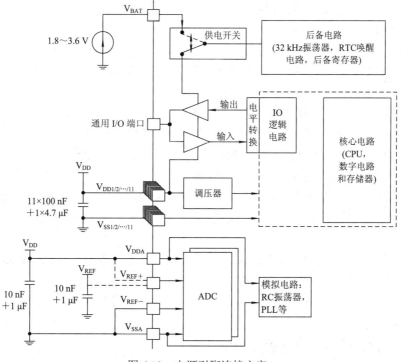

图 6.19　电源引脚连接方案

- $V_{DD} = 2.0 \sim 3.6V$：V_{DD} 引脚为 I/O 引脚和内部调压器供电。
- V_{SSA}、$V_{DDA} = 2.0 \sim 3.6V$：为 ADC、复位模块、RC 振荡器和 PLL 的模拟部分供电。使用 ADC 时，V_{DDA} 不得小于 2.4V。V_{DDA} 和 V_{SSA} 必须分别连接到 V_{DD} 和 V_{SS}。
- $V_{BAT} = 1.8 \sim 3.6V$：当关闭 V_{DD} 时，(通过内部电源切换器)为 RTC、外部 32 kHz 振荡器和后备寄存器供电。

6．供电监控器

本产品内部集成了上电复位(POR)/掉电复位(PDR)电路，该电路始终处于工作状态，保证系统在供电超过 2 V 时工作；当 V_{DD} 低于设定的阈值($V_{POR/PDR}$)时，置器件于复位状态，而不必使用外部复位电路。器件中还有一个可编程电压监测器(PVD)，它监视 V_{DD}/V_{DDA} 供电并与阈值 V_{PVD} 比较，当 V_{DD} 低于或高于阈值 V_{PVD} 时产生中断，中断处理程序可以发出警告信息或将微控制器转入安全模式。PVD 功能需要通过程序开启。

7．电压调压器

调压器有三个操作模式：主模式(MR)、低功耗模式(LPR)和关断模式。

- 主模式(MR)：用于正常的运行操作。
- 低功耗模式(LPR)：用于 CPU 的停机模式。
- 关断模式用于 CPU 的待机模式：调压器的输出为高阻状态，内核电路的供电切断，调压器处于零消耗状态(但寄存器和 SRAM 的内容将丢失)。

该调压器在复位后始终处于工作状态，在待机模式下关闭，高阻态输出。

8．低功耗模式

STM32F103xC、STM32F103xD 和 STM32F103xE 增强型产品支持三种低功耗模式，可以在要求低功耗、短启动时间和多种唤醒事件之间达到最佳的平衡。

(1) 睡眠模式。在睡眠模式，只有 CPU 停止，所有外设处于工作状态并可在发生中断/事件时唤醒 CPU。

(2) 停机模式。在保持 SRAM 和寄存器内容不丢失的情况下，停机模式可以达到最低的电能消耗。在停机模式下，停止所有内部 1.8 V 部分的供电，PLL、HSI 的 RC 振荡器和 HSE 晶体振荡器被关闭，调压器可以被置于普通模式或低功耗模式。

可以通过任一个配置成 EXTI 的信号把微控制器从停机模式中唤醒，EXTI 信号可以是 16 个外部 I/O 口之一、PVD 的输出、RTC 闹钟或 USB 的唤醒信号。

(3) 待机模式。在待机模式下可以达到最低的电能消耗。内部的电压调压器被关闭，因此所有内部 1.8 V 部分的供电被切断；PLL、HSI 的 RC 振荡器和 HSE 晶体振荡器也被关闭；进入待机模式后，SRAM 和寄存器的内容将消失，但后备寄存器的内容仍然保留，待机电路仍工作。

从待机模式退出的条件是：NRST 上的外部复位信号、IWDG 复位、WKUP 引脚上的一个上升边沿或 RTC 的闹钟到时。

注：在进入停机或待机模式时，RTC、IWDG 和对应的时钟不会被停止。

9．中断系统

1) 嵌套的向量式中断控制器(NVIC)

STM32F103xC、STM32F103xD 和 STM32F103xE 增强型产品内置嵌套的向量式中断控

制器，能够处理多达 60 个可屏蔽中断通道(不包括 16 个 Cortex™-M3 的中断线)和 16 个优先级。

- 紧耦合的 NVIC 能够达到低延迟的中断响应处理；
- 中断向量入口地址直接进入内核；
- 提供紧耦合的 NVIC 接口；
- 允许中断的早期处理；
- 处理晚到的较高优先级中断；
- 支持中断尾部链接功能；
- 自动保存处理器状态；
- 中断返回时自动恢复，无需额外指令开销。

该模块以最小的中断延迟提供灵活的中断管理功能。

2) 外部中断/事件控制器(EXTI)

外部中断/事件控制器包含 19 个边沿检测器，用于产生中断/事件请求。每个中断线都可以独立地配置它的触发事件(上升沿或下降沿或双边沿)，并能够单独地被屏蔽；有一个挂起寄存器维持所有中断请求的状态。EXTI 可以检测到脉冲宽度小于内部 APB2 的时钟周期。多达 112 个通用 I/O 口连接到 16 个外部中断线。

6.3.5　存储器组织结构

STM32F103xx 系列微处理器内置高达 512 KB 的内置闪存存储器，用于存放程序和数据，同时内置多达 64 KB 的内置 SRAM，CPU 能以 0 等待周期访问(读/写)。

1．FSMC(可配置的静态存储器控制器)

STM32F103xC、STM32F103xD 和 STM32F103xE 增强型系列集成了 FSMC 模块。它具有 4 个片选输出，支持 PC 卡/CF 卡、SRAM、PSRAM、NOR 和 NAND。其功能介绍如下：

- 3 个 FSMC 中断源，经过逻辑或连到 NVIC 单元；
- 写入 FIFO；
- 代码可以在除 NAND 闪存和 PC 卡外的片外存储器上运行；
- 目标频率 f_{CLK} 为 HCLK/2，即当系统时钟为 72 MHz 时，外部访问基于 36 MHz 时钟；系统时钟为 48 MHz 时，外部访问基于 24 MHz 时钟。

2．LCD 并行接口

FSMC 可以配置成与多数图形 LCD 控制器的无缝连接，它支持 Intel 8080 和 Motorola 6800 的模式，并能够灵活地与特定的 LCD 接口。使用这个 LCD 并行接口可以很方便地构建简易的图形应用环境，或使用专用加速控制器的高性能方案。

3．直接内存存取 DMA

灵活的 12 路通用 DMA(DMA1 上有 7 个通道，DMA2 上有 5 个通道)可以管理存储器到存储器、设备到存储器和存储器到设备的数据传输；2 个 DMA 控制器支持环形缓冲区的管理，避免了控制器传输到达缓冲区结尾时所产生的中断。

每个通道都有专门的硬件 DMA 请求逻辑，同时可以由软件触发每个通道；传输的长度、传输的源地址和目标地址都可以通过软件单独设置。

DMA 可以用于主要的外设，如：SPI、I²C、USART，通用、基本和高级控制定时器 TIMx，DAC、I²S、SDIO 和 ADC。

6.3.6　外围设备

1．RTC(实时时钟)和后备寄存器

RTC 和后备寄存器通过一个开关供电，在 V_{DD} 有效时该开关选择 V_{DD} 供电，否则由 V_{BAT} 引脚供电。后备寄存器(42 个 16 位的寄存器)可以用于在关闭 V_{DD} 时，保存 84 个字节的用户应用数据。RTC 和后备寄存器不会被系统或电源复位源复位；当从待机模式唤醒时，也不会被复位。

实时时钟具有一组连续运行的计数器，可以通过适当的软件提供日历时钟功能，还具有闹钟中断和阶段性中断功能。RTC 的驱动时钟可以是一个使用外部晶体的 32.768 kHz 的振荡器、内部低功耗 RC 振荡器或高速的外部时钟经 128 分频。内部低功耗 RC 振荡器的典型频率为 40 kHz。为补偿天然晶体的偏差，可以通过输出一个 512 Hz 的信号对 RTC 的时钟进行校准。RTC 具有一个 32 位的可编程计数器，使用比较寄存器可以进行长时间的测量。有一个 20 位的预分频器用于时基时钟，默认情况下时钟为 32.768 kHz 时，它将产生一个 1 s 长的时间基准。

2．定时器和看门狗

大容量的 STM32F103xx 增强型系列产品包含最多 2 个高级控制定时器、4 个普通定时器和 2 个基本定时器，以及 2 个看门狗定时器和 1 个系统嘀嗒定时器。

表 6.12 比较了高级控制定时器、普通定时器和基本定时器的功能。

表 6.12　定时器功能比较

定时器	计数器分辨率	计数器类型	预分频系数	产生DMA 请求	捕获/比较通道	互补输出
TIM1 TIM8	16 位	向上，向下，向上/下	1～65 536 之间的任意整数	可以	4	有
TIM2 TIM3 TIM4 TIM5	16 位	向上，向下，向上/下	1～65 536 之间的任意整数	可以	4	没有
TIM6 TIM7	16 位	向上	1～65 536 之间的任意整数	可以	0	没有

1) 高级控制定时器(TIM1 和 TIM8)

两个高级控制定时器(TIM1 和 TIM8)可以被看成是分配到 6 个通道的三相 PWM 发生器，它具有带死区插入的互补 PWM 输出，还可以被当成完整的通用定时器。4 个独立的通道可以用于：输入捕获；输出比较；产生 PWM(边缘或中心对齐模式)；单脉冲输出。

配置为 16 位标准定时器时，它与 TIMx 定时器具有相同的功能。配置为 16 位 PWM 发生器时，它具有全调制能力(0～100%)。

在调试模式下，计数器可以被冻结，同时 PWM 输出被禁止，从而切断由这些输出所控制的开关。

很多功能都与标准的 TIM 定时器相同，内部结构也相同，因此高级控制定时器可以通过定时器链接功能与 TIM 定时器协同操作，提供同步或事件链接功能。

2) 通用定时器(TIMx)

STM32F103xC、STM32F103xD 和 STM32F103xE 增强型系列产品中，内置了多达 4 个可同步运行的标准定时器(TIM2、TIM3、TIM4 和 TIM5)。每个定时器都有一个 16 位的自动加载递加/递减计数器、一个 16 位的预分频器和 4 个独立的通道，每个通道都可用于输入捕获、输出比较、PWM 和单脉冲模式输出，在最大的封装配置中可提供最多 16 个输入捕获、输出比较或 PWM 通道。

这些定时器还能通过定时器链接功能与高级控制定时器共同工作，提供同步或事件链接功能。在调试模式下，计数器可以被冻结。任一标准定时器都能用于产生 PWM 输出。每个定时器都有独立的 DMA 请求机制。

这些定时器还能够处理增量编码器的信号，也能处理 1 至 3 个霍尔传感器的数字输出。

3) 基本定时器 TIM6 和 TIM7

这两个定时器主要用于产生 DAC 触发信号，也可当做通用的 16 位时基计数器。

4) 独立看门狗

独立看门狗是基于一个 12 位的递减计数器和一个 8 位的预分频器，它由一个内部独立的 40 kHz 的 RC 振荡器提供时钟；因为这个 RC 振荡器独立于主时钟，所以它可运行于停机和待机模式。它可以被当成看门狗用于在发生问题时复位整个系统，或作为一个自山定时器为应用程序提供超时管理。通过选项字节可以配置成软件或硬件启动看门狗。在调试模式下，计数器可以被冻结。

5) 窗口看门狗

窗口看门狗内有一个 7 位的递减计数器，并可以设置成自由运行。它可以被当成看门狗用于在发生问题时复位整个系统。它由主时钟驱动，具有早期预警中断功能；在调试模式下，计数器可以被冻结。

6) 系统时基定时器

这个定时器专用于实时操作系统，也可当成一个标准的递减计数器。它具有下述特性：

- 24 位的递减计数器；
- 自动重加载功能；
- 当计数器为 0 时能产生一个可屏蔽系统中断；
- 可编程时钟源。

3. I^2C 总线

2 个 I^2C 总线接口，能够工作作多主模式或从模式，支持标准和快速模式。

I^2C 接口支持 7 位或 10 位寻址，7 位从模式时支持双从地址寻址。内置有硬件 CRC 发生器/校验器。I²C 接口也可以使用 DMA 操作并支持 SMBus 总线 2.0 版/PMBus 总线。

4．通用同步/异步收发器(USART)

STM32F103xC、STM32F103xD 和 STM32F103xE 增强型系列产品中，内置了 3 个通用同步/异步收发器(USART1、USART2 和 USART3)和 2 个通用异步收发器(UART4 和 UART5)。

这 5 个接口提供异步通信、支持 IrDA SIR ENDEC 传输编解码、多处理器通信模式、单线半双工通信模式和 LIN 主/从功能。

USART1 接口通信速率可达 4.5 Mb/s，其他接口的通信速率可达 2.25 Mb/s。

USART1、USART2 和 USART3 接口具有硬件的 CTS 和 RTS 信号管理、兼容 ISO7816 的智能卡模式和类 SPI 通信模式，除了 UART5 之外所有其他接口都可以使用 DMA 操作。

5．串行外设接口(SPI)

3 个 SPI 接口，在从或主模式下，全双工和半双工的通信速率可达 18 Mb/s。3 位的预分频器可产生八种主模式频率，可配置成每帧 8 位或 16 位。硬件的 CRC 产生/校验支持基本的 SD 卡和 MMC 模式。所有的 SPI 接口都可以使用 DMA 操作。

6．I²S(芯片互联音频)接口

2 个标准的 I²S 接口(与 SPI2 和 SPI3 复用)可以工作于主或从模式，这 2 个接口可以配置为 16 位或 32 位传输，亦可配置为输入或输出通道，支持音频采样频率范围为 8 kHz～48 kHz。当任一个或两个 I²S 接口配置为主模式时，它的主时钟可以以 256 倍采样频率输出给外部的 DAC 或 CODEC(解码器)。

7．安全数字接口 SDIO

SD/SDIO/MMC 主机接口可以支持 MMC 卡系统规范 4.2 版中的 3 个不同的数据总线模式：1 位(默认)、4 位和 8 位。在 8 位模式下，该接口可以使数据传输速率达到 48 MHz，该接口兼容 SD 存储卡规范 2.0 版。

SDIO 存储卡规范 2.0 版支持两种数据总线模式：1 位(默认)和 4 位。

目前的芯片版本只能一次支持一个 SD/SDIO/MMC 4.2 版的插卡，但可以同时支持多个 MMC 4.1 版或之前版本的插卡。

除了 SD/SDIO/MMC，这个接口完全与 CE-ATA 数字协议版本 1.1 兼容。

8．控制器区域网络(CAN)

CAN 接口兼容规范 2.0A 和 2.0B(主动)，位速率高达 1 Mb/s。它可以接收和发送 11 位标识符的标准帧，也可以接收和发送 29 位标识符的扩展帧。具有 3 个发送邮箱和 2 个接收 FIFO，3 级 14 个可调节的滤波器。

9．通用串行总线(USB)

STM32F103xC、STM32F103xD 和 STM32F103xE 增强型系列产品，内嵌一个兼容全速 USB 的设备控制器，遵循全速 USB 设备(12 Mb/s)标准，端点可由软件配置，具有待机/唤醒功能。USB 专用的 48 MHz 时钟由内部主 PLL 直接产生(时钟源必须是一个 HSE 晶体振荡器)。

10．通用输入输出接口(GPIO)

每个 GPIO 引脚都可以由软件配置成输出(推挽或开漏)、输入(带或不带上拉或下拉电阻)或复用的外设功能端口。多数 GPIO 引脚都与数字或模拟的复用外设共用。除了具有模拟输入功能的端口外，所有的 GPIO 引脚都有大电流通过能力。

在需要的情况下，I/O 引脚的外设功能可以通过一个特定的操作锁定，以避免意外地写入 I/O 寄存器内容。在 APB2 上的 I/O 脚可达 18 MHz 的翻转速度。

11．ADC(模拟/数字转换器)

STM32F103xC、STM32F103xD 和 STM32F103xE 增强型产品，内嵌 3 个 12 位的模拟/数字转换器(ADC)，每个 ADC 共用多达 21 个外部通道，可以实现单次或扫描转换。在扫描模式下，自动进行在选定的一组模拟输入上的转换。

ADC 接口上的其他逻辑功能包括：

- 同步的采样和保持；
- 交叉的采样和保持；
- 单次采样。

ADC 可以使用 DMA 操作。

模拟看门狗功能允许非常精准地监视一路、多路或所有选中的通道，当被监视的信号超出预置的阈值时，将产生中断。

由标准定时器(TIMx)和高级控制定时器(TIM1 和 TIM8)产生的事件，可以分别内部级联到 ADC 的开始触发和注入触发，应用程序能使 AD 转换与时钟同步。

12．DAC(数字至模拟信号转换器)

两个 12 位带缓冲的 DAC 通道可以用于将 2 路数字信号转换为 2 路模拟电压信号并输出。这项功能是通过内部集成的电阻串和反向的放大器实现的。

这个双数字接口支持下述功能：

- 两个 DAC 转换器：各有一个输出通道；
- 8 位或 12 位单调输出；
- 12 位模式下的左右数据对齐；
- 同步更新功能；
- 产生噪声波；
- 产生三角波；
- 双 DAC 通道独立或同步转换；
- 每个通道都可使用 DMA 功能；
- 外部触发进行转换；
- 输入参考电压 V_{REF+}。

STM32F103xC、STM32F103xD 和 STM32F103xE 增强型产品中有 8 个触发 DAC 转换的输入。DAC 通道可以由定时器的更新输出触发，更新输出也可连接到不同的 DMA 通道。

13．温度传感器

温度传感器产生一个随温度线性变化的电压，V_{DDA} 转换范围在 2~3.6 V。温度传感器在内部被连接到 ADC1_IN16 的输入通道上，用于将传感器的输出转换到数字数值。

14．串行单线 JTAG 调试口(SWJ-DP)

内嵌 ARM 的 SWJ-DP 接口，这是一个结合了 JTAG 和串行单线调试的接口，可以实现串行单线调试接口或 JTAG 接口的连接。JTAG 的 TMS 和 TCK 信号分别与 SWDIO 和 SWCLK 共用引脚，TMS 脚上的一个特殊的信号序列用于在 JTAG-DP 和 SW-DP 间切换。

15．内嵌跟踪模块(ETM)

使用 ARM®的嵌入式跟踪微单元(ETM)，STM32F10xxx 通过很少的 ETM 引脚连接到外部跟踪端口分析(TPA)设备，从 CPU 核心中以高速输出压缩的数据流，为开发人员提供了清晰的指令运行与数据流动的信息。TPA 设备可以通过 USB、以太网或其他高速通道连接到调试主机，实时的指令和数据流向能够被调试主机上的调试软件记录下来，并按需要的格式显示出来。TPA 硬件可以从开发工具供应商处购得，并能与第三方的调试软件兼容。

第7章　单片机应用系统设计

本章主要结合设计实例介绍单片机应用系统的一般设计方法、步骤和设计原则，仅作为读者在今后单片机应用系统设计时的参考，目的主要是为了提高读者的知识应用与系统设计能力。

7.1　实例 1——简易智能小车设计

7.1.1　需求分析

随着计算机与微电子技术的快速发展，智能化技术的开发越来越快，智能程度也越来越高，应用的范围也得到了极大的扩展。智能小车系统以迅猛发展的汽车电子技术为背景，涵盖了控制、模式识别、传感技术、电子、电气、计算机、机械等多个学科。同时，当今机器人技术的发展日新月异，其已应用于考古、探测、国防、侦查、救灾等众多领域。

一些发达国家已经把机器人设计制作竞赛作为创新教育的战略手段。如日本每年都要举行诸如"NHK 杯大学生机器人大赛"、"全日本机器人相扑大会"、"机器人足球赛"等各种类型的机器人制作比赛，参加者多数为学生，目的在于通过大赛全面培养学生的动手能力、创造能力、合作能力和进取精神，同时也普及智能机器人的知识。在我国全国性或地方性的大学生电子设计竞赛中，也常常出现智能小车这种集光、机、电于一体的题目。在多种传感器的配合下，简易智能小车能自动模仿人驾驶小车在道路上行走，如前进、后退、左右转弯、加速减速、打方向灯和避开障碍物等，可见智能小车的研究在学生创新和实践能力培养过程中具有较大的指导意义。

从某种意义上来说，机器人技术反映的是一个国家综合技术实力的高低，而智能小车是机器人的雏形，它的控制系统的研究与制作将有助于推动智能机器人控制系统的发展。

本实例以 2003 年全国大学生电子设计竞赛 E 题为设计目标，设计制作一个简易智能小车，设计方案对于常见的智能小车设计类题目具有普遍意义，其行驶路线示意图如图 7.1 所示。

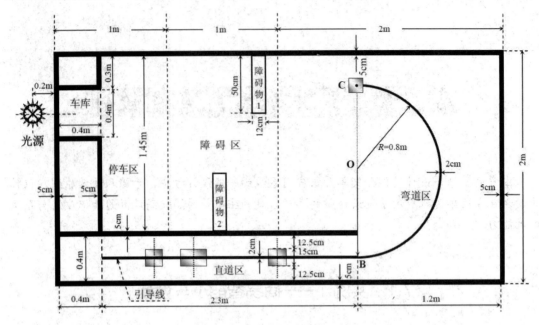

图 7.1　智能小车行驶路线示意图

7.1.2　系统设计

1. 系统总体设计

简易智能小车的设计方案，利用各种传感器电路结合信号调理电路对外围反馈信息进行采集，并送入单片机，单片机处理所有传感器中断并实现相应的控制算法，独立驱动左右两轮的直流电动机，由单片机产生脉冲宽度调制波(Pulse Width Modulation，PWM)控制电机驱动模块对小车速度和运动方向进行调整，小车的各种状态信息通过液晶显示器显示出来，电机驱动电路模块单独供电，其他部件一起另行供电。简易智能小车系统总体结构框图如图 7.2 所示。

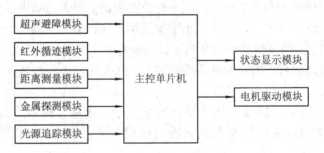

图 7.2　简易智能小车系统总体结构框图

简易智能小车所要执行的基本任务如下：

(1) 电动车从起跑线出发(车体不得超过起跑线)，沿引导线到达 B 点。在"直道区"铺设的白纸下沿引导线埋有 1～3 块宽度为 15 cm、长度不等的薄铁片。电动车检测到薄铁片时需立即发出声光指示信息，并实时存储、显示在"直道区"检测到的薄铁片数目。

(2) 电动车到达 B 点以后进入"弯道区"，沿圆弧引导线到达 C 点(也可脱离圆弧引导线到达 C 点)。C 点下埋有边长为 15 cm 的正方形薄铁片，要求电动车到达 C 点检测到薄铁片后在 C 点处停车 5 s，停车期间发出断续的声光信息。

(3) 电动车在光源的引导下，通过障碍区进入停车区并到达车库。电动车必须在两个障碍物之间通过且不得与其接触。

(4) 电动车完成上述任务后应立即停车，但全程行驶时间不能大于 90 s，行驶时间达到 90 s 时必须立即自动停车。

(5) 电动车在"直道区"行驶过程中，存储并显示每个薄铁片(中心线)至起跑线间的距离。

(6) 电动车进入停车区域后，能进一步准确驶入车库中，要求电动车的车身完全进入车库。

(7) 停车后，能准确显示电动车全程行驶时间。

各模块的详细设计及功能见各模块设计部分。

2．各模块设计

(1) 系统电源模块：简易智能小车采用四节 3.7 V 的 18650 型可充电锂电池串联供电，供电电压为+14.8V，在系统设计时需要将该电压经转换后输出+12 V、+5 V 电压，为系统内的各个模块提供电源。

(2) 电机驱动模块：选择直流电机作为小车的驱动电机，需要设计合适的电机驱动电路，方便对小车的运动进行控制，包括启动、停止、前进、后退、调速等操作。

(3) 光源追踪模块：用光敏电阻组成光敏探测器。光敏电阻的阻值可以跟随周围环境光线的变化而变化。当光线照射到白线上面时，光线发射强烈，光线照射到黑线上面时，光线发射较弱。因此光敏电阻在白线和黑线上方时，阻值会发生明显的变化。利用阻值的变化值经过比较器就可以输出高低电平。

(4) 红外循迹模块：采用安装在小车底部的左、中、右三只红外发射接收对管作为小车的黑线循迹模块。该传感器不但价格便宜，容易购买，而且处理电路简单易行，实际使用效果很好，能很顺利地引导小车到达 C 点。启动时，小车跨骑在黑线上。两侧的红外发射接收对管分别安装在黑线两侧的白色区域，输出为低电压，中间的红外发射接收对管安装在黑线上方位置，当走偏时，可通过三只对管的组合逻辑对小车的运行状态做出准确判断，并及时进行调整。

(5) 超声避障模块：小车的避障方案采用技术成熟的超声波模块实现，分别安装在小车车身的左右两侧，超声波发射接收的路径指向小车行进中的左前方和右前方。

(6) 金属探测模块：采用电感式接近开关作为金属探测传感器，可靠探测距离小于 8 cm，当检测到金属片时，对金属片计数，通过液晶显示器显示。

(7) 距离测量模块：在车轮半圆处安装两个磁铁，在轮侧悬吊一个霍尔开关，通过霍尔开关的输出脉冲数来测量小车行进距离。

(8) 状态显示模块：用于显示行走时间、金属铁片位置等参数。

3．系统程序设计

简易智能小车的所有功能都通过单片机控制实现，软件设计采用模块化子程序的方式，包括电机、循迹、追光、避障、检测、显示几个部分。小车启动后按照设定路线行进，避障系统每 100 ms 进行一次障碍物检测，并将检测结果交由主控单片机处理，单片机根据各个模块的数据反馈信息判断是否继续前进或者转弯进行避障处理，如果遇到障碍物，则采取刹车、转弯等技术处理。主控制程序流程图如图 7.3 所示。

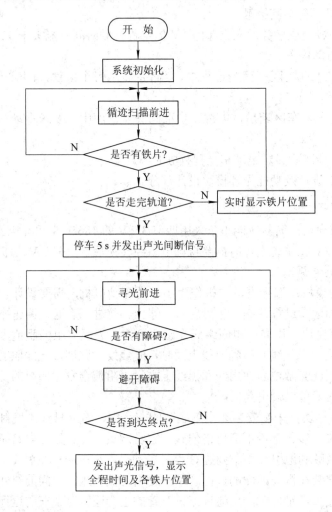

图 7.3　主控制程序流程图

7.1.3　硬件电路原理图及 PCB 设计

本实例的硬件电路原理图采用 Altium Designer 进行设计。

1. 主控制器模块设计

简易智能小车系统虽然硬件模块较多，但技术指标要求并不高，主要是针对各个硬件模块的驱动及反馈信息的处理，满足题目要求即可，因此，选择较为熟悉的 Atmel 公司生产的 AT89S51 单片机作为系统的主控制器，该单片机具有成本低、MCS51 系列产品指令和引脚完全兼容的特点，适合初级阶段的开发人员使用。AT89S51 单片机最小系统电路如图 7.4 所示。

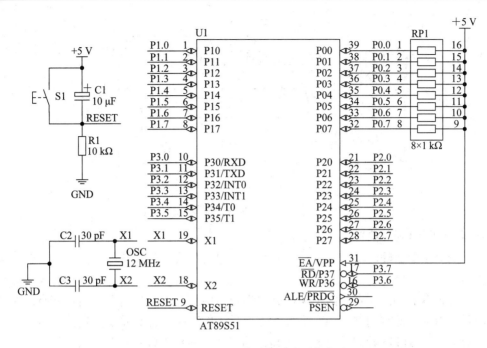

图 7.4　AT89S51 单片机最小系统电路

2．系统电源模块设计

根据简易智能小车系统控制器及各个模块的电压需求，需要将四节输入锂电池的电压+14.8 V 转换成+12 V 和+5 V，采用常见的三端稳压集成电路 LM7812、LM7805 即可满足系统要求，其输出电流可达 1.5 A，还具有电路结构简单、成本低廉的优点。系统电源电路如图 7.5 所示，仅需在三端稳压器输入和输出端并联两个大小不同的滤波电容就能够稳定工作。

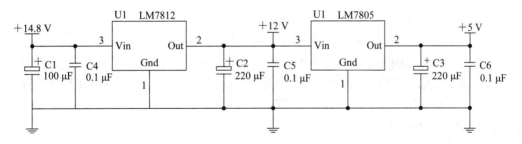

图 7.5　系统电源电路

3．电机驱动模块设计

电机驱动采用 STMicroelectronics 公司的 L298N 型双 H 桥直流电机驱动芯片，具有集成度高、体积小、稳定可靠的优点，可以直接驱动两路 3～35 V 直流电机，并提供了+5 V输出接口(输入最低只要+6 V)，可以给+5 V 单片机电路系统供电(低纹波系数)，可以方便地控制直流电机速度和方向，也可以控制 2 相步进电机、5 线 4 相步进电机。此种电机驱动芯片是智能小车制作中的常用电机驱动芯片。具体电机驱动电路如图 7.6 所示。

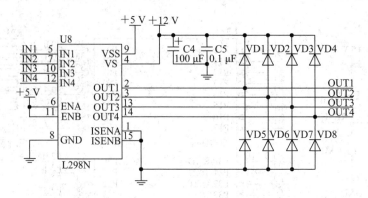

图 7.6　电机驱动电路

4．红外循迹模块设计

为了检测路面黑线，在车底的前部安装了三组反射式红外传感器，其中左右两旁各有一组传感器，由三个传感器组成"品"字形排列，中轴线上为一个传感器。因为若采用中部的一组传感器的接法，有可能出现当驶出拐角时将无法探测到转弯方向。若有两旁的传感器，则可以提前探测到哪一边有轨迹，方便程序的判断，提高系统稳定性。每个红外寻迹传感器由一个 ST178 反射式红外光电传感器组成，内部集成有高发射功率红外光电二极管和高灵敏度光电晶体管。具体红外循迹电路如图 7.7 所示。

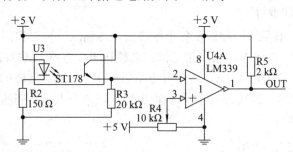

图 7.7　红外循迹电路

为了防止环境光的影响，将其安装在靠近地面约 10 mm 高度的位置上，在此条件下测得对白色地面的输出值约为 0.8 V，对黑色地面的输出值约为 4.1 V，通过比较器设置合理的阈值电压，将输出电压转换成稳定可靠的方波输出。

5．超声避障模块设计

避障模块基于超声波测距原理实现，在小车车头左、右各安装一对探测头用于前方障碍物距离检测。超声避障电路如图 7.8 所示，超声波测距模块包括发射与接收两个部分：对于发射部分，单片机产生 40 kHz 的方波，经过三个串联的反向器整形，再经 LM311 型比较器扩大电流后发射出去；接收部分采用 National Semiconductor 公司生产的 LF356 两级级联放大后，经过带通滤波器和比较器，便能得到比较理想的 40 kHz 的方波，然后由单片机进行判断和运算。运放的选择能很好地消除超声接收时的假波。实测时，超声测距可稳定测量 60 cm。通过对信号进行反复放大、整形、滤波处理，超声头的方向性得到极大的改善。

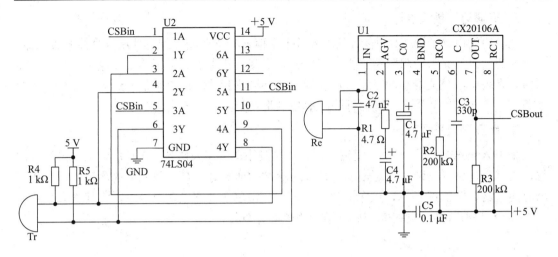

图 7.8　超声避障电路

6．金属探测模块设计

我们使用电感型接近开关探测金属片，型号为 LJC18A3-B-Z/BX，当贴片接近开关时，输出端输出低电平。实测非常灵敏，利用单片机的中断可准确地检测到金属物。其工作原理为：利用外界的金属性物体对传感器的高频振荡产生的阻尼效应来识别金属物体的存在。振荡器即是由缠绕在铁氧体磁芯上的线圈构成的 LC 振荡电路。振荡器通过传感器的感应面，在其前方产生一个高频交变的电磁场。当外界的金属性导电物体接近这一磁场，并到达感应区时，在金属物体内产生涡流效应，从而导致 LC 振荡电路振荡减弱，振幅变小，即称之为阻尼现象。这一振荡的变化，即被开关的后置电路放大处理并转换为一确定的输出信号，触发开关并驱动控制器件，从而做非接触式目标检测，其优点在于传感器没有磨损，使用寿命长；不会产生误动作；无接触，因而可免于保养；输出为开关量，方便 MCU处理。

为了防止路面不平及车体晃动对探测的影响，我们使用了有效距离为 15 mm 的接近开关作为探测器。使用时，我们将其固定在智能车的正前端，将探测面固定在与地面距离 10 mm 左右的位置。将它的信号输出端接到 INT0 口，通过中断方式进行探测。金属探测电路如图 7.9 所示。

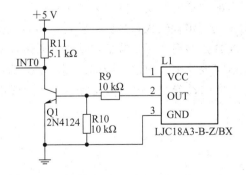

图 7.9　金属探测电路

7. 光源追踪模块设计

光源检测电路如图 7.10 所示,利用光敏电阻值随光强弱变化的特性组成光控开关电路。当无光照射时,光敏电阻阻值很大,三极管处于截止状态,集电极输出高电平;当有光照射时,光敏电阻阻值变小,三极管饱和导通。将检测到的高低电平信号送至单片机,依此调整车头方向,使其沿光源方向行驶。检测电路安装在小车车头位置。

8. 距离测量模块设计

采用 Allegro 公司 A3144E 型霍尔传感器检测小车速度及距离。在车后轮上安装两片磁钢,将霍尔传感器安装在固定轴上,通过对脉冲的计数进行车速及距离的测量。霍尔传感器测距电路如图 7.11 所示,汽车后轮每转一圈,霍尔元件产生两个脉冲,将其送入单片机的 INT1 口进行计数,同时完成脉冲数和距离的计算。

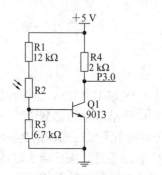
图 7.10　光源检测电路

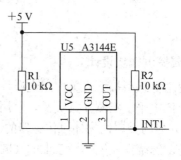
图 7.11　霍尔传感器测距电路

9. PCB 设计

PCB 的设计与电路原理图的设计采用同一个设计工具——Altium Designer。

PCB 设计时需要考虑的几个问题是适当的尺寸大小、合理的元器件布局、适当的对外接口位置及较强的抗干扰能力。

若系统中既存在强电信号,如继电器、电流互感器等,又有单片机及液晶显示器等弱电信号,为了降低电磁干扰,可把强电和弱电分别布在一个电路板上,两个电路板之间通过接口连线进行联系。一个电路板以单片机、液晶显示器、键盘等弱电信号为主,另一个电路板以继电器、参数测量等与强电信号相连的电路为主。

为了增强抗干扰能力,加大了电源线宽度,减少了环路电阻。一般电源线和地线的宽度应至少是 2～4 mm。对于功率消耗较大,也就是流过电流较大的单片机系统,电源线的宽度还应该更宽。同时,PCB 走线时应尽量降低电源线的长度。对于地线,应在尽可能的情况下采用敷铜技术,把电路板上空余的地方全部敷铜,增大地线宽度。如果技术条件允许,最好采用多层板技术,专门设置一个电源内层。信号线一般不出现锐角。

7.1.4　系统调试

1. 功能模块调试

小车整体组装完成后,在上电之前先检查电源的两个输入端子有没有短路,在没有短路的情况下才可以上电。第一次上电时要小心,应仔细观察上电后是否有异常气味或者声音，有没有芯片发烫严重，发现这些问题后，应立即断电，排查故障。每次电路修改后再上电时都要进行检查。上电没有故障后，首先用万用表检查各个芯片的电源与地是否正确连接，在电源和地正确连接的情况下再去检测晶振电路是否起振。在电源和晶振都正常工作的情况下，先调试单片机的基本运行情况，运行一个简单程序，看结果是否正确；然后设置 I/O 口输出，看结果是否正确。

确认电气连接无错误之后，再逐步对各个模块进行调试。首先对主控单元进行调试，载入按键程序、时钟和液晶模块程序。然后对红外对管、接近开关、超声波等模块进行测试，分别载入响应的模块驱动程序，通过观察指示灯、用万用表测量或者由液晶显示器直接显示结果来判断相关模块工作是否正常。

2. 系统联调

基本功能调试完成并确定没有错误后，接下来就是把各个基本功能模块结合在一起进行产品的综合调试，我们称为系统联调。

系统联调主要基于各个模块能够正确反馈主程序运行过程中需要的各个参数，包括响应时间及单片机中断响应时间，是否出现软件设计时的逻辑性错误，或者时序错乱导致程序崩溃等问题，在遇到程序跑飞或者卡死等问题时，可通过设置关键点的状态指示灯等手段方便编程人员直接观察程序的运行状态，及时修正。

7.1.5　文档编制

文件既是设计工作的结果，也是以后使用、维修以及进一步开发的依据和基础。因此，设计工作完成后一定要精心编写工作文件，尽可能描述清楚，使数据和资料齐全。文件应包括任务描述、性能测定及现场试用报告与说明、使用指南等。

最后，设计人员提交的文档应包括：

(1) 需求说明，包括具体的产品应用场合、产品应实现的功能、产品设计要求等内容；

(2) 概要设计说明，主要是系统功能设计、设计指导思想及设计方案论证；

(3) 详细设计说明，根据概要设计所采取的方案，对详细设计过程进行说明，包括功能模块的划分、每一模块的具体实现、各模块之间的接口情况、电子元器件的选型、硬件电路设计思路等；

(4) 各种硬件图纸，包括硬件电路原理图、元件布置图及接线图、线路板图、接插件引脚图等；

(5) 软件相关资料，包括软件流程图、程序清单、程序说明等；

(6) 用户手册/使用指南，提供给用户使用，使用户根据手册或指南就能进行各种相关操作，同时用户手册/使用指南的编写要求语言简洁，内容全面，且不能有歧义。

7.2　实例 2——两轮自平衡机器人系统设计

7.2.1　需求分析

近年来，随着移动机器人研究的不断深入和其应用领域的更加广泛，面临的环境和任务也越来越复杂。有时机器人会遇到比较狭窄而且有许多大转角的工作场合，如何在这样的环境里灵活快捷地执行任务，成为人们颇为关心的一个问题。

两轮自平衡机器人的概念就是在这样的背景下提出来的，这种机器人两轮共轴、独立驱动，车身重心倒置于车轮轴上方，通过运动保持平衡，可直立行走。由于特殊的结构，其适应地形变化能力强，运动灵活，可以胜任一些复杂环境里的工作。传统轮式移动机器人多以具有导向轮的三轮或四轮小车布局，与之相比，两轮自平衡机器人主要有如下优点：

(1) 实现原地回转和任意半径转向，移动轨迹更为灵活易变，很好地弥补了传统多轮布局的缺点；

(2) 减小了占地面积，在场地面积较小或要求灵活运输的场合十分适用；

(3) 大大地简化了车体结构，可以把机器人做得更小更轻；

(4) 驱动功率也较小，为电池长时间供电提供了可能，为环保轻型车提供了一种新的思路。

两轮自平衡机器人面世以后，迅速吸引了世界各国机器人研究者的兴趣，成为验证各种控制理论的理想平台，具有重大的理论意义，这要归功于其不稳定的动态性能和系统所具有的强非线性。因此，两轮自平衡机器人有着相当广泛的应用前景，其典型应用包括通勤车、空间探索、战场侦察、危险品运输、排雷灭火、智能轮椅、玩具等场合。例如，两轮小车作为小范围、短距离交通工具将更加方便、灵活、环保；智能轮椅可为残疾人提供便捷服务。

7.2.2　系统设计

1. 系统总体设计

两轮自平衡机器人通过对机器人各项运动数据信息的采集、滤波、融合，获取运动的角度信息和位移信息。由于室内环境的复杂性采取了两轮机器人的机械结构，依据惯性导航原理，对机器人运动进行积分推算，获得机器人的实时位置和运动路径信息，机器人再通过无线通信的方式，将相关数据信息传送至 PC 上位机，对机器人运动实现监控。两轮自平衡机器人系统总体结构框图如图 7.12 所示。

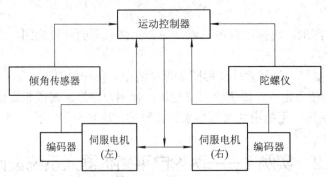

图 7.12　两轮自平衡机器人系统总体结构框图

两轮自平衡机器人的设计过程中，研制出能满足可靠性要求的运动控制系统是至关重要的。两轮自平衡机器人必须要能够在无外界干预下依靠一对平行的车轮保持平衡，并完成前进、后退、左右转弯等动作。保持小车直立和运动的动力都来自于小车的两只车轮，车轮由两只直流电机驱动。因此，从控制角度来看，可以将小车作为一个控制对象，控制输入量是两个车轮的转动速度。整个控制系统包括对机器人平衡、速度、方向的控制，由于最终都是对伺服电机进行控制，所以三者之间存在着耦合关系，其中，平衡控制是系统最基本的要求，也是整个控制系统的难点。

根据前述运动控制系统功能需求及平衡控制算法的要求，两轮自平衡机器人系统设计应包含主控单片机、电机驱动模块、编码器模块、姿态检测模块、距离测量模块、数据通信模块以及系统电源模块。两轮自平衡机器人控制系统功能框图如图 7.13 所示。

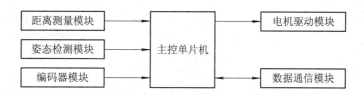

图 7.13　两轮自平衡机器人控制系统功能框图

各模块的详细设计及功能见各模块设计部分。

2．各模块设计

(1) 系统电源模块：两轮自平衡机器人采用四节 18650 型可充电锂电池串联供电，供电电压约+14 V，在系统设计时需要将该电压通过升压或者降压变换器转换成+16 V、+5 V、+3.3 V 标准电压，为系统内的各个模块提供电源。

(2) 电机驱动模块：机器人的双轮使用的是直流减速电机，控制直流电机的正反转需有桥式驱动电路的配合，单独使用控制器无法直接驱动。

(3) 编码器模块：采用正交编码器，可以输出 A、B 两路方波信号，通过控制器可直接获取电机的转速信息。

(4) 姿态检测模块：姿态检测的目的就是得到一个刚体的固连坐标系和参考坐标系之间的角位置关系的数学表达方法。简单来说，姿态就是机器人的俯仰、翻滚、航向情况，只有知道了机器人的姿态情况，才能稳定可靠地控制机器人的下一步运动。姿态检测模块的设计使用惯性测量模块(陀螺仪和加速度计)，测量得到六轴或九轴姿态数据(磁力计)，通过数学求解计算、数据融合，获取机器人的运动姿态信息。

(5) 距离测量模块：机器人在复杂的环境中需要成功避开障碍物，采用超声波测距模块可对前方障碍物进行检测。

(6) 数据通信模块：通过无线串口收发器将机器人行进过程中的实时数据传送给监控主机(PC)，主机也可通过串口通信对机器人进行遥控。

3．两轮平衡机器人模型分析

两轮平衡车采用两个电机作为其动力输出，其运作原理是建立在一种动态稳定的基础上的，利用车体搭载的陀螺仪和加速度传感器来检测车体姿态的变化，并利用伺服控制系统对电机进行相应的精确驱动调整，对电机的转动方向和运行速度进行调控，实现车体姿态的控制，保持系统的平衡。两轮平衡车的转弯半径很小，几乎为 0，非常适合在小空间范围内使用，也没有相应的刹车控制系统，通过对自身姿态信息的判断，协调车体平衡同时控制车体的运动和停止。

车体的姿态平衡由负反馈控制实现，由于车体只有两个车轮为着力点，因此车体也只能在车轮转动的方向倾倒。当车体向一侧倾倒时，车体向倾倒方向加速运动，从而保持车体的平衡。图 7.14 为车体平衡控制原理图。

图 7.14　车体平衡控制原理图

对两轮车体结构进行简化分析，则平衡的车体可以看做一个倒立着的单摆放置在可以左右自由移动的平台上。车体简化后的倒立单摆原理图如图 7.15 所示。

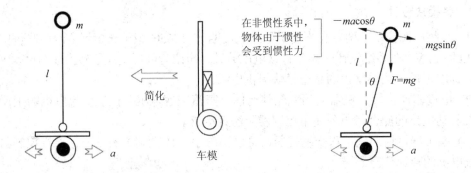

图 7.15　车体简化后的倒立单摆原理图

当车体离开平衡的位置发生倾斜时，所受到的回复力方向和车体移动的方向相同，这时，车体会继续倾斜。倘若需要车体一直稳定在垂直平衡位置，就需要给车体一个额外的力，使车体的回复力和车体移动的方向相反，即控制车轮，使它做加速运动，这时车体的回复力和车体的移动方向就会相反。为了尽快使车体在垂直位置稳定下来，需要添加阻尼作用，添加的阻尼力与车体倾斜的速度成正比，但方向相反。

4．系统程序设计

系统程序设计，主要是针对控制器应用编程和机器人运动控制的 PID 算法进行处理，通过姿态检测得到机器人运动状态的相关数据信息，再通过 PID 算法完成运动控制功能。具体的程序流程图主要包含主控制程序和 PID 控制算法两个部分，如图 7.16 和图 7.17 所示。

机器人的运动控制采用经典 PID 控制算法，可以很好地满足系统调节的要求，通过对平衡车模型的分析，系统需要角度环、速度环、转向环三个 PID 进行串级控制。为保证机器人运动时的稳定性，对平衡车运动模型进行分析可知，角度环、速度环、转向环控制周期应为 5∶100∶10＝1∶20∶2。在该系统，角度环采用 PD 调节，控制周期为 5 ms；速度环采用 PI 调节，控制周期为 100 ms；转向环也采用 PI 调节，控制周期为 10 ms。

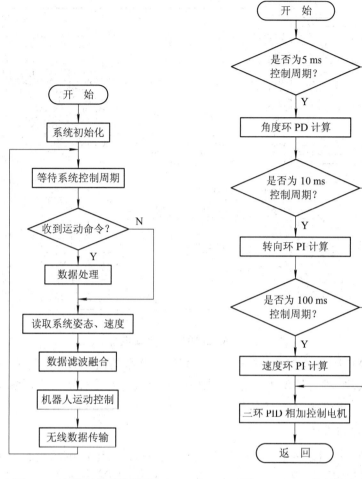

图 7.16　主控制程序流程图　　　　图 7.17　PID 控制算法流程图

7.2.3　硬件电路原理图设计

机器人硬件电路原理图采用 Altium Designer 进行设计。

1. 系统主控制器模块设计

考虑到本系统设计实现的室内服务机器人对机器人的信息处理和控制需实时性，选用意法半导体 STMicroelectronics 公司生产的 STM32F103 微控制器，该微控制器具有运行速度快，外设资源丰富的优点。STM32F103 是意法半导体旗下的一种增强型控制芯片，高性能、低成本、低功耗，因此在嵌入式控制开发中被经常使用，采用基于 CortexM3 处理器内核的增强型 32 位控制器，最高工作频率可达到 72 MHz。该控制器含有丰富的外设资源，包含 12 通道 DMA 控制器，包含 I²C、SPI 等 13 个通信接口，8 个 16 位定时器，12 位的 AD、DA 转换器，丰富的中断资源等，能够满足大多数应用开发的要求。

STM32F103 系统电路主要由晶振电路、复位电路和 BOOT 电路组成，晶振电路为系统的时钟源，复位电路控制芯片程序的运行，BOOT 电路设置芯片运行时的启动位置。图 7.18 为 STM32F103 最小系统电路。

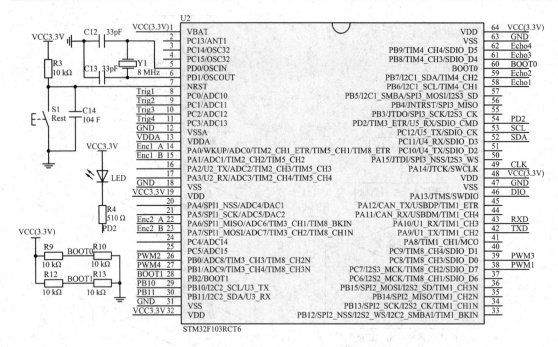

图 7.18　STM32F103 最小系统电路

本设计中 STM32F103RCT6 是构成服务型机器人模型的核心部分，其作为系统的核心控制器调配各个模块，整合处理所有的实时数据。系统软件采用 C 语言进行编写，使用 Keil μVision5 版本进行程序的编译、仿真及运行。

2．系统电源模块设计

系统供电的锂电池组输出电压为+14 V，姿态检测部分、电机测速部分、测距部分均为 +5 V 电压供电，控制器部分为+3.3 V 供电。根据各个模块的供电标准，选用 LM2596 开关电源模块将输入+14 V 转换成+5 V，再通过输出纹波小的线性稳压器 AMS1117，再将+5 V 电压转换为+3.3 V 电压。具体降压变换电路如图 7.19 所示。

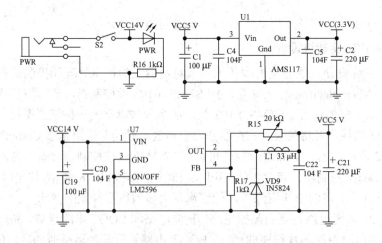

图 7.19　降压变换电路

机器人车轮的直流减速电机需采用+16 V 供电，因此需要对锂电池输出电压电源进行升压后为电机供电。采用 UC3842 电流控制型脉宽调制电源芯片实现升压变换，具体升压变换电路如图 7.20 所示。

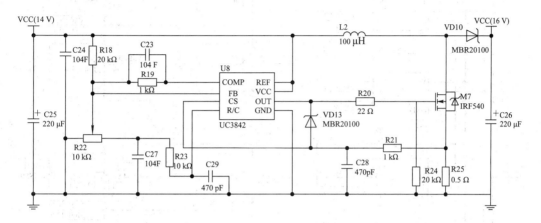

图 7.20　升压变换电路

3．电机驱动模块设计

　　两轮自平衡机器人采用双轮的结构模型，由控制器控制两电机的运转实现机器人的运动。系统采用大功率的直流减速电机，提高机器人的运动能力，但使用控制器无法直接驱动，因此在电机与控制器间添加了相应的驱动电路。驱动电路通常是在主电路和控制电路之间工作，即是一种放大控制电路信号的中间电路。驱动电路可通过控制电路信号驱动 MOSFET 工作实现电路控制。整体而言驱动电路就是使用前级小信号，控制相关功率型器件实现使用小信号完成对功率型负载的控制。就电机驱动而言，驱动是将控制器输出的 PWM 信号转换为开关管的开关信号，满足电机运行时的功率要求，同时实现对电机的状态和转速控制。

　　直流减速电机功率较大，驱动电机的 H 桥中的功率管采用 IRFR1205 型 MOSFET，其工作电压可达 55 V，最大电流可达 44 A，满足系统需要。MOSFET 的驱动采用 IR2101 型驱动器，控制器输出的 PWM 控制信号通过 IR2101 控制 MOSFET 的通断实现对电机的运转控制。具体电机驱动电路如图 7.21 所示。

4．姿态检测模块设计

　　根据系统需要，需要给机器人搭载三轴陀螺仪和三轴加速度计以获取机器人的状态信息，MPU6050 是全球首例六轴集成运动处理芯片，芯片内部封装了三轴陀螺仪、三轴加速器，与多组件方案相比较，避免了组合陀螺仪与加速器时轴间存在误差的问题，且体积小，方便使用。同时，MPU6050 自带运动处理器，通过 I^2C 接口对 MPU6050 进行配置启用后，可以免除滤波和姿态融合的繁琐过程，直接输出四元数，经转换后得到欧拉角数据，即姿态角数据，可以减轻外围控制器的负担，同时数据稳定可靠。故系统采用 MPU6050 作为姿态检测模块。图 7.22 为 MPU6050 构成的姿态检测电路。

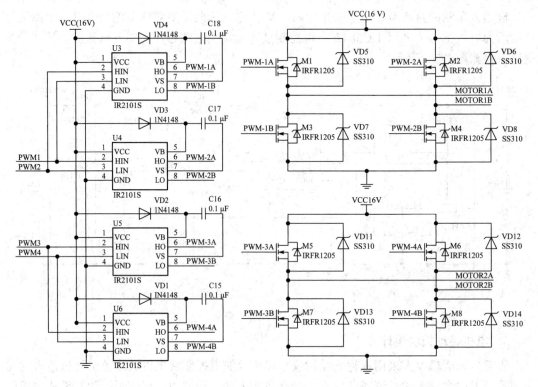

图 7.21　电机驱动电路

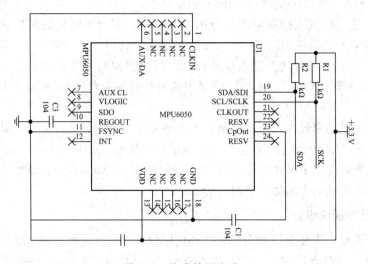

图 7.22　姿态检测电路

5．电机测速模块设计

对于两轮自平衡机器人，依靠姿态信息能够实现对机器人的平衡控制。当需要对机器人进行运动控制时，需要对电机的转速进行检测，采用电机自带同轴连接的正交编码器，正交编码器的测速原理如图 7.23 所示。通过编码器输出的 A、B 两路方波信号，经主控制器 STM32F103 定时器编码器模式进行捕获，便可非常方便地获取电机的转速信息。

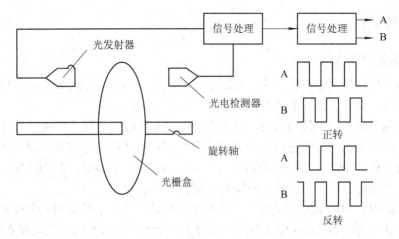

图 7.23　正交编码器测速原理图

6. 距离检测模块设计

测距方案采用 HC-SR04 型超声波模块，超声波测距电路如图 7.24 所示。模块的 Trig 作为测量触发引脚，通过一个高电平(时间至少为 10 μs 的脉冲)触发，模块在收到触发信号后，自动发出 8 个 40 kHz 的方波，然后自动检测是否有信号返回。当接收到信号的返回信息时，模块的 Echo 会根据超声波从发射到返回的时间相对应地输出一个高电平，高电平的时间也就是超声波从发送到接收的时间差。根据超声波传输的速度可知，当前测得的距离 =(高电平时间 × 340 m/s)/2。

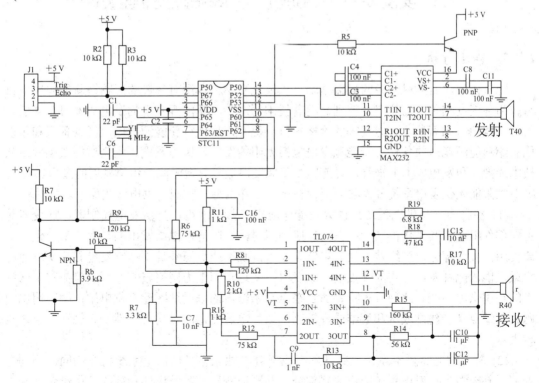

图 7.24　超声波测距电路

7.2.4　系统调试

1. 功能模块调试

首先确定单片机可以正常工作，然后进入功能调试阶段。功能调试阶段按功能模块一步步进行调试，然后再进行系统联调。

姿态检测模块的调试最为重要，机器人运动姿态通过微处理器的通用 I/O 口模拟 I^{2}C 总线进行读取，调试时将姿态模块的数据读取到控制器之后进行解算，解算之后的数据信息通过串口发送至 PC 端绘制成曲线图，人为地调整机器人姿态，观测数据是否连续、无毛刺。同样方法也可用于距离检测模块的调试。

电机驱动模块的调试通过电机驱动板连接电机后，使用示波器测试电机两端的信号，由示波器观察驱动板输出的 PWM 信号，以及 PWM 占空比改变时对电机状态的影响。

系统中使用四路超声波测量车体与周围环境的距离，考虑到超声波之间的干扰，以 50 ms 的采样周期对四路超声波进行循环采样，将距离测试结果发送至 PC，观察四路超声波数据采集是否正确、无相互干扰。

2. 系统联调

每一部分都没有问题以后，再进行机器人控制算法与机器人硬件的联合调试，对 P、I、D 三个参数的合理选取是系统联调时重点考虑的问题。

7.3　实例 3——太阳能最大功率跟踪控制器设计

7.3.1　需求分析

随着传统化石燃料能源的日益枯竭，以及化石燃料能源对环境的影响，新能源发电日益成为各国竞相关注的热点。特别是随着技术的进步，新能源发电的发电成本日益降低，而传统能源，如石油、天然气等的价格却日益提升，这使得新能源发电已经具备了和传统化石燃料能源竞争的条件。新能源发电包括太阳能发电、风力发电、生物质能发电等。从技术成熟度和发电成本上来看，目前以太阳能发电最具有短时间内迅速发展的潜力。

太阳能光伏发电系统分为独立型、补充型和并网型，它们的供电方式如下。

(1) 独立型光伏供电系统：由太阳能电池组、蓄电池组、光伏发电控制器、逆变器等主要部件组成。其工作模式为：白天日照强烈时，太阳能电池组发出的功率一部分供给负载使用，多余部分通过给蓄电池充电储存起来，晚上或日照条件不适宜发电时，蓄电池向负载供电。此种发电方式的优点是：其发电不受地点和电力网络限制，可以建成与电网独立的小型供电系统。此种方式特别适合在电网未覆盖的偏远地区建立供电站，解决用电问题。其缺点是：建站成本和运维成本较高，缺乏电网支撑，供电可靠性受天气和季节影响较大。

(2) 补充型光伏供电系统：其基本组成部分与独立型光伏供电系统大致相同。不同之处在于补充型光伏发电系统的逆变器部分为并网逆变器，其发出的功率除了供给负载和充入蓄电池储存之外，还向电网输送。其工作方式为：条件适宜光伏电池发电时，系统发出的功率在供给负载使用的同时向电网输送。条件不适宜发电时，由电网向负载供能并且对蓄电池进行浮充(小电流恒压充电)。当电力电网故障停电时，蓄电池投入工作，向负载供能，可以使负载免受电网故障影响。其优点在于当电力电网出现功率缺额(电网供电功率不足)时，由于蓄电池的投入，此种系统具有短暂地向系统提供无功和有功功率的作用，这有助于电力电网迅速从缺额中恢复。其缺点在于：在电力电网正常工作的大部分时间中，蓄电池全部处于浮充状态，其容量会逐渐降低，导致蓄电池维护和更换成本较高。

(3) 并网型光伏供电系统：与补充型光伏供电系统相比，其构成省去了储能用蓄电池组。其工作模式为：条件适宜光伏发电时，系统发出的电能直接并入电网并对负载供电。其优点在于：充分利用太阳能资源的同时降低了建站和维护成本。其缺点在于：由于没有储能环节，晚间电网故障时系统无法提供电力给负载。

太阳能光伏发电系统基本结构框图如图 7.25 所示。作为自动化类专业的技术人员，我们的设计主要集中在太阳能控制器上。

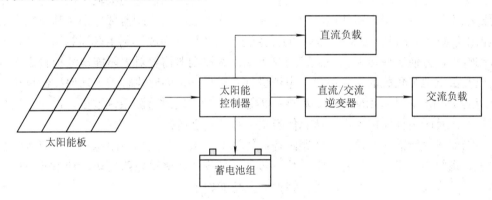

图 7.25　太阳能光伏发电系统基本结构框图

作为自动化类专业的技术人员，我们的设计主要集中在蓄电池组充电时的最大功率跟踪问题上。受限于光伏电池特殊的 V-I 特性曲线，其并不能在全负载状态下实现最大功率输出。通常在光照强度一定的情况下，只存在一个特定的负载点可以从光伏电池中获得最大功率，并且此功率点还会受到光照、气温和太阳高度角等因素的影响。在大部分情况下负载并不能获得最大功率，这造成了太阳能利用率的降低。所谓最大功率跟踪(MPPT)，即利用现代电力电子技术中的 DC-DC 变换器对光伏电池的输出电压进行变换，使其工作在最适宜当前负载的最大功率点处，提高对太阳能的利用率，这在对能源需求日益突出和经济高速发展的我国，具有重要的意义。

7.3.2　系统设计

1. 系统总体设计

太阳能最大功率跟踪控制器设计，可实时采集太阳能板和负载端的电压、电流的相关参数，并对参数进行实时在线分析，通过实时调节控制器的 PWM 占空比实现最大功率点的跟踪。太阳能最大功率跟踪控制器总体结构框图如图 7.26 所示。

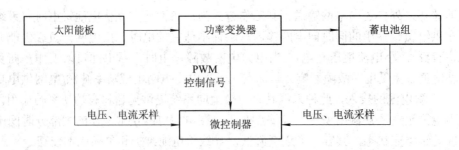

图 7.26 太阳能最大功率跟踪控制器总体结构框图

太阳能最大功率跟踪控制器系统设计总体分为两部分，分别为功率变换器部分和主控制器部分的设计。其中，功率变换器部分采用 Boost 型拓扑电路，具有电压增益高、输入电流连续的特点，不但有助于减轻变换器对太阳能电池板的影响和 EMI 干扰，而且可以通过控制电感平均电流的方式精确控制太阳能光伏电池的输出功率，从而更方便更准确地跟踪最大功率。此系统的 Boost 型功率变换器主要负责将太阳能电池板输出电压进行升压，从而匹配负载阻抗使得太阳能电池板工作在最大功率点；主控制器部分采用基于数字信号处理器(Digital Signal Processor，DSP)的微控制器系统设计而成，利用其运算速度高、资源丰富的特点，方便实现最大功率跟踪控制算法。微控制器需要对太阳能电池板输出电压、电流以及蓄电池组负载的充电电压、电流进行实时采样，同时执行最大功率控制算法，输出对应的 PWM 信号对 Boost 型功率变换器进行控制，同时监测系统过压、过流、过热等故障状态，及时进行保护动作，从而保障整个系统安全运行。

根据前述功能需求及最大功率跟踪控制算法的要求，最大功率跟踪控制器应包含主控单片机、系统电源模块、信号采集模块、数据通信模块、驱动电路模块、功率变换模块、液晶显示模块几个部分。各模块的详细设计及功能如下。

2．各模块设计

(1) 系统电源模块：太阳能最大功率跟踪控制器采用直流 +12 V 供电，经过降压变换为系统所需的 +5 V 和 +3.3 V 标准电压。

(2) 信号采集模块：为了实现最大功率跟踪控制算法的需要，需要对功率变换器的输入电压、输入电流及输出电压、输出电流进行采样。设计信号采集模块主要负责将被测信号经过取样并调理到合理的大小范围内，送入微处理器的 ADC 模块中。

(3) 液晶显示模块：用于显示太阳能板端电压、电流，蓄电池组电压、电流、功率，控制器工作状态等参数。

(4) 通信模块：微处理器的 UART 模块用于将系统运行中的调试信息通过 RS232 接口打印输出至 PC 端，方便程序员进行系统调试。

(5) 驱动电路模块：用于驱动功率变换器中的 MOSFET。

(6) 功率变换模块：采用基于 Boost 型升压变换器。

3．最大功率跟踪控制算法

扰动观测法(Perturb & Observe method，简称 P&O 法)是最为广泛应用的最大功率跟踪算法之一。此算法需要一个反馈环对太阳能电池的输出电压与输入电压进行测量。这种方法通过改变 DC-DC 变换器的阻抗变换比对太阳能电池输出电压进行扰动，然后观察扰动前和扰动后太阳能电池输出功率变化情况：若输出功率因扰动增加($\Delta P > 0$)，说明此扰动有助于太阳能电池输出更大的功率，则继续施加相同方向的扰动；反之，向相反的方向扰动。P&O 算法流程图如图 7.27 所示。P&O 方法的优点在于其无需预先得知光伏电池的特性，所以此方法适用范围广泛，实现方式简单。

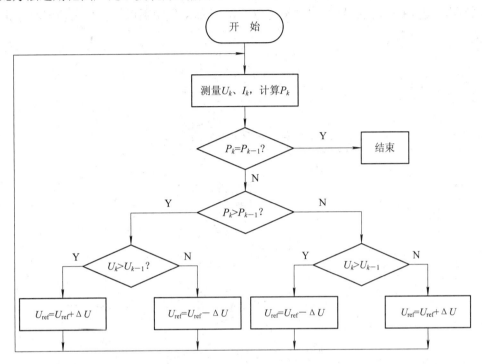

图 7.27　P&O 算法流程图

4．系统程序设计

本设计中软件主要包括外设初始化部分、自检部分、信号采集与处理部分、实时控制部分、最大功率跟踪算法、通信(显示)部分及保护部分。主控制程序流程图如图 7.28 所示。具体的程序实现方式采用高速中断+低速中断+后台程序的架构。实时控制部分和保护部分在由 ADC 触发的周期为开关频率(100 kHz)的高速中断中执行，此中断具有最高响应优先级，可以打断低速中断和运行中的程序，并且此部分程序指令被设置为常驻 RAM 中，最大程度地降低了 CPU 读取指令延迟，以保证对 Boost 功率级的实时可靠控制。P&O 最大功率跟踪算法和数据处理任务在由 CPU 定时器触发的频率为 1 Hz 的低速中断中执行。在 CPU 的空闲时间中，完成显示数据更新和 UART 通信等后台程序。

系统初始化部分的程序主要完成 DSP 上电复位后的基本配置，主要包括看门狗屏蔽、系统时钟初始化、GPIO 状态初始化、外设初始化、外设中断向量表(PIE)初始化等工作。在本设计中，系统初始化部分将 DSP 内部振荡器配置为 10 MHz，锁相环倍频系数调整为 6 倍频，产生 60 MHz 系统时钟，即 DSP 工作主频为 60 MHz。将 GPIO0 功能复用器配置第一功能，即 ePWM 输出功能。打开 ADC 电源并使能内部基准，将 ADC 配置为队列循环采样模式，循环采样 ADC 输入通道 0、输入通道 1 和输入通道 2，其分别对应光伏电池输出电流、光伏电池电压和输出电压。此采样队列每循环采样两次后触发中断。配置 ePWM0

模块频率为 100 kHz，采用双极性调制方式。为了避免受到功率开关切换时产生的噪声影响，ePWM 模块对 ADC 的采样触发时刻选在载波幅值最低处和最高处，此时对应的是 PWM 高电平的中点和低电平的中点，即采样频率为 200 kHz，触发中断频率为 100 kHz，在 ADC 采样中断中执行数字补偿器，更新 ePWM0 模块的占空比寄存器从而完成对 Boost 电路的闭环控制。配置 CPU 定时器 0 定时长度为 1 s，从而触发中断以执行最大功率跟踪算法。

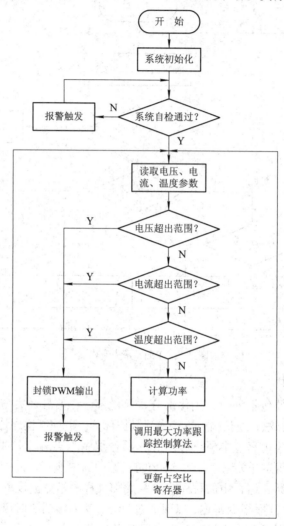

图 7.28　主控制程序流程图

最大功率跟踪控制算法的实现包括扰动观测法部分的程序设计以及对 Boost 变换器电流进行闭环控制部分的程序设计，在 CPU 定时器 0 产生的每秒一次的定时器中断中执行，程序先求取上一秒内光伏电池板输出电压的平均值和电流平均值，计算上一秒电池板输出的平均功率，和上次扰动前输出的平均功率比较。如果平均功率增大，本次扰动方向就和上次扰动方向相同；如果平均功率减小，则本次将向相反方向扰动。扰动实现的方式是改变 Boost 功率级的设定电流 I_{set}，I_{set} 值被更改以后 Boost 闭环控制程序会保证光伏电池的输出电流跟踪此参考电流。闭环控制程序的执行在 ADC 采样完成后触发的中断程序中执行，进入中断后先对两次采样的电流值取平均值，因为两次采样时刻分别是在功率开关开通过程的中点和下降过程的中点，在近似认为电感电流在这两个过程中是线性上升和线性下降的条件下，可以认为两次采样的平均值即为电感电流在一个周期内的平均值 I_L。I_L 与设定电流 I_{set} 进行比较，得到误差信号 I_{err}，误差信号作为数字 PI 调节器的输入量，经过 PI 调节后输出控制量(占空比)，更新 ePWM 模块的占空比寄存器，从而实现对 Boost 变换器的闭环控制。

保护功能的程序设计为系统提供完善的过流、过压、过温保护。其中过流和过压保护采用软硬件结合的保护方式。硬件保护通过将输入电流和输出电压采集信号送入 DSP 的片内比较器实现，当电流和电压超过设定值时，片内比较器将在硬件级闭锁 PWM 输出。由于此种保护不受软件控制，且模拟信号受噪声干扰较为严重，所以硬件保护动作阈值设计较高。只有当软件保护失效时，硬件保护才会动作。电压和电流软件保护子程序在 ADC 中断中执行，实现逐周期保护，当电压或电流出现过量时，将闭锁 PWM 输出，等待处理。过温保护在 CPU Timer0 触发的中断中运行，当温度超过 50℃时，启动散热风扇；低于 40℃时关闭散热风扇；当散热风扇正在运行且温度仍高于 70℃时，判断为系统工作不正常，此时闭锁 PWM 输出并报警，等待处理。

7.3.3　硬件电路原理图

本实例的硬件电路原理图采用 Altium Designer 进行设计。

1. 主控制器模块设计

主控单片机采用 TI 公司生产的 TMS320F28035 型数字信号处理器。其内含有一个高效的 32 位 C28 系列定点内核、128 KB Flash 储存器、20 KB 随机读写储存器(RAM)、16 通道的 12 位逐次比较(SAR)型模/数转换器(ADC)，其转换速度可达 4.6 MS/s、7 通道分辨率可达 150 p/s 的高分辨率 PWM 模块(HRPWM)，此模块支持频率、占空比以及相位控制模式，功能强大且配置十分灵活。F28035 片内集成了 3 个具有 12 位数字可编程基准的模拟比较器，并且比较器的输出经内部总线直接与 ePWM 模块连接，当比较器电平翻转时可以不经由 CPU 响应在硬件级闭锁 PWM 输出，从而实现快速的过流、过压、过温等保护。F28035 的 C28CPU 内核采用哈佛总线架构，支持单周期定点乘除法运算。F28035 的最高运行频率为 60 MHz，指令周期为 16.67 ns。除了 C28 内核外，F28035 还包含了一个符合 IEEE 标准的 32 位浮点型控制律加速器(CLA)，CLA 可以独立响应外设中断，并可以独立运行代码，配合其控制律加速器(CLA)，F28035 可以提供高达 120 MI/s 的处理性能。以上特性使得 F28035 非常适合在电力电子应用中实现高性能控制。

根据前述功能需求及最大功率跟踪控制算法的要求，使用 F28035 的 ADC 采集太阳能电池板的输出电压、输出电流、Boost 电路的输出电压等信号。ePWM 模块用于输出控制 Boost 变换器 PWM 信号，模拟比较器则用于监测电压、电流、温度等信号对变换器和负载进行保护。IIC 总线和 UART 总线用于驱动显示器和对外发送变换器的状态信息。其主控制器 TMS320F28035 最小系统电路如图 7.29 所示。

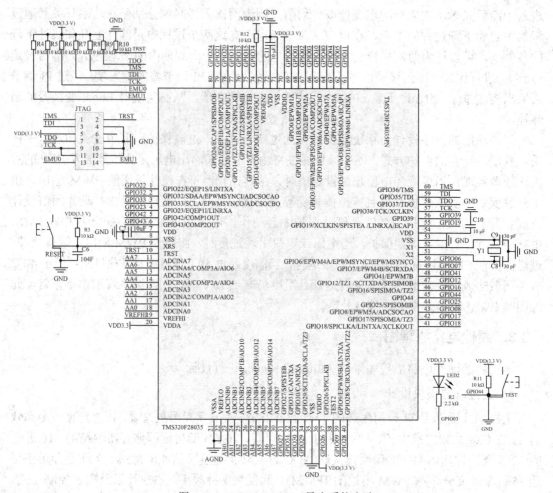

图 7.29　TMS320F28035 最小系统电路

2．系统电源模块设计

TMS320F28035 的工作电压为 3.3 V，而太阳能电池板的输出电压为 11～16 V，所以需设计辅助电源电路，系统电源的设计采用两级降压 DC-DC 构成，首先采用美国 Monolithic Power System 公司生产的 MP1584DN 降压型开关变换器将系统输入电压降至 5 V，再通过 Advanced Monolithic Systems 公司生产的 AMS1117 芯片将 5 V 转换成 3.3 V，从而保障系统稳定运行。系统电源电路如图 7.30 所示。

3．驱动电路模块设计

Boost 变换器中的 MOSFET 驱动电路的设计采用了美国微芯科技公司(Microchip)生产的高功率的 MOSFET 管驱动器 TC4427 芯片，在 MOSFET 的门极充放电时，TC4427 器件具有匹配的上升和下降时间。在额定功率和额定电压范围内的任何条件下，器件具有很好的锁定阻抗。TC4427 输入电压为 4.5～18 V，峰值输出电流可达 1.5 A，INA、INB 输入端口都为高阻抗输入，VDD 为驱动器偏置电源，外接 1 μF 的陶瓷电容进行旁路。MOSFET 驱动电路如图 7.31 所示，输入端是 INB，与 DSP 的 I/O 端口相连，输出端与 MOSFET 的门极相连。

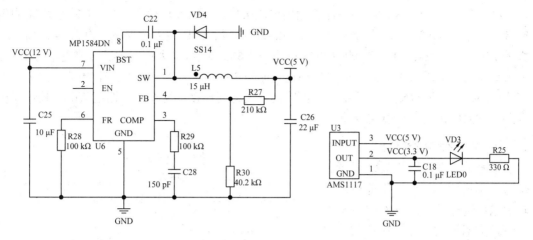

图 7.30 系统电源电路

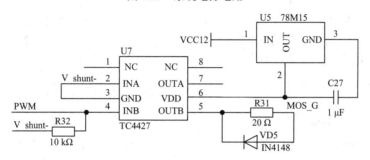

图 7.31 MOSFET 驱动电路

4．功率变换模块设计

功率变换模块是用于太阳能光伏电池板和负载之间的 Boost 型变换器，通过控制电压，将不可控太阳能板的输出电压转换成可控的直流输出。DSP 输出的 PWM 控制信号采用定频 100 kHz 调宽的方法，通过改变电路中 MOSFET 导通与关断时间的比例(占空比)，调节输出电压和输出电流，从而实现最大功率控制。功率变换电路如图 7.32 所示。

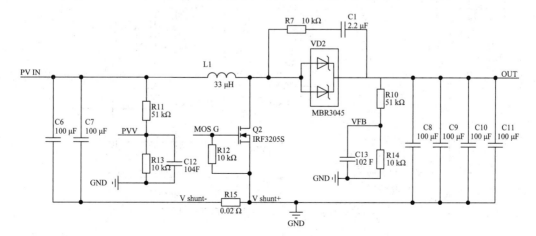

图 7.32 功率变换电路

PVV、VFB 分别为太阳能电池板输出电压采样、负载输出电压采样。Q2 为 N 型场效应管，型号为 IRF3205S，导通电阻为 8.0 mΩ；漏极和源极最大承受电压为 55 V；栅极最大承受电流为 110 A。VD2 为 MBR3045 肖特基势垒二极管，最大反向重复峰值电压为 45 V，最大直流阻断电压为 45 V，正向平均整流电流为 30 A。R15 为 0.01 Ω 采样电阻，由于该阻值比较小，为了减少误差，采用开尔文连接方式将其连接至运算放大器正负端，具体连接电路在下面的信号采集模块设计中介绍。

5. 信号采集模块设计

　　信号采集电路如图 7.33 所示。信号采集模块用于对太阳能电池板输出电流进行采样，由 OPA365 型运算放大器构成的差分比例放大电路，放大倍数为 $R_{19}/R_{23}=10$ 倍。输入电压分别加在集成运放的反相输入端和同相输入端，输出端通过反馈电阻 R19 接回到反向输入端。OPA365 是单电源轨至轨运算放大器。其接线方式采用基本放大器配置电路典型接线。其输入端与采样电阻两端相连，输出端与 DSP 相连。

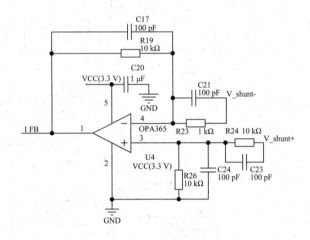

图 7.33　信号采集电路

6. 数据通信模块设计

　　本系统中的数据通信模块主要用于在系统运行及调试过程中，将电压、电流等运行参数信息实时回传至 PC 端，通过串口终端查看。串口通信部分的电路设计考虑了隔离防护措施，可有效避免强电回路的故障对弱电回路的影响。隔离串口电路如图 7.34 所示。

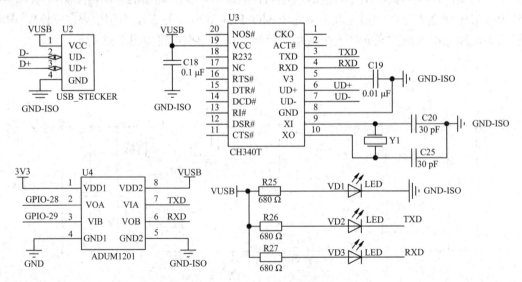

图 7.34　隔离串口电路

7.3.4 系统调试

1. 前期基本调试

电路板做好以后，先进行基本连接关系的初步检查调试，主要是看有没有断线或者明显的短路情况。确定没有问题之后再进行相关电器元件的焊接。

元器件焊接完成后，在上电之前先检查电源的两个输入端子有没有短路，没有短路的情况下才可以上电。第一次上电时要小心，仔细观察上电后输入电流是否异常，有没有芯片严重发烫，发现这些问题后，应立即断电，排查故障。每次电路修改后再上电时都要进行检查。

2. 功能模块调试

首先应调试辅助电源部分，看其工作是否正常。断开 MOSFET 驱动电路，从输入端加额定输入电压，分别测试 MP1584 和 AMS1117 输出端电压是否分别为+5V 及+3.3V。同时检查 MP1584 芯片 1 号引脚输出电压，看其是否为占空比稳定的方波。

之后调试 TMS320F28035 部分，看其工作是否正常。断开 MOSFET 驱动电路，加入额定电压，连接 JTAG 仿真器，在 CCS 集成开发环境中向 TMS320F28035 中烧录程序。观察程序是否运行正常。如遇到无法烧录等情况，应仔细检查时钟、复位等部分看其是否焊接正确。

调试信号调理模块时通过电位器分压电路向采样端加入电压，同时记录 OPA365 的输出看其是否符合预期设计目标。如调到输出不正常等情况，应检查 OPA365 外围电路看其是否焊接正确。

3. 系统联调

系统联调之前应先检查各模块连接是否正常，应先使用具有过流保护功能的直流稳压电源替代太阳能电池板作为系统输入电源，并且在系统输入端串接保险丝。由于本电路采用的 Boost 拓扑结构具有升压特性，为保证安全，系统联调时应避免空载，在上电前应先确保负载连接正确。系统上电后应密切关注输入电流是否异常增大或输入电压异常升高。若出现上述情况应及时切断电源。测试系统功能正常后应注意监测主要功率器件(MOSFET、整流二极管等)，看其是否严重发热。增加负载时应密切监视、逐步增加，出现波形、数据异常时应迅速切断电源，防止损坏器件或测试设备。

7.4 实例4——微电网模拟系统设计

7.4.1 需求分析

随着国民经济的快速发展，电能作为清洁、高效的二次能源，在国家经济发展、社会运转、人民生活中发挥着不可替代的作用，在社会进步、经济繁荣的同时，电力工业也得到了飞速的发展，小型的区域性供电系统已演变成为大容量、高电压、交直流混合的大型复杂非线性互联电力网络。然而，电能也是化石能源的主要消耗者，日益增长的能源需求往往对自然环境带来严重的破坏，并且引发了严峻的环境问题如酸雨、雾霾、全球气候变暖等，严重制约了我国向资源节约型，环境友好型社会发展的态势。为了防止剧烈的气候变化对人类造成伤害，如何利用风能、太阳能等可再生能源发电，减少化石能源消耗，是转变能源结构，实现经济可持续发展的关键，是电力工业未来的发展方向。

分布式发电技术以其方便的能源利用形式、灵活的运行控制方法、良好的环境兼容性能，在全球范围内引起了一股研究热潮。分布式发电一般是指将容量相对较小的发电装置分散布置在用户现场或附近的发电/供能方式，具有污染少、控制灵活、能源综合利用效率高、环境兼容性好、安装地点灵活等优点，能较好地利用分散的资源，并且还可与电网互为备用，提高供电可靠性。

然而，大量特性各异的分散电力接入会给电网系统的稳定性、电能质量和保护等带来负面影响。针对这一矛盾，"微电网"概念的提出为问题的解决提供了新的思路。微电网可看做是将分布式电源、负荷、储能和控制装置集成的小型自治发电系统，既可与电网并网运行，也可在电网故障或需要时脱离主网独立运行。微电网扮演着双重角色：对于电网，它表现为一个单一可控的单元，可对中心控制信号进行响应，能在数秒内做出响应以满足系统的需要。对于用户，微电网作为一个可定制的电源，可满足用户多样化的需求。因此，微电网是一种实现分布式电源组网的优良模式，在电网与分布式供能系统之间形成了一个交互的中间层，可有效减小大量间歇性电源分散接入对电网造成的负面影响，有益于提高电网的供电质量和可靠性。微电网对分布式电源的有效整合及灵活、智能控制，在解决分布式能源并网问题方面具有极大的应用前景。

7.4.2 系统设计

1. 系统总体设计

微电网模拟系统由两路独立的三相逆变电源并联而成，包括直流电源、驱动电路、三相逆变桥、滤波电路和控制部分，可单独工作也可以并联同时工作，两逆变器输出功率比例可变。系统软硬件结合，具有效率高、精度高、灵活度高的特点。微电网模拟系统原理框图如图 7.35 所示，负载为三相对称 Y 形连接电阻负载。

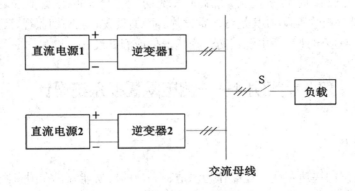

图 7.35　微电网模拟系统原理框图

微电网模拟系统的基本指标参数要求如下：

(1) 闭合 S，仅用逆变器 1 向负载提供三相对称交流电。负载线电流有效值 I_o 为 2 A 时，

线电压有效值 U_o 为 24 V ± 0.2 V，频率 f_o 为 50 Hz ± 0.2 Hz；

(2) 在要求(1)的工作条件下，交流母线电压总谐波畸变率(THD)不大于 3%；

(3) 在基本要求(1)的工作条件下，逆变器 1 的效率不低于 87%；

(4) 逆变器 1 给负载供电，负载线电流有效值 I_o 在 0～2 A 之间变化时，负载调整率 $S_{I1} \leqslant 0.3\%$；

(5) 逆变器 1 和逆变器 2 能共同向负载输出功率，使负载线电流有效值 I_o 达到 3 A，频率 f_o 为 50 Hz ± 0.2 Hz；

(6) 负载线电流有效值 I_o 在 1～3 A 之间变化时，逆变器 1 和逆变器 2 输出功率保持为 1:1 分配，两个逆变器输出线电流的差值的绝对值不大于 0.1 A，负载调整率 $S_{I2} \leqslant 0.3\%$；

(7) 负载线电流有效值 I_o 在 1～3 A 之间变化时，逆变器 1 和逆变器 2 输出功率可按设定在指定范围(比值 K 为 1：2～2：1)内自动分配，两个逆变器输出线电流折算值的差值的绝对值不大于 0.1A。

根据上述指标要求，微电网模拟系统设计总体结构框图如图 7.36 所示，包括主控单片机、系统电源模块、键盘模块、液晶显示模块、通信模块、电参数测量模块、交流输入模块、校准模块及温度测量模块。

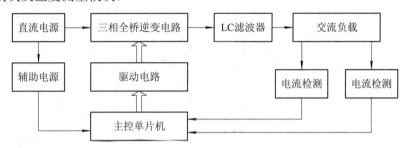

图 7.36 微电网模拟系统设计总体结构框图

各模块的详细设计及功能如下所述。

2. 各模块设计

(1) 辅助电源模块：系统控制部分采用 +12 V 直流电源供电，经过降压变换为系统所需的+5 V 和 +3.3 V 电压标准。

(2) 三相全桥逆变电路：逆变电路主拓扑采用三相全桥电压型逆变电路，主要由六个功率开关器件构成，整个逆变器由恒值直流电压供电。通过控制电路的正弦脉宽调制信号控制产生三相正弦电压。

(3) 驱动电路模块：由于控制器直接驱动全桥逆变电路的六个功率开关器件能力不足，所以经常采用集成的驱动器芯片来驱动功率管。IR2110 作为高压集成驱动芯片，集成了高压侧和低压侧两路驱动的输出，为驱动半桥和全桥电路提供了便捷。

(4) LC 滤波器：针对逆变后的三相正弦电压进行滤波，有效避免高次谐波对三相电压质量的影响。

3. 系统程序设计

软件部分采用模块化程序设计的方法，由主控制程序、正弦脉宽调制(SPWM)程序、PID 调节子程序、锁相环子程序等组成。优良的软件设计决定了理想的正弦波输出电压、保护功能的完善、可靠性等。

正弦脉宽调制是按每个脉冲的宽度和它们之间的间隔，根据正弦波的一系列数据进行精确计算而得出的数字调制方式，否则不能正常控制开关器件的通断，从而也得不到想要的波形。微电网模拟系统中 SPWM 的产生将正弦波按照相同的相位平均分成 300 个点，然后计算余弦数值得到 300 个数据，再把这些数据做成程序列表，由单片机的 ROM 来储存，用于后续查表。每两个点之间的时间间隔由单片机的定时器实现，通过在程序中设置定时器计数值来控制频率。设置占空的计数值来调整脉冲的占空比，这样就保证了输出方波的脉冲宽度按正弦规律变化。在单片机中设置 3 组相位互差 120° 的数据，就可实现三相 SPWM 输出。

为了实现两组逆变器并联，采用闭环调节，主要功能为两个需要并联的逆变器经锁相后再进行并网判断，若已经并网则通过 PID 调节电流，若未进行并网则进入恒压模式。

本实例的主控制程序流程图如图 7.37 所示。

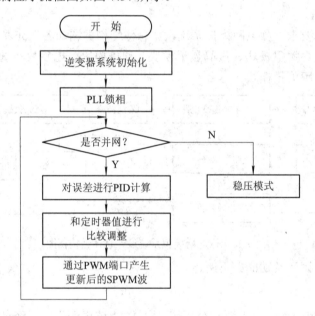

图 7.37　主控制程序流程图

7.4.3　硬件电路原理图及 PCB 设计

本实例的硬件电路原理图采用 Altium Designer 进行设计。

1. 主控制器模块设计

采用美国德州仪器公司生产的数字信号处理器芯片 TMS320F28035 作为控制芯片，其最小系统原理图同图 7.29。

2. 辅助电源模块设计

TPS5430 是 TI 公司推出的一款 DC/DC 开关电源转换芯片，有着宽输入电压、静态功耗小、转换效率高、输入电压范围 5.5～36 V 可调、转换效率最高可达到 95%、输出持续电流达 3 A 的特点，关断模式仅消耗 18 μA 电流。辅助电源电路如图 7.38 所示。芯片引脚 ENA 端为电源使能控制端，通过 MCU 来控制，在需要的时候开启电源，不需要时关闭电源，以降低系统功耗，还具有过流、过压保护和热关断功能。AMS1117 用于产生 3.3 V 电压。

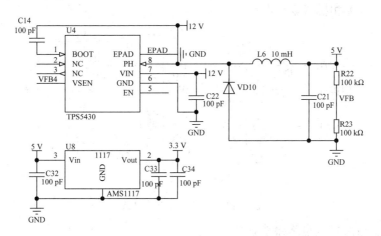

图 7.38　辅助电源电路

3. 三相全桥逆变电路模块设计

三相全桥逆变电路如图 7.39 所示，图中 Q1～Q6 是逆变器的六个功率开关器件，整个逆变器由直流电压 DC 经滤波后供电，DSP 产生的 SPWM 脉冲序列波作为逆变器功率开关器件的驱动控制信号。

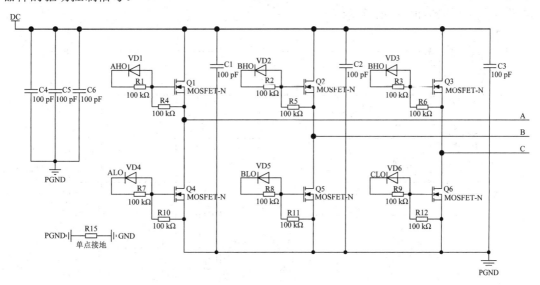

图 7.39　三相全桥逆变电路

4. 桥臂驱动模块设计

系统采用 IR2110 作为三相全桥逆变电路的 MOS 管驱动模块。IR2110 兼有光耦隔离和电磁隔离的优点，是中小功率变换装置中驱动器件的首选品种。该芯片体积小，集成度高，响应快，偏置电压高，驱动能力强，内设欠压封锁，而且其成本低，易于调试，并设有外部保护封锁端口。尤其是上管驱动采用外部自举电容上电，使得驱动电源数目较其他 IC 驱动大大减小。在此系统中，采用 IR2110 具有双通道驱动特性，可驱动同一桥臂两路，且电路简单，使用方便，价格低廉，具有较高的性价比。由于 A、B、C 三相桥臂驱动电路相同，图 7.40 仅给出了 A 相桥臂驱动电路。

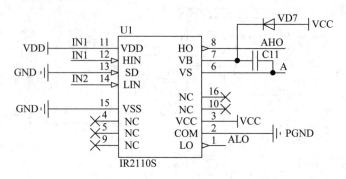

图 7.40　A 相桥臂驱动电路

5. 输出滤波及检测电路模块设计

经逆变器输出的三相交流电压中不仅包括了基波分量，还包含了开关频率分量及其倍数谐波分量。为得到 50 Hz 标准正弦波电压，需要在逆变器的输出端加低通滤波器，滤掉高次谐波而得到纯正的 50 Hz 的正弦波电压。为了实现两组逆变器的并网运行，且输出功率分别可调，需要对每组逆变器输出的电压、电流及两组逆变器的相位差进行检测，因此在每组逆变器的输出中分别接入电压、电流互感器及锁相环，检测结果交主控制器处理。电网参数检测电路如图 7.41 所示。

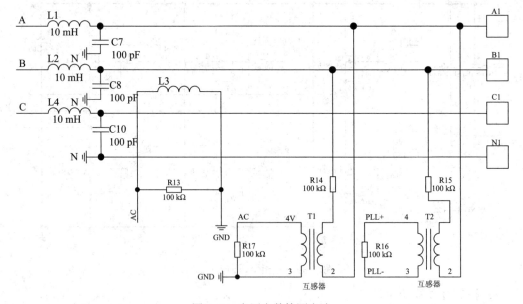

图 7.41　电网参数检测电路

7.4.4　系统调试

1. 前期基本调试

电路板做好以后，先进行基本连接关系的初步检查调试，主要是看有没有断线或者明显的短路情况。确定没有问题之后再进行相关电器元件的焊接。

　　元器件焊接完成后，在上电之前需先检查电源的两个输入端子有没有短路，在没有短路的情况下才可以上电。第一次上电时要小心，应仔细观察上电后是否有异常气味或者声音，有没有芯片发烫严重，发现这些问题之后应立即断电，排查故障。每次电路修改后再上电时都要进行检查。

　　待上电没有故障后，首先用万用表检查各个芯片的电源与地是否正确连接，在电源和地正确连接的情况下再去检测晶振电路是否起振。在电源和晶振都正常工作的情况下，先调试单片机的基本运行情况，运行一个简单程序，看结果是否正确。然后设置 I/O 口输出，看结果是否正确。

2．功能模块调试

　　(1) 辅助电源模块：断开其他模块的供电，单独调试电源模块。电源调试时检查是否有输出电压，若无，首先检查电源芯片 VCC 和 GND 引脚电压是否正常，若正常则检查芯片是否虚焊或损坏，最后检查元件参数是否正常。当电源模块调试完成后可给其他电路供电进行其他模块的测试。

　　(2) 控制器模块(包括键盘、显示器、单片机模块)：首先检查 DSP 是否正常工作，可通过简单的控制 I/O 口程序验证。当确定 DSP 可以正常工作后，就可进入显示模块和按键模块的测试。此过程可以用最简单最可靠的程序检测硬件电路的完整性，若无反应则检查相应线路的连接是否正常。完成后进行后续调试。

　　(3) 驱动模块：此模块可单独调试，用信号源在此模块的信号输入端加上 100 kHz 的方波信号，其幅值为 3.3 V。若输出为 12 V 的 100 kHz 的方波，则该模块正常；否则要检查电路板上的元件是否有虚焊的情况并仔细检查元件参数是否正常。检查无误后进行主功率模块的测试。

　　(4) 主功率逆变部分：这部分测试必须在驱动模块正常的前提下进行，此部分进行开环测试，可通过 DSP 给 PWM 提供信号，要测量各个功率 MOSFET 的电压波形，若不正常，要检查元件是否有脱焊，待正常后，观察经过 LC 滤波后的波形是否为正弦波。若不是正弦波则要仔细检查元件参数是否正确。

　　(5) 检测模块：通过霍尔传感器或者互感器把电压通过 AC-DC 的 AD 芯片转换为数字信号读取，观察结果是否与专用仪器仪表测量结果吻合。

3．系统联调

　　基本功能调试完成并确定没有错误后，需进行双系统并联调试。

7.5　实例 5——电伴热带智能检测仪

7.5.1　需求分析

　　电伴热带是一种能够将电能转化为热能，通过直接或间接的热交换，补充被伴热设备通过保温材料所损失的热量，通常由导电聚合物和两根平行金属导线及绝缘护层构成，电伴热带实物图如图 7.42 所示。其特点是导电聚合物具有很高的正温度系数特性，且互相并联，能随被加热体系的温度变化自动调节输出功率，自动限制加热的温度，可以任意截短或在一定范围内接长使用，并允许多次交叉重叠而无高温热点及烧毁之虑。这些特点使电伴热带具有防止过热，使用维护简便及节约电能等优点。电伴热带适合于管道、设备及容器控温、伴热、保温、加热，特别是其中有物料容易分解、变质、析晶、凝聚冻结时，在石油、化工、电力、冶金、轻工、食品、冷冻、建筑、煤气、农副产品生产、加工及其他部门具有广泛的用途。

图 7.42　电伴热带实物图

然而，在工业现场应用过程中，因电伴热带在实际使用过程起火而导致的安全事故仍然屡见不鲜，尤其对于存在易燃易爆品的场合，电伴热带起火可能产生的次生事故，成为工业生产过程中重要的安全隐患，必须加以监管，有效预防事故发生。

电伴热带起火原因分析如下：

(1) 电伴热带在安装过程中，未对电伴热带做成品保护，踩踏、拖拽、拉扯电伴热带或扭曲电伴热带，造成电伴热带内部线芯变形受损。一般施工场合都比较杂乱，即使是坚韧的氟塑料外套型电伴热带在不注意的情况下，也会被轻易割裂。长时间大功率高温工作的状态下受损的线芯发热不均匀，局部温度过高，易引发起火。

(2) 电伴热带外护套受损，带电的线芯外漏，在雨雪天气潮湿环境下易由线芯引起短路。

(3) 保温层未做防水处理，雨雪天气保温层浸水，使得电伴热带部分线路处于低温或潮湿状态下并以较大的输出功率工作，电伴热带局部电量超负荷，衰减率不均匀，局部电流过大，造成内部起火短路，产生电火花。

针对电伴热带可能引起的安全事故，设计一款电伴热带智能检测仪，能够对电伴热带运行状态如电压、电流、温度等信息加以监测，同时将状态信息通过现场总线实时传输至主控制室，并且能够对电伴热带异常状态进行报警并采取第一时间切断电源等应急措施，成为电伴热带安全应用于工业现场过程中亟待解决的问题。

7.5.2　系统设计

1. 系统总体设计

电伴热带智能检测仪的设计，可实时采集电伴热带运行时电压、电流、电阻、温度的相关参数，并对参数进行实时在线分析，当判断电伴热带运行异常时可进行断路、报警等动作处理，并能够将实时信息通过现场总线传输至主控制室，监控人员收到异常信息后可及时赶往现场处理。电伴热带智能检测仪的系统总体框图如图 7.43 所示，该系统由主控单片机、键盘模块、液晶显示模块、通信模块、电参数测量模块、温度测量模块以及校准模块组成。

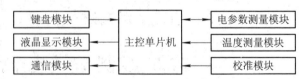

图 7.43　电伴热带智能检测仪总体框图

电伴热带智能检测仪可实现现场管理与远程管理方式相结合，基本指标参数如下：

(1) 运行参数：电压为 AC220V，电流为 0～30 A，温度为 −40℃～+85℃；

(2) 故障检测：能够检测并显示电伴热带是否发生短路或发生横向断裂，横向断裂发生时能够准确判断出断裂发生的位置，误差±1 m；

(3) 按键设置：四个按键，包括电源键、断开键、翻页键、选择键；

(4) 显示设置：可通过液晶实时显示运行参数及电伴热带当前工作状态信息；

(5) 报警功能：在电伴热带运行异常时产生报警信息；

(6) 系统自检：仪器可定期进行自动校准；

(7) 远程功能：远程传输采用 MODBUS-RTU 协议，可将电伴热带状态信息、报警信息传输至主控站。

各模块的详细设计及功能如下所述。

2. 各模块设计

(1) 系统电源模块。电伴热带智能检测仪采用工业现场常用的直流+24 V 电源供电，经过降压变换为系统所需的+5 V 和+3.3 V 标准电压。

(2) 键盘模块。键盘模块主要用来向用户提供人机交互功能，完成参数设置。为了简洁和操作方便，本控制器设计四个按键，分别为电源键、断开键、翻页键、选择键。电源键用于控制仪表自身电源的通断，断开键用于手动控制电伴热带的通断，翻页键用于选择仪表的运行模式。电伴热带智能检测仪兼容单路采集模式和双路采集模式，当用户选定系统预置的运行模式之后，按选择键确定即可进入实时数据显示界面。

(3) 液晶显示模块。液晶显示模块用来显示相关参数以及参数设置结果。液晶显示器在上电后，进入运行模式选择界面，电伴热带智能检测仪可同时支持单路和双路模式运行，因此选择界面包括三个界面，通过翻页键可在三个界面中循环显示。三个界面分别显示如下内容：

- 单路(A 路)模式启动；
- 单路(B 路)模式启动；
- 双路模式启动。

用户选定好运行模式后，按选择键确认，系统进入实时数据采集显示画面，显示如下内容(其中数值均为示例)：

- A 路(B 路)电压：220 V；
- A 路(B 路)电流：30 A；
- A 路(B 路)温度：60℃；
- A 路(B 路)状态：升温。

(4) 通信模块。电伴热带智能检测仪的通信功能包括两个部分，其中一路 RS232 接口用于提供用户现场调试信息并输出打印，另外一路通过 RS485 接口与现场工控网络对接，通信采用 MODBUS-RTU 协议，在接收到主控站发送的轮询信息后将采集到的数据及状态信息传送回主控站。

(5) 电参数测量模块。检测电伴热带电源电压、电流，并根据检测到的电压和电流计算出电伴热带阻值，判断它的运行状态等参数。这些参数均可以通过 Cirrus Logic 公司的单相双向功率/电能芯片 CS5463 进行测定。电伴热带采用交流电源 220 V 直接供电，准确测量电伴热带的工作电压和工作电流是判断其运行状态的基本手段，实际中常用的电伴热带从几米到一百米内范围不等，负载电流的变化范围为 0～35 A。交流电压的测量直接通过电阻分压方式调理到 CS5463 可采集的电压范围内，交流电流的测量经过电流互感器 DL-CT14C2.0 后，调理到 CS5463 可采集的范围内。

(6) 校准模块。CS5463 提供了数字校准功能。用户可通过设置校准命令字中的相应位来决定执行哪种校准。对于电压和电流通道，都有 AC 和 DC 校准。不管是哪种校准都有两种模式：系统偏移量校准和系统增益校准。用户必须提供参考地和满量程的信号才能进行系统校准。无论是 AC 还是 DC 校准，用户都必须提供正的满量程信号以完成系统增益校准以及参考地电平以完成系统偏移量校准。

(7) 温度测量模块。电伴热智能检测仪采用常用的 PT100 铂电阻进行电伴热带的温度测量，铂电阻测温度具有测量范围宽、测量精度高、复现性和稳定性好的特点，通过桥接法测量出 PT100 的电阻值，在软件中折算成实际温度，并进行校准。

3. 系统程序设计

本控制器从功能上来看，软件可以分为四部分：液晶显示器及键盘部分，主要进行各种运行模式的选择，实时显示运行中的状态参数信息；主控制及驱动程序部分，每次系统启动之后立即进行系统校准，根据运行模式的选择和设置的各种参数，按所选择的切换方式驱动继电器，完成测量通道及供电系统的切换，并根据采集结果进行过流、过压、过温等情况下的继电器断路处理；电参数测量部分，一方面通过 SPI 接口对 CS5463 的相关寄存器进行读取，获取实时电压、电流的采集结果，并把读取到的值还原为实际的运行参数，另一方面通过单片机自身 AD 的读取获得 PT100 的阻值，并通过计算公式得出当前环境温度；MODBUS 通信部分，电伴热带智能检测仪作为 MODBUS 总线从机，实时响应主机轮询请求，将电压、电流、温度、电伴热带状态信息回传至 MODBUS 主机。

本实例的系统主控制程序流程图如图 7.44 所示。

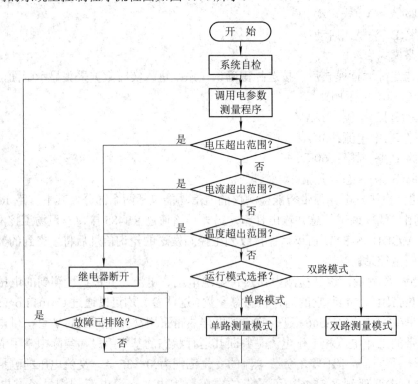

图 7.44　系统主控制程序流程图

7.5.3　硬件电路原理图

本实例的硬件电路原理图采用 Altium Designer 进行设计。

1．主控制器模块设计

STM32F407 主控制器最小系统电路如图 7.45 所示。

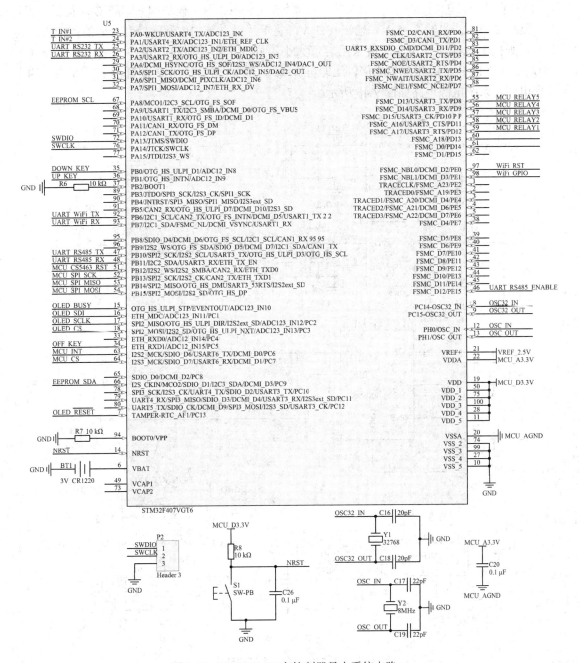

图 7.45　STM32F407 主控制器最小系统电路

电路选用了意法半导体 STMicroelectronics 公司的 STM32F407VGT6，这种单片机有 100 个 I/O 口，完全可以满足我们扩展液晶显示器、键盘和驱动继电器的需要。复位电路的设计采用手动按键复位方式。时钟电路使用外部晶体和内部振荡器，振荡频率为 8 MHz。

2. 系统电源模块设计

系统电源电路采用了三个开关电源模块和一个线性稳压器模块，三路开关电源为输入 +24 V 直流电，输出+5 V，分别为单片机系统、CS5463 测量模块和 RS485 模块提供电源，一路线性稳压器为输入+5 V，输出+3.3 V，将单片机系统的电源转换到合适的范围内。为了增强抗干扰能力，电源系统采用容值大小不同的电容并联进行电源滤波，容值分别为 47 μF 和 0.1 μF(一般相差 100 倍以上即可)。每个芯片的电源和地之间都加入了 0.1 μF 的去耦电容。系统电源电路如图 7.46 所示。

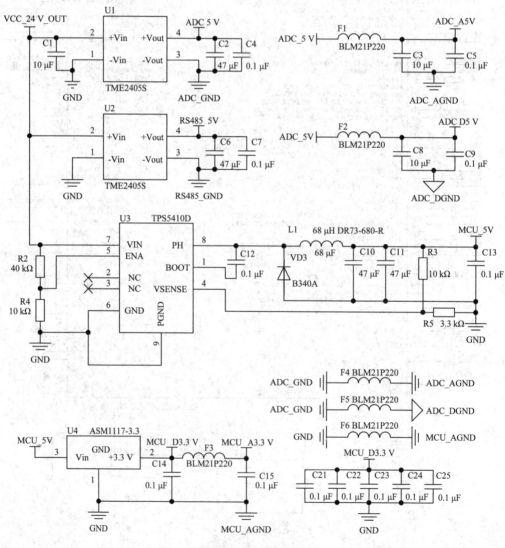

图 7.46　系统电源电路

3．键盘及显示模块设计

本控制器根据系统功能需求，共设计了四个按键，每个按键对应于一个 I/O 口。同时所有的按键都通过与门输入到单片机的中断引脚上，只要任意一个键按下，都会得到单片机的响应。

液晶显示模块采用了清达光电公司的 HGSC128643-Y-EH-LV-SPI，它是一款 128×64 点阵的液晶显示器，内部集成了驱动器和中文字库，每个页面最多可显示 8×4 共 32 个汉字。它与单片机的接口原理请参见相关数据手册和使用指南(可以在清达光电公司的网站上下载)。键盘及液晶显示电路如图 7.47 所示。

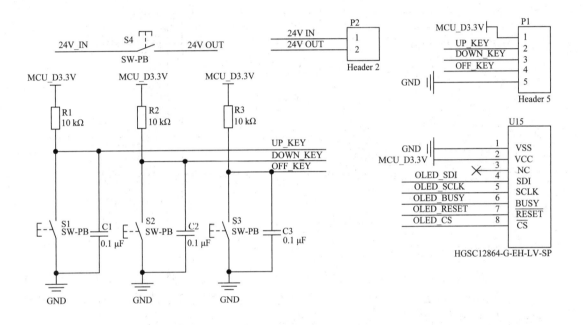

图 7.47　键盘及液晶显示电路

4．电参数测量模块设计

电参数测量电路包括电伴热带交流供电电压、电流和温度的测量，交流参数检测芯片采用了 Cirrus Logic 公司的 CS5463，它可以同时采集交流电压和电流。根据采集的电压和电流能够自动计算无功功率、有功功率、功率因数等，并把相关参数存储到其内部寄存器中。单片机通过 SPI 接口读取 CS5463 的相关寄存器，即可得到所需的各种参数。

CS5463 在开始数据采集前需先将电压采集通道和电流采集通道接地，完成对测量通道进行零点校准，通过单片机 I/O 口对继电器控制完成通道校准模式与测量模式的切换。

CS5463 的电压检测引脚输入电压范围为 $-500\sim+500$ mV，从电网进来的电压有效值为 220 V，通过电阻分压，使实际输入到 CS5463 的电压为 $-380\sim+380$ mV，在允许的电压范围之内。电流检测采用了电流互感器的方式。电网参数检测电路如图 7.48 所示。其相关接口信号可参见有关资料。

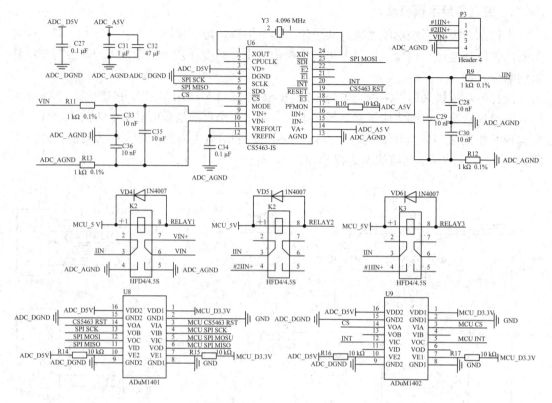

图 7.48　电网参数检测电路

5. 继电器驱动模块设计

对外的输出有 2 个固态继电器。对继电器的控制采用 I/O 引脚控制，单片机的每个 I/O 口控制一个继电器。由于单片机 I/O 口的驱动能力有限，因此在单片机和 I/O 口之间加入达林顿管芯片 ULN2003 进行功率放大。继电器驱动及输出电路如图 7.49 所示。

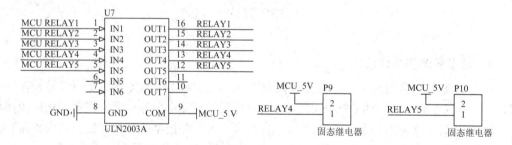

图 7.49　继电器驱动及输出电路

6. 温度测量模块设计

采用铂电阻 PT1000 作为温度检测器件，经桥式测量电路输出电压信号。该信号经放大器 INA826 放大后送入单片机 ADC 进行采集，根据公式可以方便地计算出当前测量的温度值。温度测量电路如图 7.50 所示。

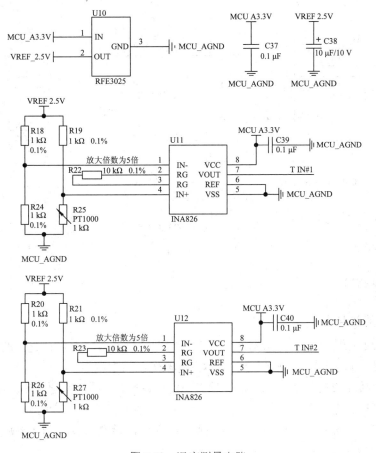

图 7.50　温度测量电路

7．通信接口模块设计

数据通信接口包括用于调试信息打印输出的 RS232 接口和用于工业现场 MODBUS 总线通信的 RS485 接口。考虑到安全因素，采用 TI 公司生产的 ISO3082 隔离式 5 V 全双工 RS485 收发器保障仪器与总线之间的电气隔离措施。通信接口电路如图 7.51 所示。

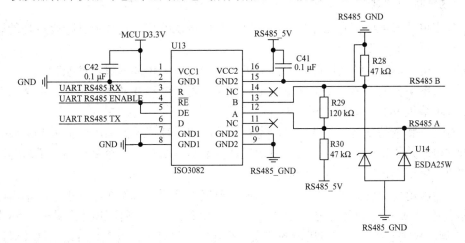

(a) ISO3082

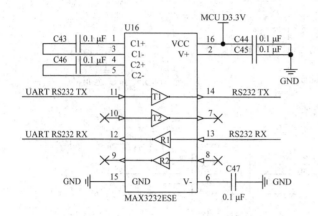
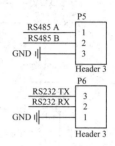

(b) MAX 3232ESE

图 7.51　通信接口电路

7.5.4　系统调试

1. 前期基本调试

电路板做好以后，先进行基本连接关系的初步检查调试，主要是看有没有断线或者明显的短路情况。确定没有问题之后再进行相关电器元件的焊接。

元器件焊接完成后，在上电之前先检查电源的两个输入端子有没有短路，在没有短路的情况下才可以上电。第一次上电时要小心，应仔细观察上电后是否有异常气味或者声音，有没有芯片严重发烫，发现这些问题后，应立即断电，排查故障。每次电路修改后再上电时都要进行检查。

上电没有故障后，首先用万用表检查各个芯片的电源与地是否正确连接，在电源和地正确连接的情况下再去检测晶振电路是否起振。在电源和晶振都正常工作的情况下，先调试单片机的基本运行情况，运行一个简单程序，看结果是否正确。然后设置 I/O 口输出，看结果是否正确。

2. 功能模块调试

当确定单片机可以正常工作后，即可进入功能调试阶段。功能调试阶段按功能模块一步步进行调试，然后再进行系统联调。

进行继电器驱动系统调试时，先使用实验室直流+5V 电源通过达林顿管给继电器线圈供电，检查继电器的输出，看继电器输出系统基本电气连接和输出逻辑是否正确。然后再通过单片机编程 I/O 口来驱动继电器。

进行键盘和液晶显示电路调试时，先看当键盘按下时输入到单片机相关 I/O 口以及中断引脚的电平是否正确。然后再通过单片机向液晶显示器输出一个简单的显示内容，观察显示结果，确认无误后再调试相应的程序。

参数检测电路的调试主要是电压、电流、温度的检测。可将实验室里面的市电电源通过霍尔传感器或者互感器把电压、电流输入到电伴热带检测仪的相关端子，单片机从 CS5463 读出相关参数后，与万用表的读数进行比较，如果存在误差，可通过软件对误差系数进行修正。

3．系统联调

基本功能调试完成并确定没有错误后，接下来就是把各个基本功能模块结合在一起进行产品的综合调试，我们称为系统联调。

系统联调主要检测设备可否完成要求的各种功能，包括正常情况下的继电器切换功能和各种极端情况下的报警与保护功能。这里的一个关键点是如何模拟现场中的各种极端情况，比如电压过高、电压过低、谐波过高等。这些极端情况在实际供电系统中一般情况下是不允许出现的，一旦出现将会引发相关灾害。为了在实验室模拟这些极端情况，我们采用可编程电源来给设备供电，从而来模拟各种极端情况。

7.6　实例 6——扫频外差式频谱分析仪

7.6.1　需求分析

自然界中任何物体的运动均有自身的规律，有些规律具有一定的周期性。电信号是自然界中一种常见的物质，在研究电信号时，研究幅度随时间的变化规律称为时域分析法；研究幅度随频率的变化规律时需要用到频域分析法。前者，我们通过示波器可研究其规律；而后者，频谱分析仪就是对信号进行频域分析的一种仪器，信号分析过程中，频谱仪是必不可少的仪器之一。

随着电子技术的发展，电子领域的研究向提高通信、雷达、遥控、导航等无线电电子设备的能力等方面深入发展。在这些方面，频谱分析仪成为必不可少的信号分析手段。频谱的分析对信号的分析和信号的处理有很强的指导作用，如军事领域和民用领域。在军事方面，如现代战争中，由于战争的突发性和机动性凸显，战场中的信号复杂程度高，信号的频谱特性变得更加复杂。因此，对抗这类设备必须提高其信号识别、分析和处理能力，只有这样才能让我们的设备更具功效。在民用中频谱分析仪应用范围也非常广泛，主要应用在雷达、通信、网络、电视、航天、教育等方面。在雷达上，实时频谱分析技术被应用在雷达的侦查系统中。在通信领域，频谱分析仪不仅可对无线通信频段进行检测，也可对信道内的信噪比与信号强度进行分析。在网络中，频谱分析仪在网络测试中可作为灵敏的接收机，这样可使得网络的动态范围更大，灵敏度也得到提升。在航天方面，可以通过频谱分析技术在外太空对各种设备进行检测，防止某些设备年久失修，保障航天事业的快速发展。对于电子工程师，频谱分析仪可给他们提供所关注信号的谐波失真、三阶交调等参数。

随着现代电子技术的飞速发展，频谱分析仪在生产、生活、学习、研究中的重要性也日益增强。然而，工程师追求频谱分析仪具有更高的性能，但同时其生产过程中复杂程度也变高，指标要求亦提高，并且价格昂贵，在使用过程中操作也较复杂，这些都成为目前频谱分析仪无法普及的因素。为了解决这个问题，研制一款低成本、高性能、高精度且操作简单的频谱分析仪是目前需要完成的一项任务。而随着各种微处理器的出现与应用的不断深化，使得嵌入式技术得到空前的发展。嵌入式技术正以其专用性、低成本、低功耗、高性能和高可靠性被广泛应用到生活中的方方面面，不仅可以使设备具有高性能，同时也大大降低了频谱分析仪的成本。

7.6.2　系统设计

1. 系统总体设计

常用的频谱分析方法有：并行滤波法、可调滤波法、扫频外差法、快速傅里叶分析法等。扫频外差法是将频谱逐个移入固定的滤波器中，途中窄带滤波器的中心频率是不变的，被测信号与扫描的本振信号混频后，将信号的频谱分量依次移入窄带滤波器，检波放大后与扫描时基线同步显示出来。扫频外差式频谱分析仪系统基本结构框图如图 7.52 所示。

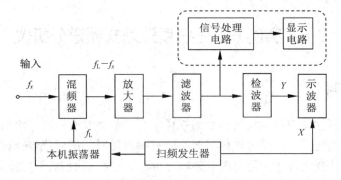

图 7.52　扫频外差式频谱分析仪系统基本结构框图

超外差式频谱分析仪的基本设计指标参数如下：

(1) 频率测量范围为 1～30 MHz；

(2) 频率分辨率为 10 kHz，输入信号电压有效值为 20 mV ± 5 mV，输入阻抗为 50 Ω；

(3) 可设置中心频率和扫频宽度；

(4) 借助示波器显示被测信号的频谱图，并在示波器上标出间隔为 1 MHz 的频标。

(5) 具有识别调幅、调频和等幅波信号及测定其中心频率的功能。

根据功能需求，系统硬件设计采用 DDS 集成芯片作为本机振荡扫频信号发生器，与输入信号经混频器混频后，利用检波器对信号进行检波，实现简易频谱分析功能。频率测量范围达到 1～30 MHz，频率分辨率有 100 kHz、10 kHz 和 1 kHz 三挡，在 10 kHz 和 1 kHz 挡可以设置扫频中心频率和扫频范围，频谱分析结果通过 LCD 液晶显示器显示。频谱分析仪系统总体结构框图如图 7.53 所示。

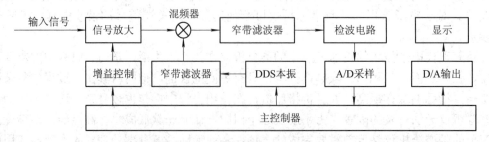

图 7.53　频谱分析仪系统总体结构框图

各模块的详细设计及功能如下所述。

2．各模块设计

(1) 信号放大模块：由于输入信号有效值为 20 mV±5 mV，幅度较小，因此在进行频谱分析前应将输入信号的有效值进行一定程度的放大，方便后级系统的处理。

(2) 本机振荡器模块：采用直接数字合成(DDS)技术芯片，只需少量外围元件就能构成一个完整的信号源，且具有转换速度快、分辨率高、换频速度快、频带宽等特点，可以产生频谱纯净、频率和相位都可控且稳定度非常高的正弦波，可以直接作为本机振荡的扫频信号发生器。

(3) 混频器模块：混频器是超外差技术所需的不可缺少的重要组成部分，它将输入信号变为频率固定的中频信号。混频器是频谱线性搬移电路，它有两个输入信号：载波信号和本地振荡信号，其工作频率分别为 f_C 和 f_L；输出信号为中频信号，其频率为 f_C 和 f_L 的差频或和频，称为中频 f_i，$f_i = f_C \pm f_L$。由此可见，混频器在频域上起着减(加)法器的作用。

(4) 滤波器模块：用来得到混频后纯净的中频信号的滤波模块由 3 个滤波器组成。滤波器 1 和滤波器 2 由 8 阶的开关电容滤波器 MAX297 分别实现有效带宽为 50 kHz 和 5 kHz 的低通滤波器。MAX297 是 8 阶开关电容低通椭圆滤波器，其通频带可以从 0.1 Hz 变化到 50 kHz，带内增益只存在约±0.1dB 的波动，带外滚降速度快。也可不必外接时钟频率，在 1 脚外接电容 C，便可使用 MAX297 的内部振荡器产生时钟频率，从而实现截止频率的选择，即 $f = 10^5/(3 \times C)$。

(5) 检波器模块：检波器的作用是完成输出调幅信号的解调，一般有同步检波和非相干检波两种方式。由于同步检波方式中的同步信号不是一个固定值，其值随输入信号而变，导致同步信号难于产生。而对于非相干检波，需要采用高速的数据采集和处理器件以及合理的软件算法配合处理，这将导致系统电路设计复杂，实现较为困难，而采用集成芯片来进行检波就相对易于实现。

3．系统程序设计

系统软件部分的设计主要完成以下三方面的内容：

(1) 根据选择的频率分辨率及扫频范围，选择滤波器通道，确定本机振荡器的扫频步进及在扫频范围内的扫频速率。

(2) 控制 A/D 采样对信号进行双频数字峰检，经过数据处理得到各频点信号的峰值，并对输入信号的波形类别进行判别，确定其为等幅波、调幅波或调频波。

(3) 控制 LCD 液晶显示屏上的波形显示，并实时显示相关信息。

本系统的主控制流程图如图 7.54 所示。

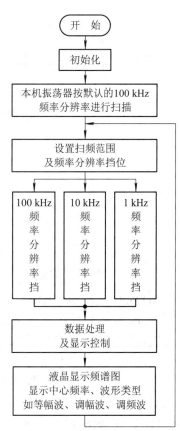

图 7.54　主控制程序流程图

7.6.3　硬件电路原理图

本系统的硬件电路原理图采用 Altium Designer 进行设计。

1．主控制器模块设计

本系统的单片机选用了意法半导体 STMicroelectronics 公司的 STM32F407VGT6，最小系统如图 7.45 所示。

2．信号放大模块设计

为满足系统要求的宽动态范围，信号放大与增益控制模块的设计采用 AD603 做压控增益，由单片机 DAC 输出直流电压调节 AD603 的增益，由于 AD603 带宽为 90 MHz，足够满足本次设计要求。为了保证扫频信号源输出在整个频带幅值稳定，满足后级电路对信号幅度的要求，AD603 将输入信号经过自动增益控制，使其峰值为 1 V。信号放大电路如图 7.55 所示。

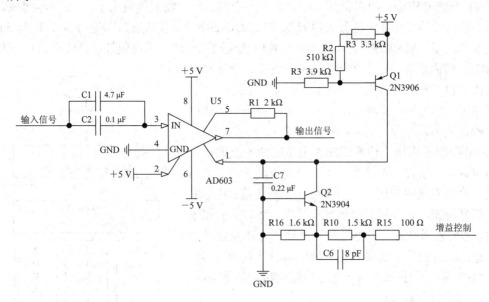

图 7.55　信号放大电路

3．本机振荡器模块设计

AD9850 是 Analog Device 公司采用先进的直接数字合成(DDS)技术推出的具有高集成度 DDS 电路的器件，它内部包含高速、高性能 D/A 转换器及高速比较器，可作为全数字编程控制的频率合成器和时钟发生器。外接精密时钟源时，AD9850 可以产生一个频谱纯净、频率和相位都可以编程控制且稳定性很好的模拟正弦波，这个正弦波能够直接作为基准信号源。本机振荡器电路如图 7.56 所示，AD9850 的可编程功能主要通过对内部的 5 个输入数据寄存器写入 40 位的控制字来实现。根据系统要求的频率分辨率有 100 kHz、10 kHz 和 1 kHz 三挡，则相应控制 AD9850 的扫频步进也分别为 100 kHz、10 kHz 和 1 kHz。

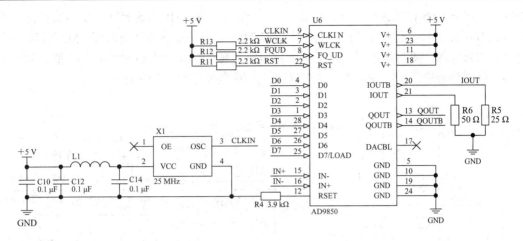

图 7.56　本机振荡器电路

4．混频器电路设计

混频器模块采用 Analog Device 公司生产的 AD835 型单片有源模拟乘法器，它具有低失真、低噪声系数和简单的传输函数以及具有 250 MHz 的混频带宽、只需要极少的外围元件等特点；其输入输出方式多样，使用灵活方便。AD835 由混频器、限幅放大器、低噪声输出放大器和偏置电路等组成。AD835 采用双差分模拟乘法器混频电路，同无放大器的混频器相比，它不仅省去了对大功率本振驱动器的要求，而且避免了由大功率本振带来的屏蔽、隔离等问题，因而成本较低。混频器电路如图 7.57 所示，输出信号 $W = XY + Z$，其中 $X = X1 - X2$，$Y = Y1 - Y2$，将扫频信号加在 8 脚即 X 端，输入信号加在 1 脚即 Y 端，4 脚的 Z 端接地使其直流电位为 0 V。AD835 的 X、Y 端输入电压不宜过大，需控制在 −1～+1 V 范围内。

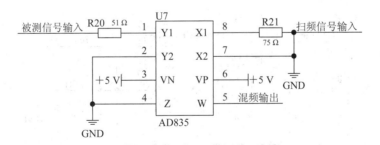

图 7.57　混频器电路

5．滤波器模块设计

用来得到混频后纯净的中频信号的滤波模块由三个滤波器组成。滤波器 1 和滤波器 2 由 8 阶的开关电容滤波器 MAX297 分别实现有效带宽为 50 kHz 和 5 kHz 的低通滤波器。MAX297 是 8 阶开关电容低通椭圆滤波器，其通频带可以从 0.1 Hz 变化到 50 kHz，带内增益只存在约 ±0.1 dB 的波动，带外滚降速度快。也可以不必外接时钟频率，而在 1 脚外接电容，便可使用 MAX297 的内部振荡器产生时钟频率，从而实现截止频率的选择，即 $f = 105/(3 \times C)$。根据它的时钟频率与通带之比为 50：1 的关系，经过实际测试与调节，分别外接 7.5 pF 和 165 pF 的电容可以分别实现有效带宽为 50 kHz 和 5 kHz 的低通滤波器。滤波器 3 由 8 阶连续时间有源滤波器芯片 MAX274 构成 1 kHz 的带通滤波器，MAX274 包含四个互相独立的二阶滤波单元，不需要外置电容，每个单元的中心频率 f_0、Q 值、放大倍数均可由其外接电阻 R1～R4 的设计来确定。滤波器电路如图 7.58 所示。

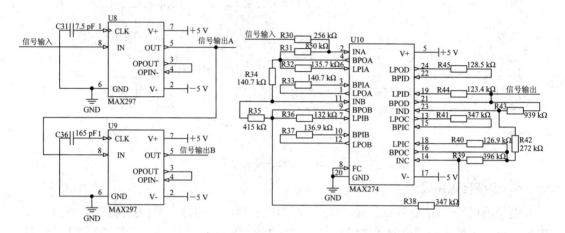

图 7.58　滤波器电路

6．检波器模块设计

采用 Analog Device 生产的 AD637 来进行有效值检波，它具有测量精度高且外围元件少、动态范围宽的特点。对于有效值为 200 mV 的信号，-3 dB 带宽为 600 kHz；对于有效值为 1 V 的信号，-3 dB 带宽为 8 MHz，完全满足系统需要。同时，AD637 可对输入信号的电平以 dB 形式表示，能够计算多种波形的有效值、平均值、均方值和绝对值。该方案硬件简单，而且精度很高，效果理想。检波器电路如图 7.59 所示。

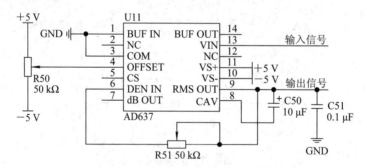

图 7.59　检波器电路

电容 C50 设定平均时间常数，并决定低频准确度，输出纹波大小和稳定时间。信号经放大后输入到 AD637 进行有效值检波，两电位器分别进行调零和调幅，以使 AD637 的输出更准确。

7.6.4　系统调试

前期的基本调试与前面的例子没有什么不同，在此不再赘述。

1．功能模块调试

采用分级调试的方法，先调试放大器、混频器、带通滤波器、本机振荡等各个模块，直至各模块都正常工作，其中检波、A/D、D/A 及 AD9850 模块需要结合程序来统调。紧接着按功能实现进行调试。首先调试 AD9850，看是否会出现正确的扫频信号；然后就是调试混频器，用信号源输出一个信号，和 AD9850 输出的信号混频，用示波器观察；接下来就是调试晶体滤波器和带通滤波器；最后就是进行检波和显示。检波的调试先让 AD9850 输出一个固定的频率，然后改变信号源的频率，用示波器观察检波后的直流量的变化规律是否正常。分别调试至各个部分最优后再进行整体调试。

2．系统联调

每一部分都没有问题以后，再进行频谱分析仪的联合调试，载入调试程序，配合按键及显示器，逐一测试系统功能，检查数据处理结果是否正确，如有问题，按照先检查硬件，后检查软件的思路排查解决相关问题。

附录Ⅰ　ASCII 码与控制字符功能和单片机指令表

Ⅰ.1　ASCII 码与控制字符功能

表Ⅰ.1 给出了 ASCII 码与控制字符功能。

表Ⅰ.1　ASCII 码与控制字符功能

低　位 ＼ 高　位		0000	0001	0010	0011	0100	0101	0110	0111
		0	1	2	3	4	5	6	7
0000	0	NUL	DLE	SP	0	@	P	、	p
0001	1	SOH	DC1	!	1	A	Q	a	q
0010	2	STX	DC2	"	2	B	R	b	r
0011	3	ETX	DC3	#	3	C	S	c	s
0100	4	EOT	DC4	$	4	D	T	d	t
0101	5	ENQ	NAK	%	5	E	U	e	u
0110	6	ACK	SYN	&	6	F	V	f	v
0111	7	BEL	ETB	'	7	G	W	g	w
1000	8	BS	CAN	(	8	H	X	h	x
1001	9	HT	EM	)	9	I	Y	i	y
1010	A	LF	SUB	*	:	J	Z	j	z
1011	B	VT	ESC	+	;	K	[	k	{
1100	C	FF	FS	,	<	L	\	l	|
1101	D	CR	GS	—	=	M	]	m	}
1110	E	SO	RS	.	>	N	↑	n	～
1111	F	SI	US	/	?	O	←	o	DEL

表中控制字符的含义及功能如下。

1.　传输控制字符

SOH——标题开始。文件标题的开始。

STX——正文开始。正文的开始，文件标题的结束。

ETX——正文结束。正文的结束。

EOT——传输结束。一次传输结束。

ENQ——询问。向已建立联系的站请求回答。

ACK——应答。对已建立联系的站做肯定答复。

DLE——数据链转义。使紧随其后的有限个字符或代码改变含义。

NAK——否认。对已建立联系的站做否定答复。

SYN——同步空转。用于同步传输系统的收发同步。

ETB——组传输结束。一组数据传输的结束。

2．格式控制字符

BS——退格。使打印或显示位置在同一行中退回一格。

HT——横向制表。使打印或显示位置在同一行内进至下一组预定格位。

LF——换行。使打印或显示位置换到下一行同一格位。

VT——纵向制表。使打印或显示位置在同一列内进至下一组预定行。

FF——换页。使打印或显示位置进至下一页第一行第一格。

CR——回车。使打印或显示位置回至同一行的第一个格位。

3．设备控制字符

DC1——设备控制符 1。使辅助设备接通或启动。

DC2——设备控制符 2。使辅助设备接通或启动。

DC3   设备控制符 3。使辅助设备断开或停止。

DC4——设备控制符 4。使辅助设备断开、停止或中断。

4．信息分隔控制字符

US——单元分隔符。用于逻辑上分隔数据单元。

RS——记录分隔符。用于逻辑上分隔数据记录。

GS——群分隔符。用于逻辑上分隔数据群。

FS——文件分隔符。用于逻辑上分隔数据文件。

5．其他控制字符

NUL——空白符。在字符串中插入或去掉空白符，字符串含义不变。

BEL——告警符。控制警铃。

SO——移出符。使此字符以后的各字符改变含义。

SI——移入符。由 SO 符开始的字符转义到此结束。

CAN——作废符。表明字符或数据是错误的或可略去。

SP——空格符。使打印或显示位置前进一格。

EM——媒体尽头。用于识别数据媒体的物理末端。

SUB——取代符。用于替换无效或错误的字符。

ESC——换码符。

DEL——作废符。清除错误的或不要的字符。

Ⅰ.2　单片机指令表

1．按功能排列的指令表

(1) 数据传送(Data Moves)类指令表见表Ⅰ.2(1)，算数运算(Arithmetil)类指令表见表Ⅰ.2(2)。

表Ⅰ.2(1)　数据传送类指令表

助记符(Mnemonic)	相应操作(Description)	字节(Bytes)	机器周期 (Cycles)	标志(Flags)
MOV A,Rn	$(Rn) \to (A)$	1	1	
MOV A,direct	$(direct) \to (A)$	2	1	
MOV A,@Ri	$((Ri)) \to (A)$	1	1	
MOV A,#data	$\#data \to (A)$	2	1	
MOV Rn, A	$(A) \to (Rn)$	1	1	
MOV Rn, direct	$(direct) \to (Rn)$	2	2	
MOV Rn,#data	$\#data \to (Rn)$	2	1	
MOV direct,A	$(A) \to (direct)$	2	1	
MOV direct,Rn	$(Rn) \to (direct)$	2	2	
MOV direct2,direct1	$(direct1) \to (direct2)$	3	2	
MOV direct,@Ri	$((Ri)) \to (direct)$	2	2	
MOV direct,#data	$\#data \to (direct)$	3	2	
MOV @Ri,A	$(A) \to ((Ri))$	1	1	
MOV @Ri,direct	$(direct) \to ((Ri))$	2	2	
MOV @Ri,#data	$\#data \to ((Ri))$	2	1	
MOV DPTR,#data16	$\#data16 \to (DPTR)$	3	2	
MOVC A,@A+DPTR	$((A)+(DPTR)) \to (A)$	1	2	
MOVC A,@A+PC	$((A)+(PC)) \to (A)$	1	2	
MOVX A,@DPTR	$((DPTR)) \to (A)$	1	2	
MOVX A,@Ri	$((Ri)) \to (A)$	1	2	
MOVX @Ri,A	$(A) \to ((Ri))$	1	2	
MOVX @DPTR,A	$(A) \to ((DPTR))$	1	2	
POP direct	$(direct) \leftarrow ((SP)),(SP) \leftarrow (SP)-1$	2	2	
PUSH direct	$(SP) \leftarrow (SP)+1,((SP)) \leftarrow (direct)$	2	2	
XCH A,Rn	$(A) \leftrightarrow (Rn)$	1	1	
XCH A, direct	$(A) \leftrightarrow (direct)$	2	1	
XCH A, @Ri	$(A) \leftrightarrow ((Ri))$	1	1	
XCHD A,@Ri	$(A)_{3\sim0} \leftrightarrow ((Ri))_{3\sim0}$	1	1	

表Ⅰ.2(2)　算数运算类指令表

助记符(Mnemonic)	相应操作(Description)	字节(Bytes)	机器周期(Cycles)	标志(Flags)
ADD A,Rn	(A)+(Rn) →(A)	1	1	C OV AC
ADD A,direct	(A)+(direct) →(A)	2	1	C OV AC
ADD A,@Ri	(A)+((Ri)) →(A)	1	1	C OV AC
ADD A,#data	(A)+#data →(A)	2	1	C OV AC
ADDC A,Rn	(A)+ (Rn)+(C)→(A)	1	1	C OV AC
ADDC A,direct	(A)+(direct)+ (C)→(A)	2	1	C OV AC
ADDC A,@Ri	(A)+((Ri))+ (C) →(A)	1	1	C OV AC
ADDC A,#data	(A)+#data +(C) →(A)	2	1	C OV AC
DA A	(A)bin →(A)dec	1	1	C
DEC A	(A)−1→(A)	1	1	
DEC Rn	(Rn)−1 →(Rn)	1	1	
DEC direct	(direct)−1 → (direct)	2	1	
DEC @Ri	((Ri))−1 →((Ri))	1	1	
DIV AB	(A)/(B)→ AB	1	4	OV
INCA	(A)+1 →(A)	1	1	
INC Rn	(Rn)+l→(Rn)	1	1	
INC direct	(direct)+ 1 → (direct)	2	1	
INC @Ri	((Ri))+ 1 → ((Ri))	1	1	
INC DPTR	(DPTR)+ 1 →(DPTR)	1	2	
MUL AB	(A)×(B)→ AB	1	4	OV
SUBB A, Rn	(A)−(Rn)−(C)→(A)	1	1	C OV AC
SUBB A,direct	(A)−(direct)−(C) →(A)	2	1	C OV AC
SUBB A,@Ri	(A)−((Ri))−(C) →(A)	1	1	C OV AC
SUBB A,#data	(A)−#data −(C)→(A)	2	1	C OV AC

(2) 逻辑运算(Logic)类指令表见表Ⅰ.3。

表Ⅰ.3　逻辑运算类指令表

助记符(Mnemonic)	相应操作(Description)	字节(Bytes)	机器周期(Cycles)	标志(Flags)
ANL A,Rn	(A) (Rn) →(A)	1	1	
ANL A,direct	(A) (direct) →(A)	2	1	
ANL A,@Ri	(A) ((Ri)) →(A)	1	1	
ANL A,#data	(A) #data →(A)	2	1	
ANL direct,A	(direct) (A)→ (direct)	2	1	
ANL direct,#data	(direct) #data → (direct)	3	2	
CLR A	00→(A)	1	1	
CPL A	($\overline{A}$)→(A)	1	1	

助记符(Mnemonic)	相应操作(Description)	字节(Bytes)	机器周期(Cycles)	标志(Flags)
ORL A,Rn	(A) Rn) →(A)	1	1	
ORL A,direct	(A) (direct) →(A)	2	1	
ORL A,@Ri	(A) ((Ri)) →(A)	1	1	
ORL A,#data	(A) #data →(A)	2	1	
ORL direct,A	(direct) (A) → (direct)	2	1	
ORL direct,#data	(direct) #data → (direct)	3	2	
XRL A,Rn	(A) $\oplus$ (Rn) →(A)	1	1	
XRL A,direct	(A) $\oplus$ (direct) →(A)	2	1	
XRL A,@Ri	(A) $\oplus$ ((Ri)) →(A)	1	1	
XRL A,#data	(A) $\oplus$ #data →(A)	2	1	
XRL direct,A	(direct) $\oplus$ (A) → (direct)	2	1	
XRL direct,#data	(direct) $\oplus$ #data → (direct)	3	2	
NOP	(PC)+1 →(PC)	1	1	
RL A	A0←A7←A6.. ←A1←A0	1	1	
RLC A	C←A7←A6.. ←A0←C	1	1	
RR A	A0→A7→A6.. →A1→A0	1	1	
RRC A	C→A7→A6.. →A0→C	1	1	
SWAP A	$(A)_{7\sim4} \leftrightarrow (A)_{3\sim0}$	1	1	

(3) 位操作(Boolean)类指令表见表Ⅰ.4。

表Ⅰ.4　位操作类指令表

助记符(Mnemonic)	相应操作(Description)	字节(Bytes)	机器周期(Cycles)	标志(Flags)
ANL C, bit	(C) (bit) →(C)	2	2	C
ANL C, $\overline{bit}$	(C) ($\overline{bit}$) →(C)	2	2	C
CLR C	0 →(C)	1	1	C=0
CLR bit	0→(bit)	2	1	
CPL C	($\overline{c}$) →(C)	1	1	C
CPL bit	($\overline{bit}$) →(bit)	2	1	
ORL C,bit	(C) (bit)→(C)	2	2	C
MOV C,bit	(bit) →(C)	2	2	C
MOV bit,C	(C) →(bit)	2	2	
SETB C	1 →(C)	1	1	C = 1
SETB bit	1 →(bit)	2	1	

(4) 程序控制(Calls and Jumps)类指令表见表Ⅰ.5。

表 I.5　程序控制类指令表

助记符(Mnemonic)	相应操作(Description)	字节(Bytes)	机器周期(Cycles)	标志(Flags)
ACALL add11	$(SP)\leftarrow(SP)+1,((SP))\leftarrow(PC_{0\sim7})$; $(SP)\leftarrow(SP)+1,((SP))\leftarrow(PC_{8\sim15})$; add11$\rightarrow$(PC)$_{10\sim0}$	2	2	
CJNE A,direct,rel	$[(A)\neq(direct)]$; (PC) +rel $\rightarrow$(PC)	3	2	
CJNE A,#data,rel	$[(A)\neq\#data]$: (PC) +rel$\rightarrow$(PC)	3	2	
CJNE Rn,#data,rel	$[(Rn)\neq\#data]$: (PC) +rel $\rightarrow$(PC)	3	2	
CJNE @Ri,#data,rel	$[((Ri))\neq\#data]$: (PC) +rel$\rightarrow$(PC)	3	2	
DJNZ Rn, rel	$[(Rn)-1\neq00]$: (PC) +rel $\rightarrow$(PC)	2	2	
DJNZ direct,rel	$[(direct)-1\neq00]$: (PC) +rel$\rightarrow$(PC)	3	2	
LCALL add16	$(SP)\leftarrow(SP)+1,((SP))\leftarrow(PC_{0\sim7})$; $(SP)\leftarrow(SP)+1,((SP))\leftarrow(PC_{8\sim15})$; add16 $\rightarrow$(PC)	3	2	
AJMP add11	add11 $\rightarrow$(PC)$_{10\sim0}$	2	2	
LJMP add16	add16 $\rightarrow$(PC)	3	2	
SJMP rel	(PC) +rel $\rightarrow$(PC)	2	2	
JMP @A+DPTR	$((DPTR)+(A))\rightarrow$(PC)	1	2	
JC rel	$[C=1]$: (PC) +rel $\rightarrow$(PC)	2	2	
JNC rel	$[C=0]$: (PC) +rel $\rightarrow$(PC)	2	2	
JB bit, rel	$[bit=1]$: (PC) +rel $\rightarrow$(PC)	3	2	
JNB bit,rel	$[bit=0]$: (PC) +rel $\rightarrow$(PC)	3	2	
JBC bit,rel	$[bit=1]$: (PC) +rel $\rightarrow$(PC); 0 $\rightarrow$ bit	3	2	
JZ rel	$[(A)=00]$: (PC) +rel $\rightarrow$(PC)	2	2	
JNZ rel	$[(A)\neq00]$: (PC) +rel $\rightarrow$(PC)	2	2	
RET	$(PC8\sim15)\leftarrow((SP)),(SP)\leftarrow(SP)-1$; $(PC0\sim7)\leftarrow((SP)),(SP)\leftarrow(SP)-1$;	1	2	
RETI	$(PC8\sim15)\leftarrow((SP)),(SP)\leftarrow(SP)-1$; $(PC0\sim7)\leftarrow((SP)),(SP)\leftarrow(SP)-1$;	1	2	

2. 按助记符字母顺序排列的指令表

按助记符字母顺序排列的指令表见表 I.6。

表 I.6　按助记符字母顺序排列的指令表

助记符(Mnemonic)	相应操作(Description)	字节(Bytes)	机器周期(Cycles)	标志(Flags)
ACALL addr11	$(SP)\leftarrow(SP)+1,((SP))\leftarrow(PC_{0\sim7})$; $(SP)\leftarrow(SP)+1,((SP))\leftarrow(PC_{8\sim15})$; addr11 $\rightarrow$ (PC)$_{11}$	2	2	C OV AC
ADD A, direct	$(A)+(direct)\rightarrow$(A)	2	1	C OV AC
ADD A,@Ri	$(A)+((Ri))\rightarrow$(A)	1	1	C OV AC
ADD A,#data	$(A)+\#data\rightarrow$(A)	2	1	C OV AC
ADD A,Rn	$(A)+(Rn)\rightarrow$(A)	1	1	C OV AC

助记符(Mnemonic)	相应操作(Description)	字节(Bytes)	机器周期(Cycles)	标志(Flags)
ADDC A,direct	(A)+(direct)+ (C) →(A)	2	1	C OV AC
ADDC A,@Ri	(A)+((Ri))+ (C) →(A)	1	1	C OV AC
ADDC A,#data	(A)+#data+(C) →(A)	2	1	C OV AC
ADDC A,Rn	(A)+(Rn)+(C) →(A)	1	1	
AJMP addr11	addr11 → (PC)$_{10\sim0}$	2	2	
ANL A,direct	(A) (direct) →(A)	2	1	
ANL A,@Ri	(A) ((Ri)) →(A)	1	1	
ANL A,#data	(A) #data →(A)	2	1	
ANL A,Rn	(A) (Rn) →(A)	1	1	
ANL direct,A	(direct) (A) →(direct)	2	1	
ANL direct,#data	(direct) #data → (direct)	3	2	
ANL C,bit	(C) (bit) →(C)	2	2	C
ANL C,$\overline{\text{bit}}$	(C) ($\overline{\text{bit}}$) →(C)	2	2	C
CJNE A,direct,rel	[(A)≠(direct)]: (PC) +rel →(PC)	3	2	C
CJNE A,#data,rel	[(A)≠#data]: (PC) +rel →(PC)	3	2	C
CJNE @Ri,#data,rel	[((Ri))≠#data]: (PC) +rel →(PC)	3	2	C
CJNE Rn,#data,rel	[(Rn)≠#data]: (PC) +rel →(PC)	3	2	C
CLR A	0→(A)	1	1	
CLR bit	0→(bit)	2	1	
CLR C	0 →(C)	1	1	C=O
CPL A	($\overline{\text{A}}$)→(A)	1	1	
CPL bit	($\overline{\text{bit}}$)→(bit)	2	1	
CPL C	($\overline{\text{c}}$)→(C)	1	1	C
DA A	(A)bin →(A)dec	1	1	C
DEC A	(A)−1→(A)	1	1	
DEC direct	(direct)−1 → (direct)	2	1	
DEC @Ri	((Ri))−1 → ((Ri))	1	1	
DEC Rn	(Rn)−1 →(Rn)	1	1	
DIV AB	(A)/(B) → AB	1	4	OV
DJNZ direct,rel	[(direct)−1≠00]: (PC)+rel →(PC)	3	2	
DJNZ Rn,rel	[(Rn) −1≠00]: (PC) +rel →(PC)	2	2	
INC A	(A)+1→(A)	1	1	
INC direct	(direct)+ 1 → (direct)	2	1	
INC DPTR	(DPTR)+1 → (DPTR)	1	2	
INC @Ri	((Ri))+ 1 → ((Ri))	1	1	
INC Rn	(Rn)+1 →(Rn)	1	1	

续表二

助记符(Mnemonic)	相应操作(Description)	字节(Bytes)	机器周期(Cycles)	标志(Flags)
JB bit,rel	[(bit)=1]: (PC) +rel →(PC)	3	2	
JBC bit,rel	[(bit)=1]:(PC) +rel→(PC); 0→(bit)	3	2	
JC rel	[(C) =1]: (PC) +rel →(PC)	2	2	
JMP @A+DPTR	((DPTR)+(A)) →(PC)	1	2	
JNB bit,rel	[(bit)=0]: (PC) +rel →(PC)	3	2	
JNC rel	[(C) =0]: (PC) +rel →(PC)	2	2	
JNZ rel	[(A)≠00]: (PC) +rel →(PC)	2	2	
JZ rel	[(A)=00]: (PC) +rel →(PC)	2	2	
LCALL addr16	(SP)←(SP)+1,((SP)) ←(PC0~7);	3	2	
	(SP)←(SP)+1,((SP)) ←(PC8~15);			
	addr16 →(PC)			
LJMP addr16	addr16 →(PC)	3	2	
MOV A,direct	(direct) →(A)	2	1	
MOV A,@Ri	((Ri)) →(A)	1	1	
MOV A,#data	#data →(A)	2	1	
MOV A,Rn	(Rn)→(A)	1	1	
MOV direct,A	(A)→ (direct)	2	1	
MOV direct2,direct1	(direct1) → (direct2)	3	2	
MOV direct,@Ri	((Ri)) → (direct)	2	2	
MOV direct,#data	#data → (dircct)	3	2	
MOV direct,Rn	(Rn) → (direct)	2	2	
MOV bit,C	(C)→ (bit)	2	2	C
MOV C,bit	(bit) →(C)	2	2	
MOV @Ri,A	(A) → ((Ri))	1	1	
MOV @Ri,direct	(direct) → ((Ri))	2	2	
MOV @Ri,#data	#data → ((Ri))	2	1	
MOV DPTR,#data16	#data16 → (DPTR)	3	2	
MOV Rn, A	(A) →(Rn)	1	1	
MOV Rn, direct	(direct) →(Rn)	2	2	
MOV Rn,#data	#data →(Rn)	2	1	
MOVC A,@A+DPTR	((A)+(DPTR)) →(A)	1	2	
MOVC A,@A+PC	((A)+(PC)) →(A)	1	2	
MOVX A,@DPTR	((DPTR)) →(A)	1	2	
MOVX A,@Ri	((Ri)) →(A)	1	2	
MOVX @DPTR,A	(A)→ ((DPTR))	1	2	
MOVX @Ri,A	(A)→ ((Ri))	1	2	
MUL AB	(A)× (B) → AB	1	4	OV

续表三

助记符(Mnemonic)	相应操作(Description)	字节(Bytes)	机器周期(Cycles)	标志(Flags)
NOP	(PC)+ 1 →(PC)	1	1	
ORL A,direct	(A) (direct) →(A)	2	1	
ORL A,@Ri	(A) ((Ri)) →(A)	1	1	
ORL A,#data	(A) #data →(A)	2	1	
ORL A,Rn	(A) (Rn) →(A)	1	1	
	(direct) (A) → (direct)			
ORL direct,A	(direct) #data → (direct)	2	1	
ORL direct,#data	(C) (bit) →(C)	3	2	
ORL C,bit	(direct) ←((SP)),(SP)←(SP)−1	2	2	
POP direct	(SP)← (SP)+1,((SP)) ←(direct)	2	2	
PUSH direct	$(PC_{8\sim15})$← ((SP)),(SP)←(SP)-1;	2	2	
RET	$(PC_{0\sim7})$← ((SP)),(SP) ←(SP)-1;	1	2	
RETI	$(PC_{8\sim15})$←((SP)),(SP) ←(SP)-1;	1	2	
RL A	$(PC_{0\sim7})$ ←((SP)),(SP) ←(SP)-1;	1	1	
RLC A	A0←A7←A6.. ←A1←A0	1	1	C
RR A	C←A7←A6.. ←A0←C	1	1	
RRC A	A0→A7→A6.. →Ai→A0	1	1	C
SETB bit	C→A7→A6.. →A0→C	2	1	
SETB C	1 → (bit)	1	1	C=1
SJMP rel	1 →(C)	2	2	
SUBB A,direct	(PC) +rel →(PC)	2	1	C OV AC
SUBB A,@Ri	(A)−(direct)− (C)→(A)	1	1	C OV AC
SUBB A,#data	(A)−((Ri))− (C)→(A)	2	1	C OV AC
SUBB A,Rn	(A)−#data- (C)→(A)	1	1	C OV AC
SWAP A	(A)− (Rn)− (C)→(A)	1	1	
XCH A,direct	$(A)_{7\sim4}$ ←→ $(A)_{3\sim0}$	2	1	
XCH A,@Ri	(A) ←→ (direct)	1	1	
XCH A,Rn	(A) ←→ ((Ri))	1	1	
XCHD A,@Ri	(A) ←→(Rn)	1	1	
XRL A,direct	$(A)_{3\sim0}$ ←→ $((Ri))_{3\sim0}$	2	1	
XRL A,@Ri	(A) ⊕ (direct) →(A)	1	1	
XRL A,#data	(A) ⊕ (Ri)) →(A)	2	1	
XRL A,Rn	(A) ⊕ #data →(A)	1	1	
XRL direct,A	(A) ⊕ (Rn) →(A)	2	1	
XRL direct,#data	(direct) ⊕ (A) → (direct)	3	2	
	(direct) ⊕ #data → (direct)			

3. 按指令码排列的指令表

按指令码排列的指令表见表Ⅰ.7。

表Ⅰ.7　按指令码排列的指令表

操作代码 (Operational Code)	助记符 (Mnemonic)	操作数 (Operand(s))	字节 (Bytes)	操作代码 (Operational Code)	助记符 (Mnemonic)	操作数 (Operand(s))	字节 (Bytes)
00	NOP		1	23	RL	A	1
01	AJMP	add11	2	24	ADD	A,#data	2
02	LJMP	add16	3	25	ADD	A,direct	2
03	RR	A	1	26	ADD	A,@R0	1
04	INC	A	1	27	ADD	A,@R1	1
05	INC	direct	2	28	ADD	A,R0	1
06	INC	@R0	1	29	ADD	A,R1	1
07	INC	@R1	1	2A	ADD	A,R2	1
08	INC	R0	1	2B	ADD	A,R3	1
09	INC	R1	I	2C	ADD	A,R4	1
0A	INC	R2	1	2D	ADD	A,R5	1
0B	INC	R3	1	2E	ADD	A,R6	1
0C	INC	R4	1	2F	ADD	A,R7	1
0D	INC	R5	1	30	JNB	bit,rel	3
0E	INC	R6	1	31	ACALL	add11	2
0F	INC	R7	1	32	RETI		1
10	JBC	bit,rel	3	33	RLC	A	1
11	ACALL	add11	2	34	ADDC	A,#data	2
12	LCALL	add16	3	35	ADDC	A,direct	2
13	RRC	A	1	36	ADDC	A,@R0	1
14	DEC	A	1	37	ADDC	A,@R1	1
15	DEC	direct	2	38	ADDC	A,R0	1
16	DEC	@R0	1	39	ADDC	A,R1	1
17	DEC	@R1	1	3A	ADDC	A,R2	1
18	DEC	R0	1	3B	ADDC	A,R3	1
19	DEC	R1	1	3C	ADDC	A,R4	1
1A	DEC	R2	1	3D	ADDC	A,R5	1
1B	DEC	R3	1	3E	ADDC	A,R6	1
1C	DEC	R4	1	3F	ADDC	A,R7	1
1D	DEC	R5	1	40	JC	rel	2
1E	DEC	R6	1	41	AJMP	add11	2
1F	DEC	R7	1	42	ORL	direct,A	2
20	JB	bit,rel	3	43	ORL	direct,#data	3
21	AJMP	add11	2	44	ORL	A,#data	2
22	RET		1	45	ORL	A,direct	2

操作代码 (Operational Code)	助记符 (Mnemonic)	操作数 (Operand(s))	字节 (Bytes)	操作代码 (Operational Code)	助记符 (Mnemonic)	操作数 (Operand(s))	字节 (Bytes)
46	ORL	A,@R0	1	69	XRL	A,R1	1
47	ORL	A,@R1	1	6A	XRL	A,R2	1
48	ORL	A,R0	1	6B	XRL	A,R3	1
49	ORL	A,R1	1	6C	XRL	A,R4	1
4A	ORL	A,R2	1	6D	XRL	A,R5	1
4B	ORL	A,R3	1	6E	XRL	A,R6	1
4C	ORL	A,R4	1	6F	XRL	A,R7	1
4D	ORL	A,R5	1	70	JNZ	rel	2
4E	ORL	A,R6	1	71	ACALL	add11	2
4F	ORL	A,R7	1	72	ORL	C,bit	2
50	JNC	rel	2	73	JMP	@A + DPTR	1
51	ACALL	add11	2	74	MOV	A,#data	2
52	ANL	direct,A	2	75	MOV	direct,#data	3
53	ANL	direct,#data	3	76	MOV	@R0,#data	2
54	ANL	A,#data	2	77	MOV	@R1,#data	2
55	ANL	A,direct	2	78	MOV	R0,#data	2
56	ANL	A,@R0	1	79	MOV	Rl,#data	2
57	ANL	A,@R1	1	7A	MOV	R2,#data	2
58	ANL	A,R0	1	7B	MOV	R3,#data	2
59	ANL	A,R1	1	7C	MOV	R4,#data	2
5A	ANL	A,R2	1	7D	MOV	R5,#data	2
5B	ANL	A,R3	1	7E	MOV	R6,#data	2
5C	ANL	A,R4	1	7F	MOV	R7,#data	2
5D	ANL	A,R5	1	80	SJMP	rel	2
5E	ANL	A,R6	1	81	AJMP	add11	2
5F	ANL	A,R7	1	82	ANL	C,bit	2
60	JZ	rel	2	83	MOVC	A,@A + PC	1
61	AJMP	add11	2	84	DIV	AB	1
62	XRL	direct,A	2	85	MOV	direct2,direct1	3
63	XRL	direct,#data	3	86	MOV	direct,@R0	2
64	XRL	A,#data	2	87	MOV	direct,@R1	2
65	XRL	A,direct	2	88	MOV	direct,R0	2
66	XRL	A,@R0	1	89	MOV	direct,R1	2
67	XRL	A,@R1	1	8A	MOV	direct,R2	2
68	XRL	A,R0	1	8B	MOV	direct,R3	2

续表二

操作代码 (Operational Code)	助记符 (Mnemonic)	操作数 (Operand(s))	字节 (Bytes)	操作代码 (Operational Code)	助记符 (Mnemonic)	操作数 (Operand(s))	字节 (Bytes)
8C	MOV	direct,R4	2	AF	MOV	R7,direct	2
8D	MOV	direct,R5	2	B0	ANL	C, $\overline{bit}$ add11	2
8E	MOV	direct,R6	2	B1	ACALL	bit	2
8F	MOV	direct,R7	2	B2	CPL	C	2
90	MOV	DPTR,#data16	3	B3	CPL	A,#data,rel	1
91	ACALL	add11	2	B4	CJNE	A,direct,rel	3
92	MOV	bit,C	2	B5	CJNE	@R0,#data,rel	3
93	MOVC	A,@A+DPTR	1	B6	CJNE	@Rl,#data,rel	3
94	SUBB	A,#data	2	B7	CJNE	R0,#data,rel	3
95	SUBB	A,direct	2	B8	CJNE	Rl,#data,rel	3
96	SUBB	A,@R0	1	B9	CJNE	R2,#data,rel	3
97	SUBB	A,@R1	1	BA	CJNE	R3,#data,rel	3
98	SUBB	A,R0	1	BB	CJNE	R4,#data,rel	3
99	SUBB	A,R1	1	BC	CJNE	R5,#data,rel	3
9A	SUBB	A,R2	1	BD	CJNE	R6,#data,rel	3
9B	SUBB	A,R3	1	BE	CJNE	R7,#data,rel	3
9C	SUBB	A,R4	1	BF	CJNE	direct	3
9D	SUBB	A,R5	1	C0	PUSH	add11	2
9E	SUBB	A,R6	1	C1	AJMP	bit	2
9F	SUBB	A,R7	1	C2	CLR	C	2
A0	ORL	C, $\overline{bit}$ add11	2	C3	CLR	C A	1
A1	AJMP	C, bit	2	C4	SWAP	A,direct	1
A2	MOV	DPTR	2	C5	XCH	A,@R0	2
A3	INC	AB	1	C6	XCH	A,@R1	1
A4	MUL		1	C7	XCH	A,R0	1
A5	unused	@R0,direct		C8	XCH	A,R1	1
A6	MOV	@Rl,direct	2	C9	XCH	A,R2	1
A7	MOV	R0,direct	2	CA	XCH	A,R3	1
A8	MOV	R1 ,direct	2	CB	XCH	A,R4	1
A9	MOV	R2,direct	2	CC	XCH	A,R5	1
AA	MOV	R3,direct	2	CD	XCH	A,R6	1
AB	MOV	R4,direct	2	CE	XCH	A,R7	1
AC	MOV	R5,direct	2	CF	XCH	direct	1
AD	MOV	R6,direct	2	D0	POP	direct11	2
AE	MOV		2	D1	ACALL		2

续表三

操作代码 (Operational Code)	助记符 (Mnemonic)	操作数 (Operand(s))	字节 (Bytes)	操作代码 (Operational Code)	助记符 (Mnemonic)	操作数 (Operand(s))	字节 (Bytes)
D2	SETB	bit	2	E9	MOV	A,R1	1
D3	SETB	C	1	EA	MOV	A,R2	1
D4	DA	A	1	EB	MOV	A,R3	1
D5	DJNZ	direct,rel	3	EC	MOV	A,R4	1
D6	XCHD	A,@R0	1	ED	MOV	A,R5	1
D7	XCHD	A,@R1	1	EE	MOV	A,R6	1
D8	DJNZ	R0,rel	2	EF	MOV	A,R7	1
D9	DJNZ	R1,rel	2	F0	MOVX	@DPTR,A	1
DA	DJNZ	R2,rel	2	F1	ACALL	add11	2
DB	DJNZ	R3,rel	2	F2	MOVX	@R0,A	1
DC	DJNZ	R4,rel	2	F3	MOVX	@R1,A	1
DD	DJNZ	R5,rel	2	F4	CPL	A	1
DE	DJNZ	R6,rel	2	F5	MOV	direct,A	2
DF	DJNZ	R7,rel	2	F6	MOV	@R0,A	1
E0	MOVX	A,@DPTR	1	F7	MOV	@R1,A	1
E1	AJMP	add11	2	F8	MOV	R0,A	1
E2	MOVX	A,@R0	1	F9	MOV	R1,A	1
E3	MOVX	A,@R1	1	FA	MOV	R2,A	1
E4	CLR	A	1	FB	MOV	R3,A	1
E5	MOV	A,direct	2	FC	MOV	R4,A	1
E6	MOV	A,@R0	1	FD	MOV	R5,A	1
E7	MOV	A,@R1	1	FE	MOV	R6,A	1
E8	MOV	A,R0	1	FF	MOV	R7,A	1

附录Ⅱ 单片机 C 语言程序设计简介

在单片机应用系统开发中，应用程序设计是整个系统设计的主要工作之一，直接决定着应用系统开发周期的长短。过去，单片机应用程序设计都采用汇编语言，可直接操纵系统的硬件资源，编写出高质量的程序代码。但是，采用汇编语言编写比较复杂的数值计算程序就感觉非常困难，又因汇编语言源程序的可读性远不如高级语言源程序，若要修改程序的功能，就得花费心思从头再阅读程序。若从系统开发的时间来看，采用汇编语言进行单片机应用程序设计，效率不是很高。随着计算机应用技术的发展，软件开发工具的完善，利用 C 语言设计单片机应用程序已成为单片机开发与应用的必然趋势。采用 C 语言，易于开发复杂的单片机应用程序，易于进行单片机应用程序的移植，有利于产品中的单片机重新选型，可大大地加快单片机应用程序开发的速度。随着国内单片机开发工具水平的提高，现在的单片机仿真器普遍支持 C 语言程序的调试，为单片机编程使用 C 语言提供了便利的条件。本附录主要简单介绍 MCS-51 及其兼容系列单片机 C 语言应用程序开发与设计的基础知识。因为 C 语言具有很好的结构性和模块化，所以用 C 语言编写的程序有很好的可移植性，功能化的代码能够很方便地从一个工程移植到另一个工程，从而减少了开发时间，提高了效率，成为目前广大单片机设计者青睐的工具。

1. C51 语言的发展及其特点

将 C 语言向 MCS-51 单片机上的移植始于 20 世纪 80 年代中、后期。但由于 8051 硬件上的种种原因，使得移植难度增加。经过 Keil/Franklin、Archmeades、IAR、BSO/Tasking 等公司坚持不懈的努力，C 语言终于在 20 世纪 90 年代趋于成熟，成为了专业化的单片机高级语言，即 C51 语言。过去长期困扰开发者的所谓"高级语言产生代码太长，运行速度太慢，不适合单片机使用"的致命缺点已被最大限度地克服。目前，8051 上的 C 语言的代码长度已经做到了汇编水平的 1.2～1.5 倍、4KB 以上的程度，C 语言的优势更能得到发挥。至于执行速度的问题，只要有好的仿真器的帮助，找出关键代码，进一步人工优化，速度也可以达到十分完美的程度。总体来说，C51 语言具有以下优越性：

(1) 不懂单片机的汇编指令集，也能够编写完美的单片机程序。

(2) 无须懂得单片机的具体硬件，也能编写符合硬件实际的具有专业水平的程序。

(3) 不同函数的数据实行覆盖，有效利用片上有限的 RAM 空间。

(4) 程序具有强健性。C 语言对数据进行了许多专业性的处理，避免了运行中间非异常的破坏。

(5) C 语言提供复杂的数据类型(数组、结构、联合、枚举、指针等)，极大地增强了程序的处理能力和灵活性。

(6) 提供 auto、static、const 等存储类型和专门针对 8051 单片机的 data、idata、pdata、

xdata、code 等存储类型，自动为变量合理地分配地址。

(7) 提供 small、compact、large 等编译模式，以适应片上存储器的大小。

(8) 中断服务程序的现场保护和恢复，中断向量表的填写等直接与单片机相关的内容都由 C 编译器代办。

(9) 提供常用的标准函数库，以供用户直接使用。

(10) 头文件中定义宏、说明复杂数据类型和函数原形，有利于程序的移植和支持单片机的系列化产品的开发。

(11) 有严格的句法检查，出现错误时可以很容易地在高级语言的水平上迅速排除。

(12) 可方便地接受多种实用程序的服务。如片上资源的初始化有专门的实用程序自动生成。再如，有实时多任务操作系统可调度多道任务，简化用户编程，提高运行的安全性等。

可见，学习与使用单片机 C 语言的确是非常必要的。

用 C 语言编写的应用程序必须经单片机的 C 语言编译器转换，以生成单片机可执行的代码程序。在支持 MCS-51 及其兼容系列单片机的 C 语言编译器中，Keil/Franklin C 语言编译器以其代码紧凑和使用方便等特点优于其他编译器，故使用较多。它支持浮点和长整数、重入和递归。在 Keil 公司提供的集成开发环境(IDE)中可以完成程序的编辑、编译、调试、管理及仿真运行等功能。集成开发环境中包含了以下模块：

(1) C51：优化 C 编译器；

(2) A51：宏汇编器；

(3) L51：8051 连接器/定位器；

(4) LIB51：库管理器；

(5) MON51：目标监控器。

一个完整的C51语言程序设计需要这些模块之间相互连接配合运行才能完成任务。IDE将它们结合在一起，并可自动完成上述模块之间的连接配合。

2. C51 语言的结构

由于 C51 语言是源自 ANSI C 语言的，它必须遵循同样的语言结构和语法规则。C51 程序主体是由函数和单条执行语句构成的，一个 C51 源程序至少包括一个函数。一个 C 源程序有且只有一个名为 main()的主函数，主程序通过直接书写语句和调用其他函数来实现有关功能，这些功能函数可以是由 C51 语言本身提供的库函数，也可以是用户自己编写的用户自定义函数。C51 提供了 100 多个库函数供用户直接使用，部分列举于表Ⅱ-1 中。

表Ⅱ-1　C51 的库函数

gets	atof	atan2	gets	atof	atan2
printf	atoll	cosh	strncmp	cos	realloc
sprinf	atoi	sinh	strncpy	sin	ceil
scanf	exp	tanh	strspn	tan	floor
sscanf	log	calloc	strcspn	acos	modf
memccpy	log10	free	strpbrk	asin	pow
strcat	sqrt	Init_mempool	strrpbrk	atan	
strncat	srand	malloc			

在编写 C51 程序时应注意以下几点：

(1) C51 语言总是从 main 函数开始执行的，而不管此函数在什么位置。

(2) C51 语言区分大、小写，如 ABC 和 abc 在 C51 语言中会认为是不同的变量。

(3) C51 语言书写的格式自由，可以在一行写多个语句，也可以把一个语句写在多行，每个语句和资料定义的最后必须有一个分号，分号是 C51 语句必要的组成部分。

(4) 可以用/*......*/的形式为 C51 程序的任何一部分做注释。

C51 完全支持 C 的标准指令和很多用来优化 8051 指令结构的 C 的扩展指令。

3. C51 语言的一些概念

C51 完全支持 C 的标准指令和很多用来优化 8051 指令结构的 C 的扩展指令。

(1) 结构。结构是一种定义类型，它允许程序员把一系列变量集中到一个单元中。当某些变量相关的时候使用这种类型是很方便的。

(2) 联合。联合和结构很相似。它由相关的变量组成，这些变量构成了联合的成员；但是这些成员只能有一个起作用。联合的成员变量可以是任何有效类型，包括 C 语言本身拥有的类型和用户定义的类型，如结构和联合。

(3) 指针。指针是一个包含存储区地址的变量。因为指针中包含了变量的地址，因此它可以对它所指向的变量进行寻址。使用指针可以很容易地从一个变量移到下一个变量，所以可以写出对大量变量进行操作的通用程序。

指针要定义类型，说明它是指向何种类型的变量。C51 提供一个 3 字节的通用存储器指针。通用指针的头一个字节表明指针所指的存储区空间，另外两个字节存储 16 位偏移量。对于 DATA、IDATA 和 PDATA 段，只需要 8 位偏移量。C51 提供的指针如表Ⅱ-2 所示。

表Ⅱ-2 C51 的指针

指针类型	大小
通用指针	3 字节
XDATA	2 字节
CODE	2 字节
IDATA	1 字节
DATA	1 字节
PDATA	1 字节

(4) 类型定义。在 C 中进行类型定义就是对给定的类型一个新的类型名。换句话说就是给类型一个新的名字。适当地使用类型定义可加强代码的可读性，但如果在一个程序中大量地使用类型定义，反而会增加阅读的难度。

4. C51 和 ANSI C 的区别

下面介绍 C51 的主要特点和它与 ANSI C 的不同之处，在用 C51 语言对单片机应用系统编程时应加以注意。

(1) 数据类型。C51 有 ANSI C 的所有标准数据类型，除此之外，为了更加有力地利用 MCS-51 的结构，还加入了一些特殊的数据类型。表Ⅱ-3 中显示了标准数据类型在 MCS-51 中占据的字节数。注意，整型和长整型的符号位字节在最低的地址中。

除了这些标准数据类型外，编译器还支持一种位数据类型。一个位变量存于内部 RAM 的可位寻址区中，可像操作其他变量那样对位变量进行操作，而位数组和位指针是违背规则的。

表Ⅱ-3　数据类型表

数据类型	大　　小
char/unsigned char	8 bit
int/ unsigned char	16 bit
long/ unsigned long	32 bit
float/double	32 bit
generic pointer	24 bit

　　(2) 特殊功能寄存器。C51 增加了三个关键字：sbit、sfr、sfr16，这是它与 ANSI C 语言最主要的区别。使用这些关键字可以给单片机的特殊功能寄存器 SFR 取一个好看好记的名字，便于编程。这三个关键字的用途如表Ⅱ-4 所示。

　　"sfr" 后面必须跟一个特殊寄存器名，sbit 用于单独访问 SFR 中的可寻址位，sfr16 用于定义 16 位的特殊功能寄存器。

表Ⅱ-4　特殊功能寄存器定义

关键字	用　　途
sfr16	定义 16 位的特殊功能寄存器，如 DPTR
sfr	定义 8 位的特殊功能寄存器
sbit	定义可位寻址的特殊功能寄存器的位变量

5. C51 的关键字

　　C51 的关键字分为两部分，第一部分为标准 C 的关键字，这里不作详述，可参阅其他 C 语言的资料；第二部分为 C51 扩展后的关键字，如表Ⅱ-5 所示。

表Ⅱ-5　C51 扩展的关键字

关键字	用　　途	说　　明
bit	位标量声明	声明一个位标量或位类型的函数
sbit	位标量声明	声明一个可位寻址变量
sfr	特殊功能寄存器声明	声明一个特殊功能寄存器
sfr16	特殊功能寄存器声明	声明一个 16 位的特殊功能寄存器
data	存储器类型说明	直接寻址的内部数据存储器
bdata	存储器类型说明	可位寻址的内部数据存储器
idata	存储器类型说明	间接寻址的内部数据存储器
pdata	存储器类型说明	分页寻址的内部数据存储器
xdata	存储器类型说明	外部数据存储器
code	存储器类型说明	程序存储器
interrupt	中断函数说明	定义一个中断函数
reentrant	可重入函数说明	定义一个再入函数
using	寄存器组定义	定义芯片的工作寄存器

6．C51 的存储类型

为了在编程中充分利用 MCS-51 单片机片内存储器的性能特点，C51 允许编程人员制定程序变量的存储区，利用不同的存储器，其描述如表Ⅱ-6 所示。

表Ⅱ-6　存储器描述

存储器	描　　　　述
DATA	RAM 的低 128 个字节，可在一个周期内直接寻址
BDATA	DATA 的 16 个字节的可位寻址区
IDATA	RAM 的高 128 个字节，必须采用间接寻址
PDATA	外部存储区的 256 个字节，通过 8 位地址(R0/R1)寻址，需要两个指令周期
XDATA	外部存储区，使用 DPTR 寻址
CODE	程序存储区，使用 DPTR 寻址

(1) DATA 区。对 DATA 区的寻址是最快的，所以应该把使用频率高的变量放在 DATA 区。DATA 区除了包含程序变量外，还包含了堆栈和寄存器组。

标准变量和用户自定义变量都可存在 DATA 区中，只要不超过 DATA 区的范围就行。

(2) BDATA 区。用户可以在 DATA 区的位寻址区定义变量，这个变量可进行位寻址，并声明为位变量。这对状态寄存器来说是十分有用的，因为它需要单独地使用变量的每一位。

(3) IDATA 段。IDATA 段也可存放使用比较频繁的变量，使用寄存器作为指针进行寻址。在寄存器中设置 8 位地址，可进行间接寻址，与外部存储器寻址相比，它的指令周期和代码长度都比较短。

(4) PDATA 和 XDATA 段。在这两个段声明变量和在其他段声明的方法是一样的。PDATA 段只有 256 个字节，而 XDATA 段可达 65 536 个字节。对 PDATA 和 XDATA 的操作是相似的，但对 PDATA 段寻址比对 XDATA 段寻址要快。因为对 PDATA 段寻址只需要装入 8 位地址，而对 XDATA 段寻址需装入 16 位地址。所以应尽量把外部数据存储在 PDATA 段中。

(5) CODE 段。代码段的数据是不可改变的，8051 的代码段不可重写。一般代码段中可存放数据表、跳转向量和状态表。对 CODE 段的访问和对 XDATA 段的访问的时间是一样的。代码段中的对象在编译的时候要初始化，否则就得不到预期的值。

7．C51 的数据类型与运算符

1) 数据和数据类型

数据是指具有一定格式的数字或数值。数据是计算机操作的对象。数据类型即数据的不同格式。

C51 的数据类型如图Ⅱ-1 所示。在编译器中，具体的类型和长度如表 II-7 所示。

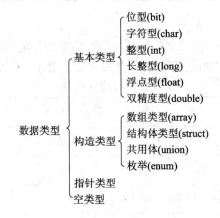

图Ⅱ-1 C51 的数据类型

表Ⅱ-7 C51 数据类型表

数据类型	长　度	值 域 范 围
bit	1	0，1
unsigned char	8	0～255
signed char	8	−128～127
unsigned int	16	0～65 535
signed int	16	−32 768～32 767
unsigned long	32	0～4 294 967 295
signed long	32	−2 147 483 648～2 147 483 647
float	32	±1.176E-38～±3.40E+38(6 位数字)
double	64	±1.176E-38～±3.40E+38(10 位数字)
一般指针	24	存储空间 0～65 535

2) 常量与变量

常量即在程序运行的过程中，其值不能改变的量。常量可以有不同的数据类型。

变量即在程序运行的过程中，其值可以改变的量。一个变量主要由两部分构成：变量名和变量值。每个变量都有一个变量名，在内存中占据一定的存储单元，并在该内存单元中存放该变量的值。

由于 AT89 单片机的数字运算能力相对较差，因此在 C51 中对变量类型或数据类型的选择十分重要。如字符变量 char，其长度为 8 位，是 AT89 单片机最适合采用的变量，因为它一次处理的最大字长正好为 8 位。

3) 算术运算符

C51 最基本的算术运算有五种，其优先级也不同，如表Ⅱ-8 所示。

表Ⅱ-8 C51 的算术运算符

运算符	解 释	运算优先级
+	加法运算符或正值符号	
−	减法运算符或负值符号	
*	乘法运算符	先乘除模，后加减，括号最优先
/	除法运算符	
%	模(求余)运算符	

4) 关系运算符

C51 有六种关系运算符，优先级不同，如表Ⅱ-9 所示。

表Ⅱ-9 C51 的关系运算符

运算符	解 释	运算优先级	
<	小于		优先级
>	大于	优先级相同(高)	算术运算符 ↑ (高)
<=	小于或等于		关系运算符
>=	大于或等于		赋值运算符 | (低)
==	测试等于	优先级相同(低)	
!=	测试不等于		

5) 逻辑运算符

C51 有三种逻辑运算符，优先级不同，如表Ⅱ-10 所示。

表Ⅱ-10 C51 的逻辑运算符

运算符	解 释	运算优先级	
&&	逻辑与，要求有两个运算对象	优先级相同(高)	优先级
||	逻辑或，要求有两个运算对象		! (非) (高)
			算术运算符
!	逻辑非，要求有一个运算对象	优先级低	关系运算符
			&&和||
			赋值运算符 (低)

6) 位操作及表达式

C51 有六种位操作，优先级不同，如表Ⅱ-11 所示。

表Ⅱ-11 C51 的位操作

运算符	解释	类型	运 算 规 则
&	按位与	双目	参加运算的两个对象，若两者相应位都为 1，则该位为 1，否则为 0
|	按位或	双目	参加运算的两个对象，若两者相应位中有一个为 1，则该位为 1，否则为 0
∧	按位异或	双目	参加运算的两个对象，若两者相应位的值相同，则该位为 0，否则为 1
～	按位取反	单目	对一个二进制数按位取反，即 0 变 1，1 变 0
<<	位左移	双目	将一个数的各二进制位全部左移若干位，移位后，空白位补 0，溢出的位舍弃
>>	位右移	双目	将一个数的各二进制位全部右移若干位，移位后，空白位补 0，溢出的位舍弃

7) 自增减、复合运算符

C51 有几种自增减和复合运算符，其说明如表Ⅱ-12 所示。

表Ⅱ-12　C51 自增减和复合运算符

运算符	解　　释	备　　注
++i	在使用 i 之前，使 i 值加 1	
--i	在使用 i 之前，使 i 值减 1	
i++	在使用 i 之后，再使 i 值加 1	
i--	在使用 i 之后，再使 i 值减 1	
+=	a+=b，相当于 a=a+b	
-=	a-=b，相当于 a=a-b	自增运算(++)和自减运算
*=	a*=b，相当于 a=a*b	(−−)只能用于变量而不能用于常
/=	a/=b，相当于 a=a/b	量表达式，而且(++)和(−−)的结合
%=	a%=b，相当于 a=a%b	方向是"自右向左"
<<=	a<<=2，相当于 a=a<<2	
>>=	a>>=2，相当于 a=a>>2	
&=	a&=b，相当于 a=a&b	
^=	a^=b，相当于 a=a^b	
|=	a|=b，相当于 a=a|b	

8．中断服务函数

中断过程通过使用 interrupt 关键字和中断号(0～31)来实现。中断号告诉编译器中断程序的入口地址，中断号对应着 IE 寄存器中的使能位。中断服务函数的完整语法如下：

返回值　函数名([参数])[模式] [重入]　interrupt n[using n]

其中，interrupt 后接一个 0～31 的常整数，指明中断号，不允许使用表达式；using 是选用哪一组寄存器(R0～R7)，它后面的变量为一个 0～3 的常整数；using 不允许用于外部函数。

9．C51 的编程规范

任何一种计算机语言在使用时都应当遵从一定的规范，它们并非一些强制性的要求，但是非常有实用价值。初学者遵从这些规范，将会为程序的设计带来非常多的好处。

编程的总则是：首先要考虑程序的结构和可行性，然后是可读性、可移植性、健壮性以及可测试性等。Keil C 编译器能从用户的 C51 程序源代码中产生高度优化的代码，但用户如果在编程时注意以下方面的问题，则可以帮助编译器产生更好的代码。

(1) 尽量采用短变量。

(2) 尽量使用无符号数据类型。

(3) 避免使用浮点数。

(4) 少用指针。

(5) 多使用位变量。

(6) 用局部变量代替全局变量。

(7) 为变量分配内部存储区。

(8) 使用宏代替函数。

(9) 慎用 goto 语句。

10. 汇编语言和 C51 语言的混合编程

虽然说 C51 语言能够完成绝大多数的编程任务，但有时候会发现不得不使用汇编语言来编写程序，尤其是在一些外接的器件中需要对硬件直接操作时。而大多数情况下，在单片机中，汇编程序能和 C51 编写的程序很好地结合在一起，即实现混合编程。为了完成混合编程，C51 编译器提供了与汇编语言程序的接口规则，按此规则可以很方便地实现 C51 和汇编语言程序的互相调用。

附录Ⅲ　部分单片机资料查找网站名录

　　在单片机学习中，有很多问题都可以通过另外一个好老师——虚拟教师来帮助你，这就是网络。我们为大家找了一些与单片机有关的网站(包括电子器件、电子电工技术等与单片机技术有关的)，并对该网站的主要特点作了简介，供大家查询有关知识或寻找问题的解决方案时作为参考。

　　(1) 单片机爱好者(http://www.mcufan.com)：单片机专业网站，提供各种单片机开发、学习、实验的工具，如单片机仿真器、编程器、开发板、实验板、学习板等。

　　(2) 51单片机教程网(http://www.51hei.com)：提供单片机实验板、51单片机学习资料、单片机学习板、单片机论坛、单片机教程等。

　　(3) 老古开发网(http://www.laogu.com)：单片机、ARM、嵌入式系统、电子设计的专业网站。

　　(4) 电子发烧友(http://www.elecfans.com)：介绍嵌入式、模拟技术和存储技术等。

　　(5) 电子工程师世界(http://www.eeworld.com.cn)：提供单片机、嵌入式、模拟电路、DSP、LED等技术以及在汽车、家用电子、物联网、安防电子等方面的应用。

　　(6) PIC单片机学习网(http://www.pic16.com)：单片机学习网站，提供单片机教程、PIC单片机论坛、单片机开发、单片机编程、单片机编程器、单片机仿真器等。

　　(7) 电子产品世界(http://www.eepw.com.cn)：嵌入式系统、模拟IC/电源、工业控制、医疗电子等资源下载及有关的视频教程。

　　(8) 21ic中国电子网(http://www.21ic.com)：面向广大中国电子设计工程师推出的网络信息服务类门户站点。

　　(9) 意发半导体(http://www.st.com)：提供意发半导体公司的产品介绍、硬件开发和软件工具以及有关领域的应用方案。

　　(10) 凌特(http://www.linear.com.cn)：提供高性能模拟集成电路：放大器、电池管理、数据转换器、高频器件、接口、电压调节器和电压基准。

　　(11) 微控网(http://www.microcontrol.com.cn)：提供微控制器外围电路的参考方案、高性能电池充电方案以及有关电子设计软件资料。

　　(12) 中电网(http://www.eccn.com)：提供各种技术频道，包括嵌入式系统、电源管理、3G手机、汽车电子、数字电视、消费电子、传感器、通信技术、工业控制、测试测量、可编程逻辑、中国RoHS、DSP与MCU等。

　　(13) 编程爱好者(http://www.programfan.com)：提供各种编程语言以及相关软件，包括汇编语言集成编译器1.0、VC/C++相关编程工具、VB/Basic相关编程工具、ASP工具、Delphi相关编程工具、JAVA相关编程工具等。

　　(14) 致远电子嵌入式系统事业网(http://www.zlgmcu.com)：提供嵌入式产品及相关软件

下载，包括周立功单片机、TKStudio IDE 集成开发环境、SmartPRO 系列通用编程器软件、EasyPRO/LPC 系列通用编程器软件、逻辑分析仪软件 zlglogic 等。

(15) 天空软件站(http://www.skycn.com)：提供大量编程工具软件的下载，包括 Source Code Library、PHP Code Library、VB Code Library、C Code Library、DotNet Code Library、ASP Code Library 等。

(16) 金一倍科技(http://www.jinyibei.com.cn)：提供各种仿真器、编程器、ARM/DSP/USB、CPLD/FPGA/SOPC、单片机开发板、实验仪、工控板卡、适配器、测试/分析仪以及相关软件资料的下载。

(17) 中源单片机——8051 实例(http://www.zymcu.com/8051_file/application.html)：提供多种编程应用范例，包括 I/O 口编程范例、动态扫描显示电路、串行口动态扫描显示电路、时钟显示电路、图像处理器 6538 及接口技术、高精度 A/D 转换器 ICL7135、8031 单片机定时/计数器等。

(18) Maxim(美信)中文网站(http://www.maximintegrated.com)：提供该公司各 IC 产品的数据手册、设计应用资料及免费样品申请等。

(19) TI(德州仪器)中文网站(http://www.ti.com.cn)：提供德州仪器(TI)设计并生产的模拟器件、数字信号处理(DSP)以及微控制器(MCU)半导体芯片。TI 是模拟器件解决方案和数字嵌入及应用处理半导体解决方案领先的半导体供应商。

(20) NXP(恩智浦)中文网站(http://www.nxp.com)。恩智浦半导体是一家领先的半导体公司，由飞利浦在 50 多年前创立。恩智浦提供半导体、系统解决方案和软件，为电视、机顶盒、智能识别应用、手机、汽车以及其他形形色色的电子设备提供更好的感知体验。该公司有员工 3 万多人，2016 年营业额达 95 亿美金。

(21) Intel(英特尔)网站(http://www.intel.com)。英特尔是全球最大的芯片制造商，同时也是计算机、网络和通信产品的领先制造商。1968 年，由罗伯特·诺伊斯(Robert Noyce)、戈登·摩尔(Gordon Moore)、安迪·格鲁夫(Andy Grove)共同创立的英特尔公司在硅谷奠基；经过近 40 年的发展，英特尔公司在芯片创新、技术开发、产品与平台等领域奠定了全球领先地位，并始终引领着相关行业的技术产品创新，及产业与市场发展。

(22) Microchip(微芯)网站(http://www.microchip.com)。Microchip Technology Inc.(美国微芯科技公司)成立于 1989 年，是全球领先的单片机和模拟半导体供应商，为全球数以千计的多样化应用提供低风险的产品开发、更低的系统总成本以及更快的产品上市时间。公司提供出色的技术支持、可靠的产品和卓越的质量。

(23) Atmel(艾特梅尔)网站(http://www.atmel.com)。Atmel 公司是世界上高级半导体产品设计、制造和行销的领先者，产品包括了微处理器、可编程逻辑器件、非易失性存储器、安全芯片、混合信号及 RF 射频集成电路。通过这些核心技术的组合，Atmel 生产出了各种通用目的及特定应用的系统级芯片，以满足当今电子系统设计工程师不断增长和演进的需求。

(24) 华邦电子股份有限公司网站(http://www.winbond.com)。华邦电子股份有限公司于 1987 年创立于中国台湾新竹科学工业园区，是专业超大规模集成电路设计、制造、行销的高科技公司。华邦多年来致力于发展属于自有品牌的产品，目前已成为台湾地区最大的自有产品 IC 公司，并在中国内陆及香港地区、美国、日本和以色列等地设有公司和办事处。

(25) LG 中文网站(http://www.lg.com.cn)。LG 电子(KSE：06657.KS)成立于 1958 年，是消费电子、家电和移动通信领域的全球领导厂商和技术革新者之一，在全球设有包括 81 家分公司在内的 120 余个分支机构，员工人数超过 75 000 人。2017 年，LG 电子的总销售额为 543.1 亿美元，业务涉及四个领域：移动通信、数字家电、数字显示器和数字媒体。在 CDMA/GSM 手机、空调、滚筒洗衣机、光存储产品、DVD 播放器、平板电视和家庭影院系统领域，LG 电子都是全球领先的生产商。面对未来，LG 电子将在保持利润持续增长的同时，致力于提高 LG 品牌的全球知名度。LG 电子将更专注于在移动通信和数字电视的领域的快速、稳定发展，以此来确立在 IT 界的领导地位。

(26) ADI(美国模拟器件)公司中文网站(http://www.analog.com/zh/index.html)。Analog Devices, Inc. (NYSE: ADI)将创新、业绩和卓越作为企业的文化支柱，在此基础上已成长为该技术领域最持久、高速增长的企业之一。ADI 公司是业界广泛认可的数据转换和信号调理技术全球领先的供应商，拥有遍布世界各地的 60 000 客户，他们事实上代表了全部类型的电子设备制造商。ADI 公司作为高性能模拟集成电路(IC)制造商，其产品广泛用于模拟信号和数字信号处理领域。

(27) 新华龙电子有限公司网站(http://www.xhl.com.cn)。新华龙电子有限公司(New China Dragon Electronic Co，Ltd.)成立于 1992 年，现总部位于中国深圳，是一家专业为中国电子产品生产企业和电子产品研发工程师提供单片机及外围器件、开发工具和单片机应用解决方案的高新技术企业。2001 年 7 月，新华龙电子有限公司与美国 C8051F MCU 厂商签订了中国内陆及香港地区代理协议，将 C8051F 系列单片机引入中国 MCU 市场，凭借公司专业的技术支持与完善的售前、售后服务，在国内赢得了众多的客户，赢得了广大客户的信任和支持，同时也成为专业的 MCU 品牌推广商。

(28) 科技创新实验室(http://www.kjcxlab.com/index)。该实验室是西安科技大学学生自主管理的实验室，提供大量在国家级和省级电子竞赛中获奖的作品资料，论坛中心资料涉及单片机、ARM、DSP、EDA/SOPC、数字/模拟电路、IC 集成电路、嵌入式系统、自制开发工具等各个方面，给电子爱好者提供了一个良好的交流和学习的平台。

参考文献

[1] 柴钰. 单片机原理及应用[M]. 西安：西安电子科技大学出版社，2009

[2] 薛钧义，张彦斌. MCS-51/96 系列单片微型计算机及其应用[M]. 西安：西安交通大学出版社，1997

[3] 李建忠. 单片机原理及应用[M]. 西安：西安电子科技大学出版社，2002

[4] 李全利，迟荣强. 单片机原理及接口技术[M]. 北京：高等教育出版社，2004

[5] 欧阳文. ATMEL89 系列单片机的原理与开发实践[M]. 北京：中国电力出版社，2007

[6] 《无线电》杂志社. 无线 2007 年合订本（下）[M]. 北京：人民邮电出版社，2008

[7] 徐世龙. 常用液晶模块与 51 单片机的接口电路[J]. 无线电. 2006.4，41~42

[8] 周坚. 用单片机制作温度计[J]. 无线电. 2006.6，39~40

[9] 张毅坤，陈善久，裘雪红. 单片微型计算机原理及应用[M]. 西安：西安电子科技大学出版社，1998

[10] 李朝青. 单片机原理及接口技术（简明修订版）[M]. 北京：北京航空航天大学出版社，1999

[11] 余永权. ATMEL89 系列单片机应用技术[M]. 北京：北京航空航天大学出版社，2002

[12] 李勋，等. 单片机实用教程[M]. 北京：北京航空航天大学出版社，2000

[13] 董晓红. 单片机原理及接口技术[M]. 西安：西安电子科技大学出版社，2004

[14] 冯育长，雷思孝，马金强. 单片机系统设计与实例分析[M]. 西安：西安电子科技大学出版社，2007

[15] 雷思孝，冯育长. 单片机系统设计及工程应用[M]. 西安：西安电子科技大学出版社，2005

[16] 何桥，段清明，邱春玲. 单片机原理及应用[M]，北京：中国铁道出版社，2004

[17] 黄根春，周立青，张望先. 全国大学生电子设计竞赛教程：基于 TI 器件设计方法[M]. 北京：电子工业出版社，2011

[18] C8051F04x Data Sheet. https://cn.silabs.com/

[19] MSP430F14x Data Sheet. http://www.ti.com.cn/

[20] STM32F103xx Data Sheet. https://www.st.com/content/st_com/zh.html

[21] AT89x51 Data Sheet. http://www.microchip.com/